概念认知学习理论与方法

徐伟华　李金海　折延宏　著

科学出版社

北京

内 容 简 介

概念认知学习是人工智能、大数据领域关注的多学科交叉研究方向，涵盖了哲学、数学、心理学、认知科学以及信息科学等领域．本书旨在为广大学者和科研工作者提供概念认知学习领域的基础理论与学习方法．本书主要内容包括概念认知学习的基本概念和基础知识、概念认知系统的逻辑推理、概念认知的双向学习机制、对象-属性诱导概念学习理论、多注意力概念认知学习模型、渐进模糊三支概念的增量学习机理、复杂网络下的概念认知学习以及概念的渐进式认知等理论体系．

本书可作为高等院校的应用数学、数据科学、智能科学与技术、人工智能、计算机科学与技术、电子信息等领域的高年级本科生和研究生的教学用书，也可供相关领域的教师、研究人员、工程技术人员参考使用．

图书在版编目（CIP）数据

概念认知学习理论与方法 / 徐伟华, 李金海, 折延宏著. —北京：科学出版社，2023.12
ISBN 978-7-03-077003-5

Ⅰ.①概⋯　Ⅱ.①徐⋯　②李⋯　③折⋯　Ⅲ.①人工智能-研究　Ⅳ.①TP18

中国国家版本馆CIP数据核字（2023）第222539号

责任编辑：李静科　李　萍／责任校对：彭珍珍
责任印制：赵　博／封面设计：无极书装

科 学 出 版 社 出版
北京东黄城根北街 16 号
邮政编码：100717
http://www.sciencep.com

北京凌奇印刷有限责任公司印刷
科学出版社发行　各地新华书店经销
*
2023 年 12 月第　一　版　开本：720×1000　B5
2025 年 1 月第二次印刷　印张：15
字数：264 000

定价：108.00 元

（如有印装质量问题，我社负责调换）

序

　　认知科学是 20 世纪世界科学标志性的新兴研究门类,作为探究人脑或心智工作机制的前沿性尖端学科,已经引起了全世界科学家的广泛关注."认知科学"(cognitive science)一词于 1973 年由朗盖特·系金斯开始使用,20 世纪 70 年代后期才逐渐流行. 1975 年,美国斯隆基金支持了一项研究计划"在认识过程中信息是如何传递的".该计划将哲学、心理学、语言学、人类学、计算机科学和神经科学六大学科整合在一起,为推动认知科学快速发展起到了决定性作用.事实上,不仅这六大核心学科与认知科学密切相关,其他依赖人脑与心智开发的传统学科,如数学、生物学、经济学等都与认知科学密不可分.进入 21 世纪后,认知科学的兴起和发展标志着对以人类为中心的心智和智能活动的研究已进入新的阶段.

　　概念作为人类思维的基本单元,是人类认知的基础,其知识表示也是认知科学领域的基础问题.德国数学家 Wille 教授于 1982 年提出了形式概念分析理论,给出了概念的形式化描述,研究了概念的格结构(称为概念格).随着该理论研究的不断深入,人们发现概念格这一工具存在计算瓶颈,很难应用于大规模数据分析,这阻碍了概念格理论的发展.这个问题在 2007 年迎来转机,人们试图将认知学习引入概念格理论以研究概念认知学习,突出问题导向,不盲目构建概念格,提高概念学习效率,增强概念形成的可解释性和实用性.此后,针对概念的认知学习逐渐成为人工智能与认知科学领域的研究热点.

　　概念认知学习(concept-cognitive learning,CCL)主要通过特定的认知方法学习概念以模拟人脑认知学习规律,它强调概念外延与内涵之间的相互演化与作用,着重反映出知识形成的全过程,揭示信息融合与概念认知算子合成的认知机制,突出概念泛化或归类学习的重要意义.由于概念认知学习通过模拟人类认知过程来实现对新概念的融合与学习,因此它可以看作抽象层、大脑层与机器层的一个结合物,其研究成果将极大丰富认知科学的理论基础.然而,概念认知学习非常复杂,它涉及概念认知的公理化、概念认知系统的构建与优化、概念泛化或归类、认知的相对性、认知的多维性、认知的识别局限性、认知的不确定性、认知主体的记忆遗忘性、认知主体的联想性,以及多主体认知等.因此,深入开展概念认知学习研究具有很强的理论意义和实际价值.

　　徐伟华、李金海、折延宏三位教授早期从事粗糙集、模糊集和概念格方面的研究. 自 2007 年起，他们先后转入概念认知学习研究，取得了较好的研究成果，为认知科学做出了贡献. 这些原创性的成果为概念认知学习积累了坚实的理论基础，大大推动了概念认知学习的快速发展. 该书汇聚了三位教授领衔的课题组在概念认知学习领域的科研成果. 因此，我很乐意也很开心为该书作序.

希望概念认知学习引起国内外更多学者的重视，在未来有更好的发展，取得更优异的研究成果，为认知科学做出更大的贡献.

梁吉业

2023 年 12 月

前　言

随着全球信息技术产业持续化推进，人类社会正迈向以人工智能为核心支撑的智能社会. 在万物互联的数字化产业变革时代，传统基于数据驱动的统计模型和机器学习方法俨然无法满足人们对智能化的需求. 量子计算、生物计算、算力网络以及生成式大模型等新兴人工智能（artificial intelligence，AI）热潮进一步拓展了人们对"智能"这一概念的界定. 尽管通用人工智能（artificial general intelligence，AGI）在模拟人类表观能力方面已取得相当大的进展，但在面对联想、记忆、推理、决策等复杂"认知"问题上仍然远未达到预期. 知识驱动的认知智能范式成了智能化研究的主旋律，引发了许多相关研究的热潮.

现实中，对数据处理与分析的最终目标是形成概念和规则，指导人们的决策与行为. 概念是人类在探索世界的过程中对事物本质特征的深入理解和把握，并通过高度的抽象思维，将其转化为获取的知识. 借助概念，人们可以构建起一种精神与现实之间的映射，在认知事物的同时，探索事物的发展规律，即进一步认知和学习的过程. 为研究概念的形式化描述，德国数学家 Wille 于 1982 年提出形式概念分析理论. 形式概念分析（formal concept analysis，FCA）的核心思想是从形式背景出发，对组成本体的对象、属性和关系用形式化的方式表述，然后将所有概念同它们之间的泛化与特化关系构造成一个概念格，进而可以清楚地表示出本体的知识结构. 为了描述本体在不同场景下的语义解释，概念可以具体表示成形式概念、原型概念、粒概念、模糊概念等，而且已经应用到不同的领域场景，例如机器学习、图像识别、认知计算、医疗诊断、云计算等. 在概念的学习和认知方面，概念认知学习关注于通过特定的认知方法完成概念内涵和外延的学习，即事物本质特征的识别，因而成为当前认知计算和人工智能领域最热门的研究方向之一.

概念认知学习是一类基于形式背景和概念学习开展的人脑认知机制研究，基本思路是通过特定的认知方法来学习概念并以此模拟人脑认知学习规律. 追溯至2007 年前后，张文修、姚一豫、徐伟华等学者基于认知信息学、粒计算和概念格研究了粒认知模型，推动了概念认知学习的早期发展. 随着概念认知学习理论在模型推广、方法设计和实际意义等方面的深入研究，越来越多的研究者开始关注和接触这一新兴理论. 特别是，概念认知学习与机器学习的有效结合更进一步开阔了这一领域的研究视野. 目前，概念认知学习的研究主要围绕概念认知机制、概念学习机制、认知系统构建机制、概念生成机制、概念泛化与复杂决策优化机制等方面进行. 具体的概念认知学习模型包括增量概念认知学习、模糊概念认知学习、双向概念认知学习、多粒度概念认知学习等. 这些成果大都发表在 *IEEE Transaction on Cybernetics*,*IEEE Transactions on Fuzzy Systems*,*IEEE Transactions on Neural Networks and Learning Systems*,*IEEE Transactions on Knowledge and Data Engineering*,《计算机学报》,《软件学报》,《电子学报》等国内外重要期刊.

此外,概念认知学习强调概念的外延与内涵之间能够相互演化的作用,并以此所形成的概念为知识载体进行学习. 它实际上是模拟了人类认知过程来实现对新概念的融合与学习. 因此,概念认知学习可以看作抽象层、大脑层与机器层的一个结合物,其研究成果大大推动和丰富了认知科学的深入研究.

鉴于上述出发点,全书以概念认知学习理论与方法为主线,系统深入地介绍了基于概念认知学习的众多理论与应用的最新研究成果. 全书共 11 章,着重阐述了基于逆序 Galois 联络的认知逻辑、基于 Galois 联络的直觉认知逻辑、概念认知的双向学习机制、增量概念认知学习、多注意力概念认知学习、基于渐进模糊三支概念的增量学习、复杂网络下的概念认知学习、概念的渐进式认知,以及 MapReduce 框架下的概念认知学习. 全书由徐伟华、李金海、折延宏共同编写并统稿. 具体章节撰写分工如下:

第 1,2,5,7,8 章由西南大学徐伟华(教授)撰写;

第 3,4 章由西安石油大学折延宏(教授)撰写;

第 6,9—11 章由昆明理工大学李金海(教授)撰写.

本书为复杂数据知识发现、智能决策分析以及机器学习等研究提供了新的认知学习与认知计算思路与方法. 书中汇集了当前概念认知学习、粒计算研究团队的最新研究成果,其写作目的是让更多的学生、老师、学者了解概念认知学习理论、方法与应用,共同促进该领域的发展,并希望能为形式概念分析的研究发展作出贡献.

本书反映了概念认知学习方面国内外的最新动态,书中内容是作者的最新研究成果. 在此,借本书出版之际,要特别感谢同济大学苗夺谦教授和山西大学梁吉业教授对本书提出的宝贵意见. 感谢西南大学张晓燕教授、李文涛博士,以及昆明理工大学范敏副教授、闫梦宇博士等提供的支持和帮助. 感谢西南大学博士生郭豆豆和王金波、硕士生陈曜琦,以及同济大学博士生苑克花在本书整理过程中付出的辛勤劳动.

本书的出版得到了国家自然科学基金项目(项目编号:61976245 和 61772002)

的资助，在此一并表示感谢.

本书注重系统性、理论性、严谨性和可读性，可作为高等院校的应用数学、数据科学、智能科学与技术、人工智能、计算机科学与技术、电子信息等领域的高年级本科生和研究生的教材，也可供相关领域的教师、研究人员、工程技术人员参考使用.

限于作者水平，加之时间仓促，书中难免存在不足之处，敬请读者批评指正.

作　者

2023 年 10 月

目　录

第 1 章 绪　　论

1.1　认知科学简述

认知计算（cognitive computing，CC）源自模拟人脑的计算机系统，作为认知科学的核心技术领域，有别于定量的、重于精度和序列等级的传统计算技术．它试图解决生物系统中不精确、不确定和部分真实的问题，以实现不同程度的感知、记忆、学习、语言、思维、目标和问题解决等过程．认知心理学对认知给出的一种定义是：认知是关于知识获取、存储、回忆与使用的所有内在活动．这一定义把人的各种高级智能行为，如推理、决策、规划、理解、理想、语言等都包含在内．

认知科学（cognitive science，CS）是研究人类自身特有的认知和智力的本质及规律的前沿科学．基础研究面临四大科学问题：物质的本质、宇宙的起源、生命的本质、智力的产生．认知科学所研究的对象正是这四大问题中的最后一个：智力的产生．值得一提的是，四大问题的前三个基本上是关于物质世界的研究，而智力的产生是对精神世界的研究，是对精神世界和物质世界关系，即精神世界如何由物质世界产生的研究．正因如此，认知科学是不可替代的，其影响越来越凸显在国家重大需求的各方面，包括人口健康、认知工程、智力开发等，显然已成为建设创新型国家所需要的既具有重大科学意义又具有重大应用前景的新兴基础科学．

认知科学研究的内容包括从感觉的输入到复杂问题的求解，从人类个体到人类社会的智能活动，以及人类智能和机器智能的本质，是心理学、信息科学、神经科学、科学语言学、人类学、数学乃至自然哲学等学科交叉发展的结果．认知科学早期阶段的核心思想是把人类智能活动的本质看成信息处理的过程，研究的部分则指的是对机器如何进行信息处理的研究．

计算机科学（computer science，CS）是人们利用机器进行信息处理研究的主流方向．它把信息处理这么一个极其复杂的问题，抽象"降维"成一个图灵计算的问题．图灵计算指导下的计算机技术是迄今（乃至今后一段时间里）人类掌握的最强大的信息处理工具．同样的原因，在把认知看作信息处理过程的认知科学主流中，认知计算理论成为最重要的学派也是历史的必然．认知科学发展到今天，尽管大量新理论已经不再以"认知计算理论"为名，却仍秉承着与认知计算理论同样的核心思想，即把认知的信息处理过程看成（图灵）计算的过程。认知即计算（thinking is computing）的观点已经成为公理（常识），预设在各种理论框架之中。图灵模型超乎想象的强大，促使了几十年来以两个 CS（即认知科学和计算机科学）为代表的信息处理研究以及两个 CS 交叉的人工智能领域都取得了飞速发展。

目前前沿的观点认为，对认知和计算的关系的研究可以划分为以下四个不同的层次来操作。

（1）认知的数学基础和计算的数学基础的探索。

无论是经典的计算理论还是目前流行的贝叶斯计算理论，都认为认知过程的本质是图灵意义的离散符号的计算。然而认知科学实验揭示了大量这种"降维"的模型无法解释甚至背道而驰的证据，因此需要继续寻找或者发展适合描述人类认知精神过程的新的数学模型，而不是在图灵计算的框架里故步自封。

（2）认知的基本单元和计算的基本单元的关系。

研究任何一种过程，建立任何一种过程的科学理论，都必须回答一个根本的问题：这种过程操作的基本单元是什么？事实上，每门基础科学都有其特定的基本单元，例如，高能物理的基本粒子、遗传学的基因、计算理论的符号和信息论的比特等。因此对认知科学而言，也必须回答：什么是认知过程操作的基本单元？大量认知科学实验事实表明，认知的基本单元既不是计算的符号，也不是信息论的比特。因此，需要建立和研究不依赖于信息科学，而原创于认知科学实验发现的新概念。超越直觉的理解，科学准确地定义认知基本单元，建立统一的认知基本单元模型，对于发展新一代人工智能以及认知科学具有根本而重要的意义。

（3）认知神经表达的解剖结构和人工智能计算的体系结构的关系。

大脑是由结构和功能相对独立的多个脑区组成的，这种模块性的结构，不同于计算机的中央处理器和统一记忆存储器的体系结构（冯·诺伊曼结构）。认知精神活动的根源是各种形态、投射关系、分子结构特定的细胞，近几年的研究使得神经细胞被划分成越来越多的亚型。然而，人工神经网络的每个神经元是相同的，只是连接不同。如果说深度学习来自神经系统的层次结构的启发，那么起源于特定细胞的超越脑区的全脑成像，将为未来机器智能的体系结构提供深刻和丰富得多的启发。

（4）认知涌现的特有精神活动现象。

例如，意识是认知涌现的一种特有现象，在意识的认知机制、意识的神经表达、意识的进化和意识的异常方面开展比较研究，而不是停留在机器智能是否会产生意识的直觉思辨式的讨论.

认知科学的内容博大精深,限于本节的篇幅,这里不可能面面俱到.为全书内容的通畅,我们只做简单叙述.关于认知科学的详细内容,请读者参考相关著作.

1.2 概念认知学习的基本思想

现实生活中,面对复杂问题,人们可以通过模拟人脑将其按照一定的规则分解成若干简单的子问题进行求解,再融合或集成子问题的解以解决原问题,即从多视角、多层次来观察、分析与解决问题.这既是认知科学的基本特点也是粒计算的重要思想.

作为知识获取和数据挖掘的重要工具,粒计算(granular computing,GrC)是在解决大规模复杂问题时模拟人类思考问题自然模式的一个新的理论、技术和方法,其基本思想是在问题求解过程中使用信息粒,从不同角度、不同层次上对现实问题进行描述、推理与求解.粒计算改变了传统的计算观念,使信息处理更科学、合理和易操作,在海量数据挖掘的研究中有着独特的优势,在智能系统的设计和实现中有着重要的作用.目前粒计算的理论与方法已成为人工智能领域一个非常活跃的研究方向.

自 L. A. Zadeh 提出模糊信息粒化思想之后,粒计算思想逐渐受到人们的关注,并应用于各种复杂问题求解.例如,复杂数据的知识表示、知识不确定问题的建模、跨粒度空间的信息粒切换,以及大数据分析等.在此,需要强调的是,已有学者从认知角度将粒计算思维应用于概念学习.基于粒计算的概念认知学习的核心思想可以概括为通过充分必要信息粒实现给定线索的概念近似.具体又可以区分为两大类:一是基于给定线索通过对象和属性之间的算子迭代,形成充分必要信息粒;二是借助粒概念对给定线索进行上、下近似概念学习,从而逼近目标概念.后者的优势是当概念认知系统更新时,可以对原目标概念进行动态更新维护,而且这种更新维护的代价较低,它实际上只涉及粒概念的更新,原因是粒概念的概念近似能力与原概念的概念近似能力相同.于是,人们很自然就将并行计算技术和粒计算思想相结合研究概念认知学习.有关研究表明,这种做法比单纯使用并行计算技术或粒计算思想要有效得多.该结论已在各种数据环境下予以证实,如二值形式背景、多值形式背景、不完备形式背景、模糊形式背景、多源形式背景、决策形式背景等.

早在 1989 年，认知心理学家就提出了实现认知科学的三大途径：对智能处理的抽象理论分析、对人类（或动物）的智能探索，以及对计算智能的研究．基于此观点，众多学者从认知信息学与粒计算角度对概念学习进行了阐述，提出了概念学习的三角关系：抽象层（例如，数学与逻辑领域）、大脑层（例如，人类与动物的智能）与机器层．理论上，人们可以获取任一数据源的所有概念，但实际中随着数据规模增加概念数量呈指数级增长，从而导致概念学习时间过长，并且概念学习结果的可视化效果也会变差．

概念作为人类认知与思维的最基本单元，在人类的认知过程中扮演着十分重要的角色．根据认知心理学和认知信息学的观点，概念是人们在认知过程中，把对事物所感知到的本质特征抽象出来，加以概括或归纳形成的．概念认知是指通过特定的认知方法将属于这个概念的对象识别出来，同时把不属于这个概念的对象排除．概念认知的目的是模拟人脑的概念学习过程，以设计有效的概念认知系统，从而揭示人脑进行概念认知的系统性规律．因此，概念认知学习成了认知计算研究的核心问题之一．

概念结构是人类知识的重要组成部分，同时也是人类进行一切认知活动的基础，认知心理学对此也有一定程度的研究．认知心理学认为概念既是存在于人脑知识结构中的一种知识内容，又是主体所进行的一种认知加工过程．由于概念是许多其他认知活动的基本成分，所以很难孤立地对它进行认识和分析．一方面，概念对诸如感知觉、语言、记忆、问题求解、推理等认知活动均发生着影响作用；另一方面，概念本身也受上述这些过程的影响．概念在儿童的认知发展中具有非常重要的功能．它可以帮助儿童根据实物所具有的某些共同属性，将不同的事物组合在一起进行认识，并形成组织性记忆；概念还可以帮助儿童认识那些尚未实际感知过的事物和事件．例如，当告诉儿童"喜鹊"是一种"鸟"的时候，儿童虽然没有亲眼见过它，但却可以根据"鸟"的本质特征，很快地在头脑中勾画出"喜鹊"的形象，了解到"喜鹊"是一种有羽毛、有翅膀、能在天空中飞翔的动物．

一般来讲，人类不仅能够在动态、复杂、异构及不确定性环境下对问题进行感知与学习，还能对问题进行有效的表达、推理与转换等．从该角度看，概念认知学习可以认为是对人类概念水平学习的一种有效探索．其存储机制主要是以概念为知识载体，概念之间满足 Galois 连接，能够形成多个概念空间；学习机制是以粒计算思维为基础，从概念的外延与内涵进行动态转换学习，从而实现概念学习以适应现实中较为复杂的动态变化环境．

基于粒计算的概念认知学习也成了认知计算和人工智能领域最热门的一个研

究方向. 特别是 2007 年前后张文修、姚一豫、徐伟华等学者基于认知信息学、粒计算和概念格研究了粒认知模型, 推动了概念学习的早期发展. 随后, 人们从认知计算角度探讨了如何将新的概念融合到原系统中, 对概念进行动态更新学习. 近年来, 对于概念学习主要集中在理论层面, 绝大多数成果侧重于概念扩展、概念结构分析、知识约简、规则提取及近似空间构建等. 另外, 自一些学者提出概念学习系统之后, 概念学习研究随后进入一个较长的低谷期, 以至于只有少量机器学习著作中会稍微提及 "概念学习" 一词. 究其原因, 正如周志华教授所指出的, 既要学得泛化性能好, 又要语义明确的概念实在太困难, 现实中常用的技术大多是产生 "黑箱" 模型. 从概念的载体角度来分析, 在机器层面一直没有构建出适合概念学习的实用载体. 虽然上述研究对概念形成、概念更新、概念近似等问题只做了初步探讨, 但是给概念认知学习提供了一些非常具体的方法. 此外, 借鉴同一类别的概念应聚集在同一概念空间中, 一些学者从机器学习角度重新考虑了概念认知学习, 提出了基于相似性的概念空间划分技术, 并结合决策属性研究了动态更新环境下快速分类问题. 比如, 图 1.2.1 是一类概念认知学习基本过程的示意图. 图中假设所有对象集可以形成 3 个不同类别的概念子空间, 根据认知算子将对象集映射到 3 个不同的子类空间, 再依据概念之间的相似性对概念空间进行认知并应用. 与前面的机器层的概念学习研究相比, 概念认知学习强调概念的外延与内涵之间能够相互演化作用, 并以此所形成的概念为知识载体进行学习. 与此同时, 它实际上是模拟了人类认知过程来实现对新概念的融合与学习. 因此, 概念认知学习可以看作是抽象层、大脑层与机器层的一个结合物, 其研究成果推动和丰富了认知科学的深入研究.

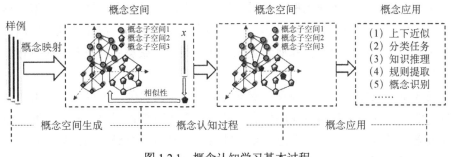

图 1.2.1　概念认知学习基本过程

本书正是鉴于上述现状, 利用粒计算理论这一新型研究方法, 从哲学、数学、认知科学以及信息科学相交叉的不同视角进行观察、分析和研究概念认知学习的基本理论与方法.

1.3 本书结构

全书以粒计算基本理论为基础, 重点介绍概念认知学习的相关模型, 包括基于逆序 Galois 联络的认知逻辑、基于 Galois 联络的直觉认知逻辑、概念认知的双向学习机制、多注意力概念认知学习、增量概念认知学习、渐进模糊三支概念的增量学习、复杂网络下的概念认知学习、概念的渐进式认知、MapReduce 框架下的概念认知学习等最新的概念认知学习理论与方法, 并详细给出了具体案例和应用场景, 从而为描述和解决模拟人类认知过程提供有力工具.

第 2 章为了后续内容的方便叙述, 给出了本书所需的基本概念和基础知识.

第 3 章和第 4 章从逻辑学角度对概念认知进行初步探索, 介绍了基于 Galois 联络的认知逻辑, 并推广至直觉认知逻辑中. 分别介绍了其语法理论、语义理论, 并给出了相应的完备性定理. 进一步, 从逻辑推理的角度出发描述了认知系统中信息粒的转化过程.

第 5 章主要讨论了模糊数据的概念认知模型. 通过模糊数据的双向学习机制, 可以使用多种不同的方法从任意模糊信息粒中获得必要、充分和充分必要的模糊信息粒, 从而完成概念认知学习这一过程.

第 6 章提出了对象-属性集对为可诱导概念的定义, 以及通过集合近似基于可诱导概念序对进行概念学习的方法, 并讨论了如何衡量概念学习的精度. 根据本章内容, 用户可以在认知计算系统学习概念之前, 根据数据分析的具体要求重新构造认知算子.

第 7 章介绍了一种新的概念学习方法, 即多注意力概念认知学习模型. 该模型通过属性注意力为每个决策类构造一个概念注意力空间, 在此基础上提出了一种基于图注意力的概念聚类和概念生成方法, 最后用聚类后的概念空间进行概念识别与泛化.

第 8 章重点探索了渐进模糊三支概念的增量学习机制. 该模型有效考虑了概念认知的渐进性与正负两方面的信息, 从而提升了对象识别率. 同时, 渐进模糊三支概念的增量学习机制在动态环境下能够有效结合已有概念知识与新知识对个案进行分类识别, 提高效率的同时也提高了个案识别率.

第 9 章侧重提出了网络形式背景的框架, 定义了节点的影响力和概念以及网络概念的特征值, 由此可以将复杂网络分析和形式概念分析、认知方法相结合, 从而能够更深刻地研究网络背景下的概念生成等问题.

　　第 10 章在不完全认知条件下，通过引入渐进式累积认知函数，对概念渐进式认知问题作了详细研究. 具体地，提出概念渐进式认知的基本原理，给出线索为对象集、属性集，以及对象集和属性集的概念渐进式认知方法，并与现有概念认知方法进行对比分析.

　　第 11 章则提出了一种基于 MapReduce 框架的粒概念认知学习并行算法. 我们借鉴认知心理学的知觉和注意认知思想，融合粒计算的粒转移原理构建了适应大数据环境的粒概念并行求解算法，并与经典粒概念构造算法做了对比，在此基础上分别从外延和内涵角度建立了粒概念认知计算系统，然后对给定对象集或属性集进行认知概念学习.

第2章 预备知识

2.1 模糊集合的基本概念

2.1.1 模糊性和模糊集合

集合可以用来描述自然界和人类社会中那些"非此即彼"的现象,称之为确定性现象. 然而在现实生活中存在着大量的"亦此亦彼"的现象,很多对象类属的划分没有明确的边界,即不能确定地说一个对象属于或者不属于某一类.

秃头是日常生活中的一个常见现象,一个人是不是秃头唯一的判据就是其头发的多少. 尽管任何一个人的头发根数都是有限的,但是我们绝对不是去查一下某人头发数量然后判断其是不是秃头. 也就是说,判断一个人是不是秃头不是根据其头发的根数来设定一个阈值,根数低于这个阈值就是秃头,超过这个阈值就不是秃头,即我们不能用集合的方法来判断秃头的归属问题.

上述讨论的问题不能用"是"和"不是"来简单地判定一个对象的归属,我们把这些不能用"是"和"不是"来简单地主观判定一个对象归属的现象所蕴含的不确定性称为模糊性,那些具有模糊性的概念称为模糊概念. 对于一个模糊概念来说,其内涵的不清晰导致了其外延的不确定. 也就是说,根据一个模糊概念的内涵不能确定一个对象相对于这个模糊概念的明确归属,因而也就不能明确定义其是否属于这个概念的外延.

由于模糊概念不具有明确的边界,即一个对象对一个模糊概念往往不能明确判断其归类,因而集合的概念已经不能表示模糊概念的外延. 为了利用数学方法来定量地描述模糊概念,Zadeh 引入了如下的模糊集合的概念.

定义 2.1.1 设 U 是论域,$A:U \to [0,1]$,则称 A 是 U 上的一个模糊集合,$A(x)$ 称为模糊集合 A 的隶属函数. 对 $\forall x \in U$,$A(x)$ 表示 x 隶属于模糊集合 A 的程度,简称为隶属度. U 上全体模糊集合的类称为 U 的模糊幂集,用 $F(U)$ 表示,$A \in F(U)$ 意指 A 是 U 上的一个模糊集合.

要想准确理解以上模糊集合的定义,要注意以下几点:①模糊集合是用来描述模糊概念的,模糊概念没有明确的边界,因而借用隶属度来刻画一个对象对这个概念的属于程度;②当把模糊概念抛弃其内涵而只考虑其外延(就像对确定性概念做的那样,不考虑其内涵,从而把一个概念抽象成一个集合)时,就得到了一个函数形式的模糊集合；③把一个函数称为一个集合，这一点似乎与习惯不一致．事实上，经典集合就可以看作一个函数．从数学角度来看，模糊集合的隶属函数把经典集合的特征函数的取值从 {0,1} 推广到 [0,1]，因而经典集合可以看成是特殊的模糊集合，即 $P(U) \subseteq F(U)$．

通常定义一个模糊集合应该具备三个要素：确定的论域、模糊概念及其隶属函数，在实际问题中三者缺一不可．此外，一个很显然但是非常容易被初学者忽视的问题是模糊集合的隶属函数取值最大不超过 1，最小不小于 0．通常用大写的英文字母 A, B, C 等来表示一个模糊集合，用 $A(x), B(x), C(x)$ 等表示相应的隶属函数．

例 2.1.1 设论域 $U = [0, 100]$ 为年龄的集合，集合 A 和 B 分别表示"年老"和"年轻"．Zadeh 给出它们的隶属函数分别为

$$A(u) = \begin{cases} 0, & 0 \leqslant u \leqslant 50, \\ \left[1 + \left(\dfrac{u - 50}{5} \right)^{-2} \right]^{-1}, & 50 < u \leqslant 100; \end{cases}$$

$$B(u) = \begin{cases} 1, & 0 \leqslant u \leqslant 25, \\ \left[1 + \left(\dfrac{u - 25}{5} \right)^{2} \right]^{-1}, & 25 < u \leqslant 100. \end{cases}$$

以集合 A 为例来说明其隶属函数．如图 2.1.1 所示，当一个人年龄在 50 岁及以下时，当然不能算成老年人，因此当 u 取值在 50 岁以下时，$A(u) = 0$；当一个人年龄超过 50 岁的时候，身体的各项机能退化速度加快，逐渐进入衰老期，因而当 u 取值超过 50 岁并逐渐增大时，对于"年老"的隶属度也越来越大，如

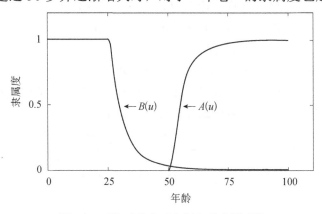

图 2.1.1 "年老"和"年轻"的隶属函数

$A(70) = 0.94$，说明年龄为 70 岁时属于年老的隶属程度已达 94%.

当模糊集合的隶属函数只取值为 0 和 1 两个数的时候，隶属函数就退化为经典集合的特征函数，因而此时模糊集合就退化为经典的集合. 如果 $A(u) \equiv 0$，则 A 为空集 $\varnothing$；如果 $A(u) \equiv 1$，则 A 为全集 U. 一般地我们把空集 $\varnothing$ 和全集 U 也看成特殊的模糊集合.

一般情况下模糊集合 A 可以表示为 $A = \{(u, A(u)) : u \in U\}$. 如果论域 U 是有限集合或可数集合，那么 A 可以表示为 $A = \sum A(u_i)/u_i$ 或 $A = \{A(u_1), A(u_2), \cdots\}$. 如果论域 U 是不可数集合，那么 A 可以表示为 $A = \int A(u)/u$. 这里符号"/"不是通常的分数线，只是一种记号，表示论域 U 上的元素 u 与隶属度 $A(u)$ 之间的对应关系. 同样地，符号"$\sum$"和"$\int$"也不是通常意义下的求和及积分，都只是用来表示 U 上的元素 u 与隶属度 $A(u)$ 之间的对应关系.

2.1.2　模糊集合的运算

作为经典集合的自然推广，模糊集合也有各种运算. 本节介绍模糊集合的一些基本运算及其性质，并分析其与经典集合运算的联系和区别，从而更好地理解模糊集合的思想.

定义 2.1.2　设 $A, B \in F(U)$，若对 $\forall u \in U$，有 $B(u) \leqslant A(u)$，则称 A 包含 B，记作 $B \subseteq A$；若 $B \subseteq A$ 且存在 $u_0 \in U$ 使得 $B(u_0) < A(u_0)$，则称 A 真包含 B，记作 $B \subset A$. 如果同时有 $B \subseteq A$ 和 $A \subseteq B$，则称 A 与 B 相等，记作 $A = B$.

定义 2.1.3　设 $A, B \in F(U)$，分别称运算 $A \cup B, A \cap B$ 为 A 与 B 的并集、交集，运算 A^c 为 A 的补集，其隶属函数分别定义为

$$(A \cup B)(u) = A(u) \vee B(u) = \max\{A(u), B(u)\},$$
$$(A \cap B)(u) = A(u) \wedge B(u) = \min\{A(u), B(u)\},$$
$$A^c(u) = 1 - A(u), \quad \forall u \in U.$$

显然，模糊集合并、交和补的运算是由经典集合并、交和补的运算的特征函数推广而来的，读者可以自行比较一下. 一般地，利用上节介绍的模糊集合的表示方法，模糊集合并、交和补的运算可以表示如下：

设论域 $U = \{u_1, u_2, \cdots, u_n\}$，$A = \sum_{k=1}^{n} \dfrac{A(u_k)}{u_k}, B = \sum_{k=1}^{n} \dfrac{B(u_k)}{u_k}$，则

$$A \cup B = \sum_{k=1}^{n} \frac{A(u_k) \vee B(u_k)}{u_k}, \quad A \cap B = \sum_{k=1}^{n} \frac{A(u_k) \wedge B(u_k)}{u_k}, \quad A^c = \sum_{k=1}^{n} \frac{1 - A(u_k)}{u_k}.$$

设论域 U 是无限集合，$A = \int_{u \in U} \dfrac{A(u)}{u}, B = \int_{u \in U} \dfrac{B(u)}{u}$，则

$$A \cup B = \int_{u \in U} \frac{A(u) \vee B(u)}{u}, \quad A \cap B = \int_{u \in U} \frac{A(u) \wedge B(u)}{u}, \quad A^{c} = \int_{u \in U} \frac{1 - A(u)}{u}.$$

我们看以下例子.

例 2.1.2 设 $U = \{u_1, u_2, u_3, u_4, u_5\}$，$A = \dfrac{0.2}{u_1} + \dfrac{0.7}{u_2} + \dfrac{1}{u_3} + \dfrac{0.5}{u_5}$，$B = \dfrac{0.5}{u_1} + \dfrac{0.3}{u_2} + \dfrac{0.1}{u_4}$

$+ \dfrac{0.7}{u_5}$，则有

$$A \cup B = \frac{0.2 \vee 0.5}{u_1} + \frac{0.7 \vee 0.3}{u_2} + \frac{1 \vee 0}{u_3} + \frac{0 \vee 0.1}{u_4} + \frac{0.5 \vee 0.7}{u_5}$$

$$= \frac{0.5}{u_1} + \frac{0.7}{u_2} + \frac{1}{u_3} + \frac{0.1}{u_4} + \frac{0.7}{u_5},$$

$$A \cap B = \frac{0.2 \wedge 0.5}{u_1} + \frac{0.7 \wedge 0.3}{u_2} + \frac{1 \wedge 0}{u_3} + \frac{0 \wedge 0.1}{u_4} + \frac{0.5 \wedge 0.7}{u_5}$$

$$= \frac{0.2}{u_1} + \frac{0.3}{u_2} + \frac{0.5}{u_5},$$

$$A^{c} = \frac{1 - 0.2}{u_1} + \frac{1 - 0.7}{u_2} + \frac{1 - 1}{u_3} + \frac{1 - 0}{u_4} + \frac{0.5}{u_5}$$

$$= \frac{0.8}{u_1} + \frac{0.3}{u_2} + \frac{1}{u_4} + \frac{0.5}{u_5}.$$

模糊集合的运算除不满足互补律外，与经典集合的运算规律相似，具体有如下定理.

定理 2.1.1 任意给定集合 $A, B, C \in F(U)$，有

（1）$A \cap A = A, A \cup A = A$；（幂等律）

（2）$A \cap B = B \cap A, A \cup B = B \cup A$；（交换律）

（3）$A \cap (B \cap C) = (A \cap B) \cap C, A \cup (B \cup C) = (A \cup B) \cup C$；（结合律）

（4）$A \cap (A \cup B) = A \cup (A \cap B) = A$；（吸收律）

（5）$A \cap (B \cup C) = (A \cap B) \cup (A \cap C), A \cup (B \cap C) = (A \cup B) \cap (A \cup C)$；（分配律）

（6）$(A^{c})^{c} = A$；（对合律）

（7）$(A \cap B)^{c} = A^{c} \cup B^{c}, (A \cup B)^{c} = A^{c} \cap B^{c}$.（对偶律）

证明 根据模糊集合相等的定义，要想证明两个模糊集合相等只需要证明它们的隶属函数相等，也就是只要证论域中任何一个元素对于两个模糊集合有相同的隶属函数值. 这里只证明（2）和（7）.

（2）对 $\forall u \in U$，有 $(A \cup B)(u) = A(u) \vee B(u) = B(u) \vee A(u) = (B \cup A)(u)$. 同理可证 $A \cap B = B \cap A$.

（7）对 $\forall u \in U$ ，有 $(A \cap B)^c(u) = 1 - (A \cap B)(u) = 1 - A(u) \wedge B(u) = (1 - A(u))$ $\vee (1 - B(u)) = A^c(u) \vee B^c(u) = (A^c \cup B^c)(u)$.

模糊集合的并、交和补的运算不再满足互补律，也就是说 $A \cap A^c = \varnothing, A \cup A^c = U$ 一般不再成立，这是因为模糊集合没有明确的边界，从而一个模糊集合和它的补集之间没有明确的划分.

定理 2.1.2 设 $A \in F(U)$ ，则 $A \cap A^c = \varnothing (A \cup A^c = U) \Leftrightarrow A \in P(U)$.

两个模糊集的并和交的运算还可以推广到任意多个模糊集上去.

定义 2.1.4 设 $A_t \in F(U), t \in T, T$ 是一指标集，分别定义集族 $\{A_t : t \in T\}$ 的并集和交集为： $(\cup_{t \in T} A_t)(u) = \sup_{t \in T} A_t(u), (\cap_{t \in T} A_t)(u) = \inf_{t \in T} A_t(u)$.

这里任意多个模糊集合的并和交的定义显然也是经典集合相应定义的推广，其满足以下的运算规律.

定理 2.1.3 设 $A_t \in F(U), t \in T, T$ 是一指标集，有如下等式成立：

（1） $A \cup (\cap_{t \in T} A_t) = \cap_{t \in T} (A \cup A_t), A \cap (\cup_{t \in T} A_t) = \cup_{t \in T} (A \cap A_t)$ ；

（2） $(\cup_{t \in T} A_t)^c = \cap_{t \in T} A_t^c, (\cap_{t \in T} A_t)^c = \cup_{t \in T} A_t^c$.

定义 2.1.5 设 U 是论域. 对 $\forall x \in U, \lambda \in (0,1]$ ，定义 $x_\lambda(y) = \begin{cases} \lambda, & y = x, \\ 0, & y \neq x, \end{cases}$ 则有 $x_\lambda \in F(U)$ ，我们称 x_λ 是高度为 λ 的模糊点，称点 x 为模糊点 x_λ 的承点.

如果 $\lambda = 1$ ，则 x_1 即是单点集 $\{x\}$ 的特征函数，从隶属函数是特征函数的推广的角度来看，模糊点的概念即是经典集合里面单点的推广.

上面引入了模糊点的概念，我们可以利用它研究模糊集合的基本结构，有如下定理.

定理 2.1.4 设 $A \in F(U), x \in U, \lambda, \mu \in [0,1]$ ，则有

（1）若 $\lambda \leq \mu$ ，则有 $x_\lambda \subseteq x_\mu$ 且 $x_\mu = \cup_{\lambda < \mu} x_\lambda$ ；

（2） $x_{A(x)} \subseteq A, A = \cup_{x \in U} x_{A(x)}$.

证明 （1）显然成立，只证（2）. 对 $u \in U, x_{A(x)}(u) = \begin{cases} A(x), & u = x, \\ 0, & u \neq x \end{cases} \leq A(u)$ ；

$(\cup_{x \in U} x_{A(x)})(u) = \sup_{x \in U} x_{A(x)}(u) = x_{A(u)}(u) = A(u)$.

定理 2.1.4 的（2）告诉我们，与经典集合一样，任何一个模糊集都可以表示为若干个模糊点的并. 我们知道，在经典集合论中一个点是构成集合的最小单位，点是不可再分的. 但是对模糊集合来说情况发生了变化. 定理 2.1.4 的（1）告诉我们，模糊点不再是最小的单位了，任何一个模糊点总是包含无穷多个模糊点. 对经典集合来说，一个点如果属于若干个集合的并集，那么这些集合中一定存在一

个集合使得这个点包含于该集合. 但是对无穷多个模糊集合的并集来说这一结论不必成立, 看下面的例子.

例 2.1.3 设论域 $U = [0,1]$, $A_n(u) = \dfrac{n-1}{n}$, $n = 1, 2, \cdots$, 则 $\bigcup_{n=1}^{\infty} A_n(u) = 1$, 即 $\bigcup_{n=1}^{\infty} A_n = U$. 显然模糊点 $u_1 \subset U = \bigcup_{n=1}^{\infty} A_n$, 但是对 $\forall n, u_1 \subseteq A_n$ 都不再成立.

由于模糊点是特殊的模糊子集, 所以当 $x_\lambda \subseteq A$, 即 $A(x) \geqslant \lambda$ 时, 我们也称模糊点 x_λ 属于模糊集合 A, 记为 $x_\lambda \in A$. 显然模糊点与模糊集合的属于关系是经典集合论中点与集合属于关系的推广. 在经典集合论中, 一个点属于一个集合等价于这个点不属于该集合的补集. 由于模糊集合不满足互补律, 所以这个命题对模糊集合不再成立. 自然就可以想到, 对模糊集合用一个模糊点不属于该模糊集合的补集来刻画模糊点与该模糊集合之间的关系, 于是有以下定义.

定义 2.1.6 设 $A \in F(U)$, $x \in U$, $\lambda \in [0,1]$, 若 $A(x) + \lambda > 1$, 则称模糊点 x_λ 重于模糊集合 A, 记为 $x_\lambda \tilde{\in} A$.

公式 $A(x) + \lambda > 1$, 即 $\lambda > 1 - A(x) = A^c(x)$, 也就是等价于 x_λ 不属于模糊集合 A 的补集.

定理 2.1.5 设 $A_t \in F(U)$, $t \in T$ 是任意的指标集, 则 $x_\lambda \tilde{\in} \bigcup_{t \in T} A_t$ 当且仅当存在 $t_0 \in T$ 使得 $x_\lambda \tilde{\in} A_{t_0}$.

模糊点与模糊集合的重于关系是由我国数学工作者引入的, 在模糊拓扑学的研究中起到了关键的作用. 有兴趣的同学可以查阅相应的文献.

以上我们指出了模糊集合与经典的集合在运算和结构方面的一些不同之处, 这些区别在今后的学习过程中会经常遇到, 希望大家在学习中去认真体会.

2.1.3 模糊集合的水平截集

下面讨论如何从模糊集合得到与其结构密切相关的经典集合, 以及这些经典集合的核心性质.

定义 2.1.7 设 $A \in F(U)$, $\lambda \in [0,1]$, 记 $A_\lambda = \{x \in U : A(x) \geqslant \lambda\}$, $A_{\underline{\lambda}} = \{x \in U : A(x) > \lambda\}$, A_λ 和 $A_{\underline{\lambda}}$ 分别称为 A 的 λ-水平截集和 λ-水平强截集, λ 称为阈值或者置信水平.

需要注意的是, A 是模糊集合, 但是其水平截集和水平强截集是经典的集合, 这是因为一个对象的隶属函数值是否大于或等于 λ 这个事实本身是清楚无歧义的. 显然有 $A_{\underline{\lambda}} \subseteq A_\lambda$.

在日常生活中我们总会遇到这样的评价问题, 比如, 单位对一些员工的评估, 如果没有涉及涨工资或淘汰机制, 那么总是用一些模糊语言如"优秀"、"不错"

和"还行"等定性评价员工的表现. 但是一旦涉及淘汰机制, 就不得不引入量化机制. 再如, 篮球队根据身高选拔队员, 我们知道总是需要选择"大个子", 如果需要确定具体的人选, 往往还是要制定一个具体的标准. 此类问题都涉及如何把模糊集合转化为经典集合的问题. 看下面的例子.

例 2.1.4　在一次"优胜者"的选拔考试中, 设模糊集合 A 表示"优胜者", 按个人的成绩与 100 分的比值确定隶属度, 10 位应试者及其成绩如下所示:

$$A = \frac{1}{x_1} + \frac{0.62}{x_2} + \frac{0.35}{x_3} + \frac{0.68}{x_4} + \frac{0.82}{x_5} + \frac{0.25}{x_6} + \frac{0.74}{x_7} + \frac{0.80}{x_8} + \frac{0.40}{x_9} + \frac{0.55}{x_{10}}.$$

择优录取事实上就是把模糊集合转化为普通集合, 即先确定一个阈值 λ, 然后把大于等于这个阈值的对象挑出来. 比如令阈值 $\lambda = 0.7$, 有 $A_{0.7} = \{x_1, x_5, x_7, x_8\}$ 即为优胜者集合.

下面来讨论水平截集的性质.

性质 2.1.1　设 $A, B \in F(U)$, $\lambda \in [0, 1]$, 则有 $(A \cup B)_\lambda = A_\lambda \cup B_\lambda$, $(A \cap B)_\lambda = A_\lambda \cap B_\lambda$.

证明　$u \in (A \cup B)_\lambda \Leftrightarrow (A \cup B)(u) \geqslant \lambda \Leftrightarrow A(u) \vee B(u) \geqslant \lambda$

$\Leftrightarrow A(u) \geqslant \lambda$ 或 $B(u) \geqslant \lambda \Leftrightarrow u \in A_\lambda$ 或 $u \in B_\lambda$

$\Leftrightarrow u \in A_\lambda \cup B_\lambda$;

$u \in (A \cap B)_\lambda \Leftrightarrow (A \cap B)(u) \geqslant \lambda \Leftrightarrow A(u) \wedge B(u) \geqslant \lambda$

$\Leftrightarrow A(u) \geqslant \lambda$ 且 $B(u) \geqslant \lambda \Leftrightarrow u \in A_\lambda$ 且 $u \in B_\lambda$

$\Leftrightarrow u \in A_\lambda \cap B_\lambda$.

由于水平截集是经典的集合, 因而在以上的证明中我们采用了经典集合中证明集合相等的方法. 截集的这个性质可以称为其对并和交运算满足分配律, 并且显然可以推广到任意有限多个集合上去. 但是对无限多个集合的并和交运算来说情况就有所不同了.

性质 2.1.2　设 $A_t \in F(U)$, $t \in T$ 是任意的指标集, 有 $\left(\bigcup_{t \in T} A_t\right)_\lambda \supseteq \bigcup_{t \in T} (A_t)_\lambda$, $\left(\bigcap_{t \in T} A_t\right)_\lambda = \bigcap_{t \in T} (A_t)_\lambda$.

证明　只证第一式, 第二式的证明留作习题. 如果 $u \in \bigcup_{t \in T} (A_t)_\lambda$, 则 $\exists t_0 \in T$, 使得 $u \in (A_{t_0})_\lambda$, 于是 $A_{t_0}(u) \geqslant \lambda$, 即 $\sup_{t \in T} A_t(u) \geqslant \lambda$, 故 $u \in \left(\bigcup_{t \in T} A_t\right)_\lambda$. 证毕.

下面的例子说明 $\left(\bigcup_{t \in T} A_t\right)_\lambda$ 和 $\bigcup_{t \in T} (A_t)_\lambda$ 确实不必相等.

例 2.1.5　设 $U = [0, 1]$, $A_n(u) = \frac{n-1}{n}$, $n = 1, 2, \cdots$, 则 $\bigcup_{n=1}^{\infty} A_n(u) = 1$, 即 $\bigcup_{n=1}^{\infty} A_n = U$. 取 $\lambda = 1$, 则 $\left(\bigcup_{n=1}^{\infty} A_n\right)_\lambda = U$, 但是 $(A_n)_\lambda = \varnothing$, $n = 1, 2, \cdots$, 即 $\bigcup_{n=1}^{\infty} (A_n)_\lambda = \varnothing$, 因而有

$\bigcup_{n=1}^{\infty}(A_n)_\lambda \neq (\bigcup_{n=1}^{\infty} A_n)_\lambda$.

定理 2.1.6　设 U 是论域，$A \in F(U)$，$\lambda \in [0,1]$，则有

（1）$A_0 = U$；

（2）若 $\lambda_1 \leqslant \lambda_2$，则 $A_{\lambda_1} \supseteq A_{\lambda_2}$；

（3）若 λ_n 严格递增收敛于 λ，则有 $A_\lambda = \bigcap_{n=1}^{\infty} A_{\lambda_n}$.

证明　（1）和（2）为显然. 只证（3）. 若 λ_n 严格递增收敛于 λ，则有 $A_\lambda \subseteq A_{\lambda_n}$，即 $A_\lambda \subseteq \bigcap_{n=1}^{\infty} A_{\lambda_n}$. 反之如果 $u \in \bigcap_{n=1}^{\infty} A_{\lambda_n}$，则有 $u \in A_{\lambda_n}$，$n = 1, 2, \cdots$，即 $A(u) \geqslant \lambda_n$，$n = 1$，$2, \cdots$，从而 $A(u) \geqslant \sup_{n=1}^{\infty} \lambda_n = \lambda$，即 $u \in A_\lambda$. 证毕.

对于水平强截集，有如下三个与水平截集类似的性质，证明留给读者.

性质 2.1.3　设 $A, B \in F(U)$，$\lambda \in [0,1]$，则有 $(A \cup B)_{\underline{\lambda}} = A_{\underline{\lambda}} \cup B_{\underline{\lambda}}$，$(A \cap B)_{\underline{\lambda}} = A_{\underline{\lambda}} \cap B_{\underline{\lambda}}$.

性质 2.1.4　设 $A_t \in F(U)$，$t \in T$ 是任意的指标集，则有 $\left(\bigcup_{t \in T} A_t\right)_{\underline{\lambda}} = \bigcup_{t \in T} (A_t)_{\underline{\lambda}}$，$\left(\bigcap_{t \in T} A_t\right)_{\underline{\lambda}} \subseteq \bigcap_{t \in T} (A_t)_{\underline{\lambda}}$.

定理 2.1.7　设 U 是论域，$A \in F(U)$，$\lambda \in [0,1]$，则有

（1）$A_{\underline{1}} = \varnothing$；

（2）若 $\lambda_1 \leqslant \lambda_2$，则 $A_{\underline{\lambda_1}} \supseteq A_{\underline{\lambda_2}}$；

（3）若 λ_n 严格递减收敛于 λ，则有 $A_{\underline{\lambda}} = \bigcup_{n=1}^{\infty} A_{\underline{\lambda_n}}$.

关于模糊集合的补运算与水平截集的关系有如下定理.

定理 2.1.8　$(A^c)_\lambda = \left(A_{\underline{1-\lambda}}\right)^c$，$(A^c)_{\underline{\lambda}} = \left(A_{1-\lambda}\right)^c$.

以上通过对隶属函数值引入阈值得到了模糊集合的水平截集和强截集的概念，当阈值在 [0,1] 区间上变动时，就得到了一族水平截集和一族水平强截集，并且这两族集合满足定理 2.1.6 和定理 2.1.7.

2.2　粗糙集的基本概念

人们认识事物的基本方法就是分类，即把所有研究对象按某种规则分为有限个类，每两类之间没有公共对象，且某个对象必在某一类中. 比如，对于要考虑的小轿车，可以按照其颜色分为不同类，也可以通过不同生产国家分为不同类，有了不同分类就可以获得不同认识，人们就可以通过分类来认识那些不能用分类精确表达的对象集，这种不能用分类精确表达的对象集就是粗糙集.

设 X 是一个有限论域，$X \times X$ 是乘积空间，即 $X \times X = \{(x_1, x_2) \mid x_1, x_2 \in X\}$. $R \subseteq X \times X$，称 R 为 X 上的关系，当 $(x, y) \in R$ 时，称 x, y 有关系 R；当 $(x, y) \notin R$ 时，称 x, y 无关系 R，X 上的关系 R 称为等价关系，若满足如下性质：

(i) 自反性：$(x_i, x_i) \in R$，$x_i \in X$；

(ii) 对称性：当 $(x_i, x_j) \in R$ 时，$(x_j, x_i) \in R$，$x_i, x_j \in X$；

(iii) 传递性：若 $(x_i, x_j) \in R$，$(x_j, x_k) \in R$，则 $(x_i, x_k) \in R$，$x_i, x_j, x_k \in X$.

定义 2.2.1　设 R 是 X 上的等价关系，称二元组 (X, R) 为 Pawlak 近似空间，对于任意的 $x_i \in X$，对象 x_i 关于 R 的等价类为

$$[x_i]_R = \{x_j \in X \mid (x_i, x_j) \in R\},$$

记 $X / R = \{[x]_R \mid x \in X\}$，则 X / R 构成 X 的一个划分.

定义 2.2.2　设 $\boldsymbol{R}$ 为 X 上的等价关系族，称 $K = (X, \boldsymbol{R})$ 为一个知识库. 若 $P \subseteq \boldsymbol{R}$ 且 $P \neq \varnothing$，则 P 中所有等价关系的交集 $\cap P$ 也是一等价关系，称 $\cap P$ 为 X 上的不可区分关系，记为 $Ind(P)$，且有 $[x]_{Ind(P)} = \bigcap_{R \in P} [x]_R$.

一般来说，若子集 $Y \subseteq X$，当 Y 是 R 的某些等价类的并时，称 Y 关于 R 是可定义的或精确的集合，否则称 Y 关于 R 是不可定义的或粗糙的集合.

每一个不确定性集合可由一对称为上近似和下近似的精确集合来表示，下面给出上下近似的定义.

定义 2.2.3　设 X 为论域，R 是一个等价关系，对于任意 $Y \subseteq X$，记

$$\underline{R}(Y) = \{x \in X \mid [x]_R \subseteq Y\} = \cup\{[x]_R \mid [x]_R \subseteq Y\};$$

$$\overline{R}(Y) = \{x \in X \mid [x]_R \cap Y \neq \varnothing\} = \cup\{[x]_R \mid [x]_R \cap Y \neq \varnothing\}.$$

称 $\underline{R}(Y)$ 为 Y 的 R-下近似，$\overline{R}(Y)$ 为 Y 的 R-上近似，简称下近似和上近似.

另外，记

$$bn_R(Y) = \overline{R}(Y) - \underline{R}(Y),$$
$$pos_R(Y) = \underline{R}(Y),$$
$$neg_R(Y) = X - \overline{R}(Y),$$

称 $bn_R(Y)$，$pos_R(Y)$ 和 $neg_R(Y)$ 分别是 Y 关于 R 的边界域、正域和负域.

定义 2.2.4　设 X 为论域，R 是 X 上的一个等价关系，若 $\overline{R}(Y) = \underline{R}(Y)$，则称 Y 为精确集，否则称 Y 为粗糙集.

显然，粗糙集 Y 关于 R 的边界域、正域和负域构成了 X 的划分，它们彼此交集为空集，且

$$X = bn_R(Y) \cup pos_R(Y) \cup neg_R(Y).$$

由以上定义可知以下结论成立.

定理 2.2.1 设 (X,R) 为 Pawlak 近似空间，若 $Y,Z \subseteq X$ ，则有

（i）下近似的收缩性：$\underline{R}(Y) \subseteq Y$ ；

上近似的扩张性：$Y \subseteq \overline{R}(Y)$.

（ii）上、下近似的对偶性：$\underline{R}(Y^c) = \overline{R}^c(Y)$, $\overline{R}(Y^c) = \underline{R}^c(Y)$.

（iii）下近似的正规性：$\underline{R}(\varnothing) = \varnothing$ ；

上近似的正规性：$\overline{R}(\varnothing) = \varnothing$.

（iv）下近似的余正规性：$\underline{R}(U) = U$ ；

上近似的余正规性：$\overline{R}(U) = U$.

（v）下近似的可乘性：$\underline{R}(Y \cap Z) = \underline{R}(Y) \cap \underline{R}(Z)$ ；

上近似的可加性：$\overline{R}(Y \cup Z) = \overline{R}(Y) \cup \overline{R}(Z)$.

（vi）下近似的弱可加性：$\underline{R}(Y \cup Z) \supseteq \underline{R}(Y) \cup \underline{R}(Z)$ ；

上近似的弱可乘性：$\overline{R}(Y \cap Z) \subseteq \overline{R}(Y) \cap \overline{R}(Z)$.

（vii）下近似的单调性：$Y \subseteq Z \Rightarrow \underline{R}(Y) \subseteq \underline{R}(Z)$ ；

上近似的单调性：$Y \subseteq Z \Rightarrow \overline{R}(Y) \subseteq \overline{R}(Z)$.

（viii）下近似的幂等性：$\underline{R}(\underline{R}(Y)) = \underline{R}(Y)$ ；

上近似的幂等性：$\overline{R}(\overline{R}(Y)) = \overline{R}(Y)$.

（ix）下近似的补性：$\underline{R}(\underline{R}^c(Y)) = \underline{R}^c(Y)$ ；

上近似的补性：$\overline{R}(\overline{R}^c(Y)) = \overline{R}^c(Y)$.

（x）下近似的颗粒性：$\forall K \in C, \underline{R}(K) = K$ ；

上近似的颗粒性：$\forall K \in C, \overline{R}(K) = K$.

其中，C 表示在 R 下所有可定义集的全体.

粗糙集的不确定性是由边界的存在引起的，边界越大，其精确程度越低，为了准确地表达这一点，Pawlak 引入了粗糙集精度的概念.

定义 2.2.5 设 (X,R) 为 Pawlak 近似空间，$Y \subseteq X$ ，其上下近似分别为 $\overline{R}(Y)$ ，$\underline{R}(Y)$ ，其中 $Y \neq \varnothing$ ，记

$$\alpha_R(Y) = \frac{|\underline{R}(Y)|}{|\overline{R}(Y)|},$$

称 $\alpha_R(Y)$ 为 Y 在近似空间中的精度，记

$$\rho_R(Y) = 1 - \alpha_R(Y),$$

称 $\rho_R(Y)$ 为 Y 在近似空间的粗糙度.

精度 $\alpha_R(Y)$ 反映了集合 Y 在关系下知识的确定程度，粗糙度 $\rho_R(Y)$ 则反映了 Y 在关系 R 下知识的不确定度，显然，下面定理成立.

定理 2.2.2　对于 X 上任意等价关系 R，以下结论成立：

（i）$0 \le \alpha_R(Y) \le 1$；

（ii）$\alpha_R(Y)=1$ 当且仅当 $\overline{R}(Y)=R=\underline{R}(Y)$，即 Y 为一个可定义集；

（iii）$\alpha_R(Y)<1$ 当且仅当 $\overline{R}(Y) \neq \underline{R}(Y)$，即 Y 为一个不可定义集.

由定理 2.2.2 可以看出，$\alpha_R(Y)$ 越大时 $\rho_R(Y)$ 越小，则 Y 关于 R 越精确，不确定性越小；$\alpha_R(Y)$ 越小时 $\rho_R(Y)$ 越大，则 Y 关于 R 越粗糙，不确定性越大.

粗糙集的定义作为本书的基础概念之一，在形式概念分析中得到了广泛应用. 粗糙集既可以以其思想作为借鉴，融入形式概念分析的研究中，也可以作为研究的一部分，与形式概念分析进行融合研究.

2.3　形式概念分析基本理论

概念格是形式概念分析中最基本的数据分析工具，它的数学基础是格论. 它与粗糙集理论一样，都是 1982 年提出的. 国内 20 世纪 90 年代才逐渐开始关注概念格理论[1-15]. 实际上，概念格理论与粗糙集理论具有较强的互补性，很多问题可以在这两个理论之间相互转化、比较与分析. 比如，讨论一个数据库的知识发现问题，如果将数据库看作信息系统，则可以通过粗糙集理论挖掘其规则；如果将数据库看作形式背景，则可以利用概念格理论进行关联规则发现. 进一步，可以借助正向尺度化（forward scaling）方法把信息系统转化为形式背景或借助反向尺度化（backward scaling）方法把形式背景转化为信息系统，在此基础上比较两种理论得到的规则之间的差异，分析各自的优势与劣势，取长补短，从而有利于知识发现问题的深入研究. 类似的问题还有很多，不再一一列举.

本章中我们所讨论的基本研究对象是形式概念. 对象属于或不属于一个概念是一个二值问题，一个对象要么属于这个概念，要么不属于这个概念，因此在概念格的研究中所涉及的属性取值通常为两个. 需要指出的是，多值属性在概念格理论中也是存在的，可以通过正向尺度化方法将多值属性转化为二值属性，所以本质上最终还是只涉及二值属性. 下面我们给出概念格理论中形式背景的定义.

定义 2.3.1　三元组 (U,A,I) 称为形式背景，其中 $U=\{x_1,x_2,\cdots,x_n\}$ 是非空有限对象集，$A=\{a_1,a_2,\cdots,a_m\}$ 是非空有限属性集，I 是笛卡儿积 $U \times A$ 上的二元关系.

本章约定 $(x,a) \in I$ 表示对象 x 拥有属性 a, $(x,a) \notin I$ 表示对象 x 不拥有属性 a.

例 2.3.1 表 2.3.1 给出了一个形式背景 (U,A,I), $U = \{1,2,3,4,5,6\}$, $A = \{a_1, a_2, a_3, a_4, a_5\}$, 其中每一个属性下面的数字 1 表示对象拥有该属性, 数字 0 表示对象不拥有该属性.

表 2.3.1 形式背景 (U,A,I)

U	a_1	a_2	a_3	a_4	a_5
1	0	1	1	0	0
2	1	1	0	0	0
3	1	0	0	0	0
4	0	0	0	0	1
5	0	0	0	1	1
6	0	0	1	1	1

通常, 将不包含空行、空列、满行和满列的形式背景称为正则形式背景, 这里的"空"与"满"分别意指不拥有和拥有关系. 显然, 表 2.3.1 的形式背景是正则的.

概念的两个基本要素是其内涵和外延, 对于一个概念, 明确了其内涵就确定了其外延. 为了从形式背景 (U,A,I) 中挖掘出概念, 我们需要对概念的内涵和外延给出形式化的描述. 首先给出如下算子: 任意 $X \subseteq U$, $B \subseteq A$,

$$L(X) = \{a \in A : \forall x \in X, (x,a) \in I\},$$
$$H(B) = \{x \in U : \forall a \in B, (x,a) \in I\}.$$

也就是, $L(X)$ 表示 X 中所有对象共同拥有的属性组成的集合; $H(B)$ 表示拥有 B 中所有属性的对象组成的集合, 在概念认知学习中, L 和 H 也被称为认知算子.

为了方便, 记 L 和 H 的复合算子为 LH 与 HL. 易证, 算子 L 和 H 满足如下性质.

性质 2.3.1 设 (U,A,I) 为形式背景. 对于 $\forall X_1, X_2, X_3 \subseteq U$, $B_1, B_2, B_3 \subseteq A$, 有以下结论成立:

(1) $X_1 \subseteq X_2 \Rightarrow L(X_2) \subseteq L(X_1)$;

(2) $B_1 \subseteq B_2 \Rightarrow H(B_2) \subseteq H(B_1)$;

(3) $X \subseteq HL(X)$;

(4) $B \subseteq LH(B)$;

(5) $L(X) = LHL(X)$;

(6) $H(B) = HLH(B)$;

（7）$L(X_1 \cup X_2) = L(X_1) \cap L(X_2)$；

（8）$H(B_1 \cup B_2) = H(B_1) \cap H(B_2)$；

（9）$L(X_1 \cap X_2) \supseteq L(X_1) \cup L(X_2)$；

（10）$H(B_1 \cap B_2) \supseteq H(B_1) \cup H(B_2)$.

实际上，易证 (L, H) 是 $(P(U), \subseteq)$ 和 $(P(A), \subseteq)$ 之间的反序 Galois 连接.

例 2.3.2　以表 2.3.1 的形式背景 (U, A, I) 为例来说明性质 2.3.1 的（9）和（10）中等号不必成立. 令 $X_1 = \{4, 6\}$，$X_2 = \{5, 6\}$，则 $L(X_1) = \{a_5\}$，$L(X_2) = \{a_4, a_5\}$，但是 $L(X_1 \cap X_2) = \{a_3, a_4, a_5\}$，所以 $L(X_1 \cap X_2) \supset L(X_1) \cup L(X_2)$. 令 $B_1 = \{a_1, a_3\}$，$B_2 = \{a_3, a_4\}$，则 $H(B_1) = \varnothing$，$H(B_2) = \{6\}$，但是 $H(B_1 \cap B_2) = \{1, 6\}$，所以 $H(B_1 \cap B_2) \supset H(B_1) \cup H(B_2)$.

定理 2.3.1　设 L 和 H 是认知算子. 对任意 $X \subseteq U$ 和 $B \subseteq A$，有

$$L(X) = \cap_{x \in X} L(x)，\tag{2.1}$$

$$H(B) = \cap_{a \in B} H(a).\tag{2.2}$$

证明　由 L 和 H 定义即可得证.

公式（2.1）可以解释为"对整体的感知等于其各部分感知的整合"，这一点对于认知算子 L 来说并不奇怪. 另一方面，哲学中的概念原则也体现在认知算子 L 上. 类似地，公式（2.2）中的等式可以解释为"与考虑的所有属性相关的最少信息等于与其各部分相关的最少信息的整合".

利用认知算子 L 与 H 可以给出概念以及概念内涵和外延的形式化描述，具体如下.

定义 2.3.2　设 (U, A, I) 为形式背景. 对 $\forall X \subseteq U$，$B \subseteq A$，若 $L(X) = B$ 且 $H(B) = X$，则称序对 (X, B) 为形式概念（简称概念），也称为认知概念；称 X 为概念 (X, B) 的外延，B 为概念 (X, B) 的内涵.

易见概念内涵的形式化是由对象对属性的取值抽象化得来的. 概念是人类进行认知的基本单元. 不仅如此，概念与概念之间还存在特化-泛化关系，具体如下.

设 (X_1, B_1) 和 (X_2, B_2) 是形式背景 (U, A, I) 的两个概念，若 $X_1 \subseteq X_2$ 或 $B_2 \subseteq B_1$，则称 (X_1, B_1) 是 (X_2, B_2) 的特化概念，或 (X_2, B_2) 是 (X_1, B_1) 的泛化概念，记为 $(X_1, B_1) \leqslant (X_2, B_2)$.

形式背景 (U, A, I) 的所有概念连同特化-泛化关系 $\leqslant$ 构成一个格（显然是完备格），记为 $L(U, A, I)$. 另外，两个概念的上确界和下确界分别定义为

$$(X_1, B_1) \vee (X_2, B_2) = (HL(X_1 \cup X_2), B_1 \cap B_2)，$$

$$(X_1, B_1) \wedge (X_2, B_2) = (X_1 \cap X_2, LH(B_1 \cup B_2)).$$

将上述定义的证明留给读者作为思考题目. 通常, 称格 $L(U, A, I)$ 为概念格. 概念格是形式概念分析用于数据分析的核心工具.

例 2.3.3 对于表 2.3.1 的形式背景, 其概念格如图 2.3.1 所示. 按照惯例, 对象全集、属性全集和空集分别用符号 $U, A, \varnothing$ 表示, 而其他集合仅列出具体元素, 即省略集合的大括号以及元素之间的分隔逗号.

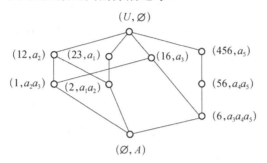

图 2.3.1 表 2.3.1 的形式背景的概念格

由上述讨论可知, 给定认知算子 L 和 H, 理论上可以找到所有的认知概念. 然而, 实际上, 当 U 和 A 的基数很大时, 穷举 L 和 H 的所有元素可能很难实现, 更不用说找到所有的认知概念. 如: 在例 2.3.1 中, L 中 $X_i \mapsto L(X_i)(X_i \subseteq U)$ 和 H 中 $B_j \mapsto H(B_j)(B_j \subseteq A)$ 的总数为 $2^{|U|} + 2^{|A|}$, 这是关于 $|U|$ 和 $|A|$ 的指数. 然而根据定理 2.3.1 可知, 每个 $L(X_i)$ 可以表示为 $L(x)(x \in X_i)$ 的交集, 每个 $H(B_j)$ 可以表示为 $H(a)(a \in B_j)$ 的交集, 这表明列出映射 L 中的 $\{x\} \mapsto L(x)(x \in U)$ 和映射 H 中的 $\{a\} \mapsto H(a)(a \in A)$ 是足够的; 换言之, 对诱导算子 L 来说 $\{x\} \mapsto L(x)(x \in U)$ 是基本且充分的, 对诱导算子 H 来说 $\{a\} \mapsto H(a)(a \in A)$ 是基本且充分的. 因此, 就知识表示而言, $\{x\} \mapsto L(x)(x \in U)$ 和 $\{a\} \mapsto H(a)(a \in A)$ 可分别视为 L 和 H 的信息粒. 考虑到信息粒是粒计算理论的基本概念, 很自然地将粒计算引入认知概念格中以减少计算时间. 此外, 这种结合也符合人类思维的特点, 即复杂的信息往往被划分为块、类和组.

下面给出认知算子的信息粒和粒概念的定义.

定义 2.3.3 设 L 和 H 为认知算子, $x \in U$ 且 $a \in A$, 则称 $(HL(x), L(x))$ 和 $(H(a), LH(a))$ 为认知算子 L 和 H 的粒概念. (在无歧义下, 文中均将 $L(\{x\})$ 记为 $L(x)$.)

性质 2.3.2 设 L 和 H 为认知算子, 则任意认知概念 (X, B) 均可由粒概念合成:

$$(X, B) = \vee_{x \in X} \big(HL(x), L(x) \big) = \wedge_{a \in B} \big(H(a), LH(a) \big),$$

其中，

$$\vee_{x \in X} \big(HL(x), L(x) \big) = \big(HL(\cup_{x \in X} HL(x)), \cap_{x \in X} L(x) \big),$$

$$\wedge_{a \in B} \big(H(a), LH(a) \big) = \big(\cap_{a \in B} H(a), LH(\cup_{a \in B} LH(a)) \big).$$

为了方便，将认知算子 L 和 H 的所有粒概念记为

$$G_{LH} = \big\{ (HL(x), L(x)) \big| x \in U \big\} \cup \big\{ (H(a), LH(a)) \big| a \in A \big\}.$$

由性质 2.3.2 可知，形式背景的任一概念均可由对象概念或属性概念通过上确界运算或下确界运算得到.

2.4 三支概念分析基本理论

与形式概念分析中的形式概念一样，三支概念也具有外延和内涵. 但不同的是，三支概念的外延或内涵本身也由两部分构成，是一个二元组，具有 Ciucci 所研究的正交对的形式，可以同时表达"共同具有"和"共同不具有". 而这个二元组的本质是三个两两互斥的集合：二元组本身就是两个互斥的集合，潜在的第三个集合就是二元组中两个集合的并集的补集. 所以，三支概念分析使用三个两两互斥的属性集或三个两两互斥的对象集来对知识进行描述和解释. 与二支概念分析相比，这样的刻画方式和解释能够提供更多的信息.

三支概念分析研究的大概思路是：在形式概念分析理论中考虑对象集共同具有的最大属性集的基础上，进一步考虑该对象集共同不具有的最大属性集. 其结果是，一个概念的内涵可以由三个两两互斥的集合来表示：该对象集所共有的最大属性集，该对象集所共同不具有的最大属性集，以及这两者之并集的补集. 其中，对象集所共同不具有的最大属性集可以从补背景的角度去解释，概念内涵的这种三支描述方式明确地揭示了一个对象集共同缺失的特征，是对象集另一种共性的反映. 类似地，我们可以得到概念外延的三支描述.

这样，我们成功地将三支决策的思想与形式引入形式概念分析，将形式概念扩展为三支概念；反过来，基于三支概念，我们也自然地把对象论域或属性论域分为三部分，从而可以进行三支决策.

目前，三支概念分析已得到有关学者的关注[1-13]，但是，研究尚处于起步阶段，相关研究成果很少，还有很多重要的理论问题与关键技术有待研究和突破.

本节给出三支概念分析的基础知识，包括负算子、对象导出三支算子、对象导出三支概念、属性导出三支概念等.

定义 2.4.1 设 (U, A, I) 为一个形式背景，$U = \{x_1, x_2, \cdots, x_n\}$ 为对象集，$A = \{a_1, a_2, \cdots, a_m\}$ 为属性集，$X \subseteq U, B \subseteq A, I^c = (U \times A) \setminus I$. 定义算子 $L^- : \mathcal{P}(U) \to \mathcal{P}(A)$ 及 $: \mathcal{P}(A) \to \mathcal{P}(U)$，对于任意的 $X \subseteq U$ 及 $B \subseteq A$，有

$$L^-(X) = \{a \in A | \forall x \in X (xI^c a)\} = \{a \in A | X \subseteq I^c a\},$$

$$H^-(B) = \{x \in U | \forall a \in B (xI^c a)\} = \{x \in U | B \subseteq xI^c\}.$$

相对于形式背景 (U, A, I) 中 LH 算子体现的是对象集与属性集之间相互"共同具有"的语义，这对算子反映的是对象集与属性集之间"共同不具有"这样的具有否定性的语义，因此称上述算子为负算子. 相应地，称 Wille 提出的算子为正算子.

很明显，上述 (U, A, I) 的负算子其实就是背景 (U, A, I^c) 中的正算子. 因此，负算子有着跟正算子类似的性质.

性质 2.4.1 假设 $X, X_1, X_2 \subseteq U, B, B_1, B_2 \subseteq A$，

（1）$X_1 \subseteq X_2 \Rightarrow L^-(X_2) \subseteq L^-(X_1), B_1 \subseteq B_2 \Rightarrow H^-(B_2) \subseteq H^-(B_1)$；

（2）$X \subseteq L^-(L^-(X)), B \subseteq H^-(H^-(B))$；

（3）$L^-(X) = L^- H^- L^-(X), H^-(B) = H^- L^- H^-(B)$；

（4）$X \subseteq H^-(B) \Leftrightarrow B \subseteq H^-(X)$；

（5）$L^-(X_1 \cup X_2) = L^-(X_1) \cap L^-(X_2), H^-(B_1 \cup B_2) = H^-(B_1) \cap H^-(B_2)$；

（6）$L^-(X_1 \cap X_2) \supseteq L^-(X_1) \cup L^-(X_2), H^-(B_1 \cap B_2) \supseteq H^-(B_1) \cup H^-(B_2)$.

同时考虑正算子和负算子，从对象子集与属性子集之间"共同具有"和"共同不具有"某种二元关系这两个角度同时出发，我们给出如下三支算子的概念.

定义 2.4.2 设 (U, A, I) 为一个形式背景，定义算子 $\triangleleft : \mathcal{P}(U) \to \mathcal{DP}(A)$ 及 $\triangleright : \mathcal{DP}(A) \to \mathcal{P}(U)$ 分别为：对于任意的 $X \subseteq U$，$B_1, B_2 \subseteq A$，$X^\triangleleft = (L(X), L^-(X))$，且 $(B_1, B_2)^\triangleright = \{x \in U | x \in H(B_1) \text{ 且 } x \in H^-(B_2)\} = H(B_1) \cap H^-(B_2)$，我们称算子 $\triangleleft$ 及 $\triangleright$ 为对象导出三支算子，简称 OE-算子.

从定义 2.4.2 可以看出，三支算子 $\triangleleft$ 将正负算子同时考虑，使得 $X^\triangleleft = (L(X), L^-(X))$，即同时给出对象子集"共同具有"和"共同不具有"的两个属性子集，既反映原背景中正算子的意义，也反映补背景中正算子的意义，将两个背景反映的信息体现在一个概念当中. 而另一个三支算子 $\triangleright$ 的计算结果为 $(B_1, B_2)^\triangleright = H(B_1) \cap H^-(B_2)$，反映了一对属性子集 B_1 和 B_2 分别被某些对象共同具有和共同

不具有的交叉信息.

定义 2.4.3 设 (U, A, I) 为一个形式背景, $X \subseteq U$, $B_1, B_2 \subseteq A$, 若 $X^\triangleleft = (B_1, B_2)$, 且 $(B_1, B_2)^\triangleright = X$, 则称 $(X, (B_1, B_2))$ 为对象导出三支概念, 简称为 OE-概念. 其中称 X 为 OE-概念 $(X, (B_1, B_2))$ 的外延, (B_1, B_2) 为 OE-概念 $(X, (B_1, B_2))$ 的内涵.

记形式背景 (U, A, I) 的所有 OE-概念构成的集合为 $OEL(U, A, I)$, 所有 OE-概念外延构成的集合为 $OEL_E(U, A, I)$, 所有 OE-概念内涵构成的集合为 $OEL_I(U, A, I)$. 因为 OE-概念的内涵是两个部分组成的二元组, 我们特别记所有第一元组成的集合为 $OEL_I^+(U, A, I)$, 记所有第二元组成的集合为 $OEL_I^-(U, A, I)$.

对于任意的 $(X_1, (B_{11}, B_{12})), (X_2, (B_{21}, B_{22})) \in OEL(U, A, I)$, 定义 $OEL(U, A, I)$ 上的一个二元关系为

$$(X_1, (B_{11}, B_{12})) \leqslant (X_2, (B_{21}, B_{22})) \Leftrightarrow X_1 \subseteq X_2 \Leftrightarrow (B_{21}, B_{22}) \subseteq (B_{11}, B_{12}).$$

我们已证明二元关系 $\leqslant$ 为 $OEL(U, A, I)$ 上的偏序关系, 且在此偏序关系下, $OEL(U, A, I)$ 形成一个完备格, 其下确界与上确界分别定义如下: 对于任意的 $(X_1, (B_{11}, B_{12})), (X_2, (B_{21}, B_{22})) \in OEL(U, A, I)$, 有

$$(X_1, (B_{11}, B_{12})) \wedge (X_2, (B_{21}, B_{22})) = \left(X_1 \cap X_2, ((B_{11}, B_{12}) \cup (B_{21}, B_{22}))^{\triangleright\triangleleft}\right),$$

$$(X_1, (B_{11}, B_{12})) \vee (X_2, (B_{21}, B_{22})) = \left((X_1 \cup X_2)^{\triangleleft\triangleright}, (B_{11}, B_{12}) \cap (B_{21}, B_{22})\right).$$

同样地, 因为 $OEL(U, A, I)$ 中的每个元素都是形式背景 (U, A, I) 的对象导出三支概念, 且 $(OEL(U, A, I), \leqslant)$ 为完备格, 所以称 $OEL(U, A, I)$ 为形式背景 (U, A, I) 的对象导出三支概念格, 简记为 OE-概念格.

类似于上述从对象集出发, 寻找其共同具有以及共同不具有的属性的算子, 我们还提出了另一类三支算子. 这类算子是从属性集出发, 设法寻找能共同具有该属性集以及共同不具有该属性集的对象. 与上述算子相比, 除了定义域与值域不同, 运算法则是相同的, 所以对于下述三支算子, 采用了同样的算子符号.

定义 2.4.4 设 (U, A, I) 为一个形式背景, 定义算子 $\triangleleft: \mathcal{P}(U) \to \mathcal{DP}(A)$ 及 $\triangleright: \mathcal{DP}(A) \to \mathcal{P}(U)$ 分别为: 对于任意的 $X_1, X_2 \subseteq U$, $B \subseteq A$, $B^\triangleright = (H(B), H^-(B))$, 且 $(X_1, X_2)^\triangleleft = \{a \in A | a \in L(X_1) \text{且} x \in L^-(X_2)\} = L(X_1) \cap L^-(X_2)$, 我们称算子 $\triangleleft$ 及 $\triangleright$ 为属性导出三支算子, 简称 AE-算子.

与定义 2.4.2 类似, 用于属性集合的三支算子 $\triangleleft$ 也将正负算子同时考虑, 计算结果 $B^\triangleright = (H(B), H^-(B))$ 同时反映原背景与补背景中的信息. 而另一个三支算子

▷ 的计算结果为 $(X_1, X_2)^\triangleleft = L(X_1) \cap L^-(X_2)$，则反映了一对对象子集 X_1 和 X_2 分别共同具有和共同不具有的交叉属性.

定义 2.4.5 设 (U, A, I) 为一个形式背景，$X_1, X_2 \subseteq U$，$B \subseteq A$. 若 $(X_1, X_2)^\triangleleft = B$ 且 $B^\triangleright = (X_1, X_2)$，则称 $((X_1, X_2), B)$ 为属性导出三支概念，简称为 AE-概念. 其中称 (X_1, X_2) 为 AE-概念 $((X_1, X_2), B)$ 的外延，B 为 AE-概念 $((X_1, X_2), B)$ 的内涵. 同样地，记形式背景 (U, A, I) 的所有 AE-概念构成的集合为 $AEL(U, A, I)$，所有 AE-概念外延构成的集合为 $AEL_E(U, A, I)$，所有 AE-概念内涵构成的集合为 $AEL_I(U, A, I)$. 因为 AE-概念的外延是两个部分组成的二元组，我们特别记所有第一元组成的集合为 $AEL_E^+(U, A, I)$，记所有第二元组成的集合为 $AEL_E^-(U, A, I)$.

对于任意的 $((X_{11}, X_{12}), B_1), ((X_{21}, X_{22}), B_2) \in AEL(U, A, I)$，定义 $AEL(U, A, I)$ 的二元关系为

$$((X_{11}, X_{12}), B_1) \leqslant ((X_{21}, X_{22}), B_2) \Leftrightarrow (X_{11}, X_{12}) \subseteq (X_{21}, X_{22}) \Leftrightarrow B_1 \subseteq B_2.$$

容易证明 $\leqslant$ 为 $AEL(U, A, I)$ 的偏序关系. 且在此偏序关系下，$AEL(U, A, I)$ 形成一个完备格，其下确界与上确界分别定义如下：对于任意的 $((X_{11}, X_{12}), B_1)$，$((X_{21}, X_{22}), B_2) \in AEL(U, A, I)$，有

$$((X_{11}, X_{12}), B_1) \wedge ((X_{21}, X_{22}), B_2) = \left((X_{11}, X_{12}) \cap (X_{21}, X_{22}), (B_1 \cup B_2)^{\triangleright\triangleleft}\right),$$

$$((X_{11}, X_{12}), B_1) \vee ((X_{21}, X_{22}), B_2) = \left(((X_{11}, X_{12}) \cup (X_{21}, X_{22}))^{\triangleleft\triangleright}, B_1 \cap B_2\right).$$

因为 $AEL(U, A, I)$ 中的每个元素都是形式背景 (U, A, I) 的对象导出三支概念，且 $(AEL(U, A, I), \leqslant)$ 为完备格，所以称 $AEL(U, A, I)$ 为形式背景 (U, A, I) 的对象导出三支概念格，简记为 OE-概念格.

考虑所有 OE-概念的集合与经典概念集合，我们可以得到以下结论.

定理 2.4.1 设 (U, A, I) 为一个形式背景，则以下关系成立：

$$L_E(U, A, I) \subseteq AEL_E(U, A, I),$$

$$NL_E(U, A, I) \subseteq AEL_E(U, A, I),$$

$$L_I(U, A, I) = AEL_I^+(U, A, I),$$

$$NL_I(U, A, I) = AEL_I^-(U, A, I).$$

第3章 基于逆序 Galois 联络的认知逻辑

概念认知本质上是对象与属性的变换过程，我们通过对属性的了解进一步认识对象，从对象的认识进一步对属性判断[13]. Galois 联络是对象幂集与属性幂集之间满足特定条件的映射，它与形式概念分析[15]、粗糙集理论[16]有着密切的联系，因而在概念认知中发挥着重要的作用. 本章从逻辑的视角出发，介绍基于 Galois 联络的认知逻辑 LGE.

3.1 语 法 理 论

设 $S = \{p_1, p_2, \cdots, p_n, \cdots\}$ 表示全体原子公式之集，$\{\rightarrow, \neg, \uparrow, \downarrow\}$ 是四个逻辑联结词，LGE 中全体逻辑公式（记作 $F(S)$）由如下方式生成：

（1）所有原子公式均为 LGE 中逻辑公式；

（2）若 A, B 是 LGE 中逻辑公式，则 $A \rightarrow B, \neg A, \uparrow A, \downarrow A$ 也是 LGE 中逻辑公式；

（3）LGE 中再无其他类型的逻辑公式.

定义 3.1.1 逻辑系统 LGE 由如下形式的公理以及推理规则组成：

(i) $A \rightarrow (B \rightarrow A)$；

(ii) $(A \rightarrow (B \rightarrow C)) \rightarrow ((A \rightarrow B) \rightarrow (A \rightarrow C))$；

(iii) $(\neg A \rightarrow \neg B) \rightarrow (B \rightarrow A)$.

LGE 中的推理规则有：

（MP）由 $\{A, A \rightarrow B\}$ 可推得 B；

（LGE1）由 $A \rightarrow \downarrow B$ 可推得 $B \rightarrow \uparrow A$；

（LGE2）由 $A \rightarrow \uparrow B$ 可推得 $B \rightarrow \downarrow A$.

注 3.1.1 （1）公理 (i)，(ii)，(iii) 为经典命题逻辑[17]的三条公理，这说明 LGE 的公理集与经典命题逻辑的公理集具有相同的形式，不过经典命题逻辑中并没有逻辑联结词 $\{\uparrow, \downarrow\}$，所以严格来说它们是不同的.

（2）同经典命题逻辑所不同的是，LGE 有三条推理规则，第一条是在不同逻辑推理系统中均广泛使用的 MP 推理规则，另外两条推理规则，即（LGE1）和（LGE2），分别与逆序 Galois 联络的定义相对应.

（3）同经典命题逻辑一样，在逻辑 LGE 中，也可以引入其他形式的逻辑联结词，例如：我们用 $A \vee B$ 表示 $\neg A \to B$，$A \wedge B$ 表示 $\neg(A \to \neg B)$，$A \leftrightarrow B$ 表示 $(A \to B) \wedge (B \to A)$．

在 LGE 逻辑中，定理及证明均可按照命题逻辑[17]中类似方式给出．

定义 3.1.2　设 $\Gamma \subseteq F(S)$，从 Γ 出发的推演是一个有限的公式序列 $A_1, A_2, \cdots, A_n$，这里对于每一个 $A_i (1 \leq i \leq n)$，A_i 是公理，或者属于 Γ，或者存在 $j, k < i$，使 A_i 是由 A_j 与 A_k 使用 MP 推理规则推得的结果，或者存在 $A_m (m < i)$ 使得 A_i 是由 A_m 使用推理规则（LGE1）或者（LGE2）推得的，称 A_n 为 Γ 结论，或 Γ 推出 A_n，记作 $\Gamma \vdash A_n$．

定义 3.1.3　LGE 逻辑中的一个证明是一个有限的公式序列 $A_1, A_2, \cdots, A_n$，这里对于每一个 $A_i (1 \leq i \leq n)$，A_i 是公理，或者存在 $j, k < i$，使 A_i 是由 A_j 与 A_k 使用 MP 推理规则推得的结果，或者存在 $A_m (m < i)$ 使得 A_i 是由 A_m 使用推理规则（LGE1）或者（LGE2）推得的，称上述证明为 A_n 的证明，A_n 为 LGE 的定理，n 为该证明的长度．

例 3.1.1　$\vdash A \to A$．可证明：

（1）$\vdash \big(A \to ((A \to A) \to A)\big) \to \big((A \to (A \to A)) \to (A \to A)\big)$；公理（ii）

（2）$\vdash \big(A \to ((A \to A) \to A)\big)$；公理（i）

（3）$\vdash \big(A \to (A \to A)\big) \to (A \to A)$；（1），（2）利用 MP 推理规则

（4）$\vdash A \to (A \to A)$；公理（i）

（5）$\vdash (A \to A)$．（3），（4）利用 MP 推理规则

不难证明在逻辑系统 LGE 中，演绎定理是成立的，即有如下结论成立：

定理 3.1.1　设 $\Gamma \subseteq F(S), A, B \in F(S)$，如果 $\Gamma \cup \{A\} \vdash B$，则 $\Gamma \vdash A \to B$．

通过运用两次 MP 推理规则可得 $\{A \to B, B \to C\} \cup \{A\} \vdash C$，由演绎定理便知 $\{A \to B, B \to C\} \vdash A \to C$，即 HS 规则成立．

定理 3.1.2　在 LGE 逻辑中，如下性质成立：$\forall A, B \in F(S)$，

（i）$A \to B \vdash \uparrow B \to \uparrow A, A \to B \vdash \downarrow B \to \downarrow A$；

（ii）$\vdash A \vdash \downarrow \uparrow A, \vdash B \vdash \uparrow \downarrow B$；

（iii）$\vdash \uparrow A \leftrightarrow \uparrow \downarrow \uparrow A, \vdash \downarrow B \leftrightarrow \uparrow \downarrow \uparrow A$；

（iv）$\vdash \uparrow (A \vee B) \to \uparrow A \wedge \uparrow B, \vdash \downarrow (A \vee B) \to \downarrow A \wedge \downarrow B$；

（v）$\vdash \uparrow A \wedge \uparrow B \to \uparrow (A \vee B), \vdash \downarrow A \wedge \downarrow B \to \downarrow (A \vee B)$；

（vi）若 $\vdash \neg A$，则 $\vdash \uparrow A, \vdash \downarrow A$．

证明　(i)　$A \rightarrow B \vdash \uparrow B \rightarrow \uparrow A$ 可由如下证明序列看出：

（1）$\vdash \uparrow B \rightarrow \uparrow B$．LGE 中定理（见例 3.1.1）

（2）$\vdash B \vdash \downarrow \uparrow B$．（1），推理规则（LGE2）

（3）$A \rightarrow B$．假设

（4）$A \rightarrow \downarrow \uparrow B$．（2），（3），HS 推理规则

（5）$\uparrow B \rightarrow \uparrow A$．（4），推理规则（LGE1）

对于 $A \rightarrow B \vdash \downarrow B \rightarrow \downarrow A$，可由如下证明序列看出：

（1）$\vdash \downarrow B \rightarrow \downarrow B$．LGE 中定理（例 3.1.1）

（2）$\vdash B \vdash \uparrow \downarrow B$．（1），推理规则（LGE1）

（3）$A \rightarrow B$．假设

（4）$A \rightarrow \uparrow \downarrow B$．（2），（3），HS 推理规则

（5）$\downarrow B \rightarrow \downarrow A$．（4），推理规则（LGE2）

（ii）由于 $\uparrow A \rightarrow \uparrow A$ 是 LGE 中定理，故由推理规则（LGC2）知 $\vdash A \rightarrow \downarrow \uparrow A$ 成立；同理，由于 $\downarrow B \rightarrow \downarrow B$ 是 LGE 中定理，由推理规则（LGC1）知 $\vdash B \rightarrow \uparrow \downarrow B$ 成立．

（iii）以 $\vdash \uparrow A \leftrightarrow \uparrow \downarrow \uparrow A$ 为例说明．

事实上，要证明 $\vdash \uparrow A \leftrightarrow \uparrow \downarrow \uparrow A$，等价于证明 $\vdash \uparrow A \rightarrow \uparrow \downarrow \uparrow A$ 且 $\vdash \uparrow \downarrow \uparrow A \rightarrow \uparrow A$ 均成立．$\vdash \uparrow A \rightarrow \uparrow \downarrow \uparrow A$ 可由定理 3.1.2(ii)可得（通过令 $B = \uparrow A$)，而 $\vdash \uparrow \downarrow \uparrow A \rightarrow \uparrow A$ 可由定理 3.1.2（1）与（2）推得（由定理 3.1.2（2）知 $\vdash A \vdash \downarrow \uparrow A$，再由定理 3.1.2（1）便知 $\vdash \uparrow \downarrow \uparrow A \rightarrow \uparrow A$)．

（iv）要证明 $\vdash \uparrow (A \vee B) \rightarrow \uparrow A \wedge \uparrow B$，等价于证明

$$\vdash \uparrow (A \vee B) \rightarrow \uparrow A \quad 与 \quad \vdash \uparrow (A \vee B) \rightarrow \uparrow B$$

都成立．事实上，由 $A \rightarrow A \vee B$ 为经典命题逻辑中一定理[17]知，它也是 LGE 中一定理，从而由定理 3.1.2（i）知 $\uparrow (A \vee B) \rightarrow \uparrow A$ 为 LGE 中一定理．同理可说明 $\uparrow (A \vee B) \rightarrow \uparrow B$ 也为 LGE 中一定理．

（v）因为 $\vdash \uparrow A \wedge \uparrow B \rightarrow \uparrow A$ 在 LGE 中成立，由推理规则（LGE2）知 $\vdash A \rightarrow \downarrow (\uparrow A \wedge \uparrow B)$，类似可以证明 $\vdash B \rightarrow \downarrow (\uparrow A \wedge \uparrow B)$ 也成立，从而 $\vdash A \vee B \rightarrow \downarrow (\uparrow A \wedge \uparrow B)$，再由（LGE1）知 $\vdash \uparrow A \wedge \uparrow B \rightarrow \uparrow (A \vee B)$ 成立．同理可以证明 $\vdash \downarrow A \wedge \downarrow B \rightarrow \downarrow (A \vee B)$．

（vi）若 $\vdash \neg A$，即，A 是一可驳式，则 $\vdash A \rightarrow \downarrow T$ 成立（这里 T 表示一定理）．由推理规则（LGE1）知 $T \rightarrow \uparrow A$，因此，$\vdash \uparrow A$ 成立．同理可说明 $\vdash \downarrow A$ 成立．

注 3.1.2　在逻辑推理系统 LGE 中，用 $\bot, T$ 分别表示可驳式与定理，一般而言 $\vdash \neg \uparrow T, \vdash \neg \downarrow T$ 并不成立.

3.2　LGE 的一种等价形式 LGC

如上不难看出，LGE 是基于逆序 Galois 联络的一种认知逻辑，在文献[18]中，作者给出了一种基于保序 Galois 联络的认知逻辑. 本节简要叙述其语法与语义理论，并阐述两种认知逻辑的等价性.

3.2.1　LGC 的语法理论

设 $S = \{p_1, p_2, \cdots, p_n, \cdots\}$ 表示全体原子公式之集，$\{\to, \neg, \blacktriangle, \nabla\}$ 是四个逻辑联结词，LGC 中全体逻辑公式由如下方式生成：

（1）所有原子公式均为 LGC 中逻辑公式；

（2）若 A, B 是 LGC 中逻辑公式，则 $A \to B, \neg A, \blacktriangle A, \nabla A$ 也是 LGC 中逻辑公式；

（3）LGC 中再无其他类型的逻辑公式.

LGC 中全体逻辑公式记作 Φ.

定义 3.2.1　逻辑系统 LGC 由如下形式的公理以及推理规则组成：

（i）$A \to (B \to A)$；

（ii）$(A \to (B \to C)) \to ((A \to B) \to (A \to C))$；

（iii）$(\neg A \to \neg B) \to (B \to A)$.

LGC 中的推理规则有

（MP）由 $\{A, A \to B\}$ 可推得 B；

（GC1）由 $A \to \nabla B$ 可推得 $\blacktriangle A \to B$；

（GC2）由 $\blacktriangle A \to B$ 可推得 $A \to \nabla B$.

在逻辑推理系统 LGC 中，诸如定理、Γ-结论等均可按照通常方式给出，HS 推理规则亦成立，在此略去.

定理 3.2.1　在 LGC 逻辑中，$\forall A, B \in F(S)$，

（i）$A \to B \vdash \blacktriangle A \to \blacktriangle B, A \to B \vdash \nabla A \to \nabla B$；

（ii）$\vdash A \to \nabla \blacktriangle A, \vdash \blacktriangle \nabla A \to A$；

（iii）$\vdash \nabla A \leftrightarrow \nabla \blacktriangle \nabla A, \vdash \blacktriangle B \leftrightarrow \blacktriangle \nabla \blacktriangle B$；

（iv）$\vdash \nabla T \leftrightarrow T, \vdash \blacktriangle \bot \leftrightarrow \bot$；

（v）$\vdash \nabla (A \wedge B) \leftrightarrow \nabla A \wedge \nabla B, \vdash \blacktriangle (A \vee B) \leftrightarrow \blacktriangle A \vee \blacktriangle B$；

（vi）$\vdash \nabla(A \to B) \to (\nabla A \to \nabla B)$.

证明 （i）由于 $\vdash \nabla A \to \nabla A$ 在 LGC 中显然成立，则由推理规则（GC1）知 $\vdash \blacktriangle \nabla A \to A$，再结合已知条件 $A \to B$ 以及 HS 推理规则知 $\vdash \blacktriangle \nabla A \to B$，然后由推理规则（GC2）知 $\nabla A \to \nabla B$ 成立，因此，$A \to B \vdash \nabla A \to \nabla B$. 同理，可证明 $A \to B \vdash \blacktriangle A \to \blacktriangle B$.

（ii）因为 $\vdash \blacktriangle A \to \blacktriangle \blacktriangle A$ 在 LGC 中成立，由推理规则（GC2）便知 $\vdash A \to \nabla \blacktriangle A$. 同理，可证明 $\vdash \blacktriangle \nabla A \to A$.

（iii）由定理 3.2.1（ii）知 $\vdash \nabla A \to \nabla \blacktriangle \nabla A$，再由 $\vdash \blacktriangle \nabla A \to A$（见定理 3.2.1（ii）），以及（i）知 $\vdash \nabla \blacktriangle \nabla A \to \nabla A$，从而 $\vdash \nabla A \leftrightarrow \nabla \blacktriangle \nabla A$，另一式可类似得证.

（iv）显然有 $\vdash \nabla T \to T$ 成立，由 $\vdash \blacktriangle T \to T$ 及推理规则（GC2）知 $\vdash T \to \nabla T$，从而 $\vdash \nabla T \leftrightarrow T$，另一式可类似证明.

（v）因为 $\vdash A \wedge B \to A$ 以及 $\vdash A \wedge B \to B$ 显然成立，则由定理 3.2.1（i）知 $\vdash \nabla(A \wedge B) \to \nabla A$，且 $\nabla(A \wedge B) \to \nabla B$，从而 $\vdash \nabla(A \wedge B) \to \nabla A \wedge \nabla B$. 另一方面，因为 $\vdash \nabla A \wedge \nabla B \to \nabla A$，由推理规则（GC1）知 $\vdash \blacktriangle(\nabla A \wedge \nabla B) \to A$，同理可得，$\vdash \blacktriangle(\nabla A \wedge \nabla B) \to B$，从而 $\vdash \blacktriangle(\nabla A \wedge \nabla B) \to A \wedge B$，由推理规则（GC2）可知 $\vdash \nabla A \wedge \nabla B \to \nabla(A \wedge B)$.

（vi）因为在 LGC 中，$\vdash A \wedge (A \to B) \to B$ 成立，我们有 $\vdash \nabla(A \wedge (A \to B)) \to \nabla B$. 由（v）知 $\vdash \nabla A \wedge \nabla(A \to B) \to \nabla(A \wedge (A \to B))$，从而 $\vdash \nabla A \wedge \nabla(A \to B) \to \nabla B$，由于 $\nabla A \wedge \nabla(A \to B) \to \nabla B$ 逻辑等价于 $\nabla(A \to B) \to (\nabla A \to \nabla B)$，因此有 $\vdash \nabla(A \to B) \to (\nabla A \to \nabla B)$.

3.2.2 LGC 的语义理论

称如下一二元组 (U, R) 为一 LGC 框架，其中 U 为一非空集，R 为 U 上一二元关系，称映射 $v : P \to \wp(U)$ 为一赋值，该映射将每一个原子公式映射为 U 的子集，称三元组 $\mathcal{M} = (U, R, v)$ 为一 LGC 模型.

对于任意对象 $x \in U$, $A \in \Phi$，用 $\mathcal{M}, x \vdash A$ 表示 A 在 x 处为真，具体定义可由如下归纳方式给出：

$\mathcal{M}, x \vdash p$ 当且仅当 $x \in v(p)$；

$\mathcal{M}, x \vdash \neg A$ 当且仅当 $\mathcal{M}, x \vdash A$ 不成立；

$\mathcal{M}, x \vdash A \to B$ 当且仅当若 $\mathcal{M}, x \vdash A$ 成立，则 $\mathcal{M}, x \vdash B$ 成立；

$\mathcal{M}, x \vdash \blacktriangle A$ 当且仅当存在 $y \in U$ 使得 xRy, $\mathcal{M}, y \vdash A$；

$\mathcal{M}, x \vdash \nabla A$ 当且仅当对于任意 $y \in U$，如果 yRx，则 $\mathcal{M}, y \vdash A$.

可以按照如下方式将赋值映射 v 由原子公式集拓展至全体逻辑公式:

$$v(A) = \{x \in U : \mathcal{M}, x \vdash A\}.$$

容易验证如下性质成立:

（i）$v(\bot) = \varnothing, v(T) = U$;

（ii）$v(A \vee B) = v(A) \cup v(B), v(A \wedge B) = v(A) \cap v(B)$;

（iii）$v(\neg A) = v(A)^c, v(A \to B) = v(A)^c \cup v(B)$;

（iv）$v(\blacktriangle A) = \overline{R}(v(A)), v(\nabla A) = \underline{R^{-1}}(v(A))$.

在一 LGC 模型 $\mathcal{M} = (U, R, v)$ 中, 若逻辑公式 A 在 U 中任一对象处都为真, 即 $\forall x \in U, \mathcal{M}, x \vdash A$ 成立, 则称 A 在 $\mathcal{M} = (U, R, v)$ 中为真; 若 A 在基于 LGC-框架 (U, R) 的任一模型中都为真, 则称 A 在 (U, R) 中为真; 若 A 在任一 LGC 框架中都为真, 则称 A 为一有效逻辑公式.

注 3.2.1　（1）由如上语义模型及其性质可以看得出, 逻辑联结词 $\blacktriangle$ 对应于粗糙集理论中的上近似算子, 逻辑联结词 ∇ 对应于粗糙集理论中的下近似算子, 不过二者所对应的二元关系互逆.

（2）如上定义是通过 Kripke 语义给出的, 这与模态逻辑类似. 在模态逻辑中, 有两个模态词, 分别是 $\diamond$ 和 $\Box$, 同如上结论类似的是, $\diamond$ 对应于粗糙集理论中的上近似, $\Box$ 对应于粗糙集理论中的下近似, 不过二者对应的是同一个二元关系.

3.2.3　LGC 的可靠性与完备性定理

以下通过建立 LGC 与极小时序逻辑 Kt[19] 的内在联系, 给出 LGC 的可靠性与完备性定理.

在极小时序逻辑 Kt 中, P 仍为其原子公式集, 逻辑联结词包括 $\neg, \to, G$ 与 H. 全体逻辑公式可按照前述方式类似给出, 记作 Ψ.

在极小时序逻辑 Kt 中, 逻辑公式 GA 表示 A 将永远为真, HA 表示 A 过去一直为真, 对偶的, 可以定义如下逻辑联结词:

$$FA = \neg G \neg A, \quad PA = \neg H \neg A.$$

定义 3.2.2　极小时序逻辑 Kt 有如下七条公理:

（i）$A \to (B \to A)$;

（ii）$(A \to (B \to C)) \to ((A \to B) \to (A \to C))$;

（iii）$(\neg A \to \neg B) \to (B \to A)$;

（iv）$A \to HFA$;

（v）$A \to GPA$;

（vi）$H(A \to B) \to (HA \to HB)$；

（vii）$G(A \to B) \to (GA \to GB)$.

Kt 有如下三条推理规则：

（MP）由 $\{A, A \to B\}$ 可推出 B；

（RH）由 A 可推出 HA；

（RG）由 A 可推出 GA.

以下将说明 LGC 与 Kt 相对于可证性而言是等价的. 事实上，LGC 看起来更为简洁一些，因为 LGC 只有三条公理，而 Kt 有七条公理，因此，LGC 可看作是 Kt 的一种简单表示.

为证明二者的等价性，需首先给出两个逻辑系统中逻辑公式集之间的转换方式，具体如下：对于 LGC 中任一逻辑公式 $A \in \Phi$，通过将 A 中出现的每一个逻辑联结词 ▲ 替换为 F，▽ 替换为 H，得到 Kt 中一逻辑公式 A^Ψ. 对于 Kt 中每一个逻辑公式 $B \in \Psi$，通过将 B 中出现的逻辑联结词 F, G, P, H 分别替换为 ▲，¬▲¬，¬▽¬，▽，得到 LGC 中一逻辑公式 B^Φ.

以下引理说明，对于每一个可证 LGC 逻辑公式 $A \in \Phi$，按照如上方式可转换为一可证的逻辑公式 A^Ψ.

引理 3.2.1　若 $A \to B$ 是 Kt 中一定理，则 $FA \to FB, GA \to GB, PA \to PB, HA \to HB$ 均为 Kt 中定理.

证明　以 $FA \to FB$ 为例给出证明.

若 $A \to B$ 是 Kt 中一定理，则由 $(A \to B) \to (\neg B \to \neg A)$ 是经典命题逻辑中一定理（从而也是 Kt 中一定理）知 $\neg B \to \neg A$ 是 Kt 中一定理，由推理规则（RG）知 $G(\neg B \to \neg A)$ 是 Kt 中定理，又由定义 3.2.2（vii）知 $G(\neg B \to \neg A) \to (G\neg B \to G\neg A)$ 为 Kt 中一定理，结合 MP 推理规则知 $G\neg B \to G\neg A$ 是 Kt 中一定理，从而 $\neg G\neg A \to \neg G\neg B = FA \to FB$ 是 Kt 中一定理.

其他各式均可类似得证.

引理 3.2.2　$\forall A \in \Psi, FHA \to A, PGA \to A$ 是 Kt 中定理.

证明　由于 $\neg A \to GP\neg A$ 是 Kt 中公理，则 $\neg GP\neg A \to \neg\neg A$，即 $\neg GP\neg A \to A$ 是 Kt 中一定理. 由 G 与 F，H 与 P 的对偶关系知 $\neg GP\neg A \to A$ 逻辑等价于 $\neg G\neg\neg P\neg A \to A$，进一步逻辑等价于 $FHA \to A$，从而 $FHA \to A$ 是 Kt 中一定理. 另一式可类似得证.

引理 3.2.3　如果一 LGC 中逻辑公式 A 在 LGC 中是可证的，则相应的逻辑公式 A^Ψ 在 Kt 中是可证的.

证明　假设 A 是一可证的 LGC 逻辑公式，以下利用归纳法进行证明 A^{Ψ} 在 Kt 中是可证的. 如果 A 是 LGC 中的一公理，则此时结论显然成立，因为 LGC 的公理是包含于 Kt 的公理集的.

如果 A 是由 $B, B \to A$ 利用 MP 规则推得的，则根据归纳假设，B^{Ψ} 与 $(B \to A)^{\Psi}$ 是 Kt 可证的，由于 $(B \to A)^{\Psi}$ 就是 $B^{\Psi} \to A^{\Psi}$，则由 MP 推理规则便知 A^{Ψ} 在 Kt 中是可证的.

假设 A 具有 $B \to \nabla C$ 这种形式，其中 $B, C \in \Phi$，$B \to \nabla C$ 由 $\blacktriangle B \to C$ 利用推理规则（GC2）推得. 由归纳假设知 $FB^{\Psi} \to C^{\Psi}$ 是一可证的 Kt 逻辑公式，从而由推理规则（RH）知 $H(FB^{\Psi} \to C^{\Psi})$ 也是一可证的 Kt 逻辑公式，再由定义 3.2.2（vi）以及 MP 推理规则知 $HFB^{\Psi} \to HC^{\Psi}$ 是 Kt 可证的. 此外，由定义 3.2.2（iv）知 $B^{\Psi} \to HFB^{\Psi}$ 是 Kt 可证的，因此，由 HS 推理规则便知 $B^{\Psi} \to HC^{\Psi}$ 是 Kt 可证的. 这就说明 $(B \to \nabla C)^{\Psi} = B^{\Psi} \to HC^{\Psi}$ 是 Kt 可证的.

假设 A 具有 $\blacktriangle B \to C$ 这种形式，其中 $B, C \in \Phi$，$\blacktriangle B \to C$ 由 $B \to \nabla C$ 利用（GC1）推理规则推得. 由归纳假设知 $B^{\Psi} \to HC^{\Psi}$ 是一可证的 Kt 逻辑公式，由引理 3.2.1 知 $FB^{\Psi} \to FHC^{\Psi}$ 也是一可证的逻辑公式，又由引理 3.2.2 知 $FHC^{\Psi} \to C^{\Psi}$ 是 Kt 中定理，则由 HS 推理规则知 $FB^{\Psi} \to C^{\Psi} = (\blacktriangle B \to C)^{\Psi}$ 是 Kt 中一定理.

引理 3.2.4　若逻辑公式 A 是 Kt 可证的，则 A^{Φ} 是 LGC 可证的.

证明　同引理 3.2.3 类似，可用数学归纳法证得.

引理 3.2.3 和引理 3.2.4 说明 LGC 与 Kt 关于可证性而言是逻辑等价的. 已知 Kt 是可判定的[18]，也就是说，对于任意一逻辑公式，可在有限步内判定其在逻辑系统 Kt 中是否为可证的. 因此我们有如下结论.

定理 3.2.2　LGC 是可判定的，对于任意一逻辑公式 $A \in \Phi$，可在有限步内判定其在逻辑系统 LGC 中是否为可证的.

鉴于 LGC 与 Kt 之间的密切联系，以下给出 LGC 的完备性定理. 首先回忆极小时序逻辑 Kt 的标准模型论语义. 一个时序框架由二元组 $(T, <)$ 构成，这里 T 表示一时间集合，$<$ 表示 T 上二元关系，表示时间的流逝. 逻辑联结词 G, H 的语义解释如下：

HA 在 t 为真当且仅当 A 在满足 $t' < t$ 的所有时间点 t' 处都为真；

GA 在 t 为真当且仅当 A 在满足 $t < t'$ 的所有时间点 t' 处都为真.

由 $FA = \neg G \neg A, PA = \neg H \neg A$ 知逻辑联结词 F, P 的语义解释如下：

FA 在 t 为真当且仅当存在一满足 $t < t'$ 的时间节点 t' 使得 A 在点 t' 处为真；

PA 在 t 为真当且仅当存在一满足 $t' < t$ 的时间节点 t' 使得 A 在点 t' 处为真.

显然，结合 LGC 与 Kt 的逻辑语义来看，如果我们将时序框架 $(T, <)$ 中的 T 看作 LGC-框架 (U, R) 中的 U，将 $<$ 看作 R，则 HA 的语义解释与 ∇A 完全一致，同理，FA 的语义解释与 $\blacktriangle A$ 完全一致. 结合时序逻辑 Kt 的完备性定理，我们便可得

定理 3.2.3（完备性定理） 一个 LGC 逻辑公式是有效的当且仅当该公式是可证的.

3.3   LGC 与 EMT4 之间的内在联系

在本节中，我们拟研究 LGC 与模态逻辑 EMT4 之间的内在联系.

对于大多数的正规模态逻辑而言，都包含必然性推理规则（RN）（即由 A 可推得 $\Box A$）以及如下分配性公理（K）$\Box(A \rightarrow B) \rightarrow (\Box A \rightarrow \Box B)$. 最弱的正规模态逻辑就是在经典命题逻辑的基础之上添加模态词 $\Box$ 以及分配性公理、推理规则（RN）得到的. 我们熟知的模态逻辑 S4 是在经典命题逻辑的基础之上添加（K），（RN）以及如下公理（T），（4）得到的：

（T）$\Box A \rightarrow A$；

（4）$\Box A \rightarrow \Box \Box A$.

受正规模态逻辑启发，在逻辑 LGC 中，可按照如下方式定义一逻辑联结词 $\Box$ 如下：

$$\forall A \in \Phi, \quad \Box A = \blacktriangle \nabla A.$$

由定理 3.2.1 知 $\vdash \Box A \rightarrow A$ 与 $\vdash \Box A \rightarrow \Box \Box A$ 都成立，也就是说，公理（T）与（4）在 LGC 是成立的. 类似地，也可以说明推理规则

（RM）由 $\{A \rightarrow B\}$ 可推出 $\Box A \rightarrow \Box B$

也是成立的.

对偶地，可定义逻辑联结词 $\Diamond A = \neg \Box \neg A$.

然而，通过如上方式得到的逻辑并不是正规的，因为推理规则（RN）以及分配性公理（K）均不成立. 在文献[20]等给出的经典模态逻辑中，推理规则（RN）以及分配性公理（K）均不成立，因此如上方式定义的逻辑更像文献[20]定义的逻辑. 在[20]中所有经典模态逻辑共同具有的推理规则是

（RE）由 $A \leftrightarrow B$ 可推出 $\Box A \leftrightarrow \Box B$.

具有推理规则（RE）的最小经典模态逻辑记作 E，逻辑 EM 是通过在 E 的基础之上添加公理（M）$\Box(A \wedge B) \rightarrow (\Box A \wedge \Box B)$ 得到的. 本节拟研究的逻辑 EMT4 是在 EM 的基础之上添加公理（T）和（4）得到的.

关于 EMT4 与 LGC 之间的关系，有如下结论.

定理 3.3.1　EMT4 可嵌入在 LGC 之中.

证明　在 LGC 中定义 □ 如下：$\forall A \in \Phi, \Box A = \blacktriangle \nabla A$．由定理 3.2.1 知推理规则（RE）成立．以下说明推理规则（M）也是成立的．事实上，要说明推理规则（M）成立，等价于说明 $\Box(A \wedge B) \to \Box A$ 与 $\Box(A \wedge B) \to \Box B$ 都成立．由于 $(A \wedge B) \to A$ 与 $(A \wedge B) \to B$ 均为 LGC 中的定理，由定理 3.2.1 以及 □ 的定义便知 $\Box(A \wedge B) \to \Box A$ 与 $\Box(A \wedge B) \to \Box B$ 都是 LGC 中的定理．此外，由定理 3.2.1 容易验证（T）与（4）也是成立的.

定理 3.3.1 告诉我们 EMT4 可看作 LGC 的一子逻辑，每一个可证的 EMT4 逻辑公式可看作一可证的 LGC 逻辑公式.

EMT4 的逻辑语义是通过邻域框架给出的，邻域语义是 Kripke 语义的一种推广．一个邻域模型是一个三元组 $\mathcal{M} = (U, N, v)$，这里 U 是一个非空集合，$v: P \to \wp(U)$ 是一个非空映射（这里 P 是 EMT4 中原子公式），$N: U \to \wp(\wp(U))$ 是一个映射，将 U 中任一对象 x 映射为 U 的一子集族 $N(x)$，其中每一个集合称为 x 的邻域．在邻域模型下，公式 $\Box A$ 的真值按照如下方式定义：

$$\mathcal{M}, x \vdash \Box A \text{ 当且仅当 } \{y \in U : \mathcal{M}, y \vdash A\} \in N(x).$$

由文献[20]中结论知 EMT4 关于满足如下条件的邻域框架 (U, N) 而言是完备的：

（i）$\forall x \in U, X, Y \subseteq U$，若 $X \subseteq Y$ 且 $X \in N(x)$，则 $Y \in N(x)$；

（ii）$\forall x \in U, X \subseteq U$，若 $X \in N(x)$，则 $x \in X$；

（iii）$\forall x \in U, X \subseteq U$，若 $X \in N(x)$，则 $\{y \in U : X \in N(y)\} \in N(x)$.

不难验证（i），（ii）与（iii）分别对应于 EMT4 中的公理（M），（T）与（4）．以（i）为例，若 $\mathcal{M}, x \vdash \Box(A \wedge B)$ 成立，则 $\{y \in U : \mathcal{M}, y \vdash A \wedge B\} \in N(x)$，由于 $\{y \in U : \mathcal{M}, y \vdash A \wedge B\} \subseteq \{y \in U : \mathcal{M}, y \vdash A\}$，则由（i）知 $\{y \in U : \mathcal{M}, y \vdash A\} \in N(x)$，从而 $\mathcal{M}, x \vdash \Box A$，类似可说明 $\mathcal{M}, x \vdash \Box B$．因此，$\mathcal{M}, x \vdash \Box A \wedge \Box B$.

已知两个幂集上的保序 Galois 联络可生成一格论内部算子，受此启发，下面给出 EMT4 的另外一种逻辑语义．以下将会看到，该方法类似于模态逻辑的拓扑解释，每一个逻辑公式表示拓扑空间中的一个子集，逻辑联结词 $\neg, \wedge, \vee$ 分别表示集合的补、交与并运算．□ 对应于拓扑空间中的内部算子，$\Diamond A = \neg \Box \neg A$ 表示拓扑空间中的闭包算子．一个拓扑模型指的是如下一三元组 $\mathcal{M} = (U, \mathcal{T}, v)$，其中 $(U, \mathcal{T})$ 是一拓扑空间，$v: P \to \wp(U)$ 是一赋值映射.

称一映射 $\square$：$\wp(U) \to \wp(U)$ 为一格论内部算子，若其满足

（Int1）$X^{\square} \subseteq X$；

（Int2）若 $X \subseteq Y$，则 $X^{\square} \subseteq Y^{\square}$；

（Int3）$X^{\square\square} = X^{\square}$．

对于任意 $\mathcal{T} \subseteq \wp(U)$，称 $(U, \mathcal{T})$ 为一内部系统，若对于任意 $\mathcal{F} \subseteq \mathcal{T}, \cup\mathcal{F} \in \mathcal{T}$，也就是说，$\mathcal{T}$ 关于任意并是封闭的．事实上，格论内部算子与内部系统是密切相关的．如果 $(U, \mathcal{T})$ 是一内部系统，则映射 $X \to \cup\{Y \in \mathcal{T} : Y \subseteq X\}$ 是一个格论内部算子．类似地，如果 $X \to X^{\square}$ 是一格论内部算子，则 $\mathcal{T} = \{X^{\square} : X \subseteq U\}$ 关于任意并封闭，因此 $(U, \mathcal{T})$ 是一个内部系统．也就是说，内部系统与内部算子是一一对应的，类似地，闭包系统与闭包算子[21]也是一一对应的．

每一个内部系统 $(U, \mathcal{T})$ 可看作一完备格 $(U, \subseteq)$，其上、下确界按照如下方式给出：

$$\forall \mathcal{F} \subseteq \mathcal{T}, \quad \vee\mathcal{F} = \cup\mathcal{F}, \quad \wedge\mathcal{F} = (\cap\mathcal{F})^{\square}.$$

$\mathcal{T}$ 中的最小元是 $\varnothing$，最大元是 $U^{\square}$，注意 $U^{\square}$ 未必等于 U，也就是说，U 未必属于 $\mathcal{T}$．如果 $\square$：$\wp(U) \to \wp(U)$ 为一格论内部算子，则按照 $X^{\Diamond} = X^{c\square c}$ 定义的映射 $\Diamond$：$\wp(U) \to \wp(U)$ 为一格论闭包算子，即，该映射满足

（Cl1）$X \subseteq X^{\Diamond}$；

（Cl2）若 $X \subseteq Y$，则 $X^{\Diamond} \subseteq Y^{\Diamond}$；

（Cl3）$X^{\Diamond\Diamond} = X^{\Diamond}$．

以下我们引入 EMT4 的内部模型，以此作为其新的逻辑语义．设 $(U, \mathcal{T})$ 为一个内部系统，EMT4 的一个内部模型是一个三元组 $\mathcal{M} = (U, \mathcal{T}, v)$，这里 $v : P \to \wp(U)$ 是一个赋值映射（也可自然扩充至全体逻辑公式集），逻辑公式真值的定义如下：

$\mathcal{M}, x \vdash p$ 当且仅当 $x \in v(p)$；

$\mathcal{M}, x \vdash \neg A$ 当且仅当 $\mathcal{M}, x \vdash A$ 不成立；

$\mathcal{M}, x \vdash A \to B$ 当且仅当若 $\mathcal{M}, x \vdash A$ 成立，则 $\mathcal{M}, x \vdash B$ 成立；

$\mathcal{M}, x \vdash A \wedge B$ 当且仅当 $\mathcal{M}, x \vdash A$ 且 $\mathcal{M}, x \vdash B$；

$\mathcal{M}, x \vdash \square A$ 当且仅当对于存在 $X \in \mathcal{T}$，满足 $x \in X$，且对于任意 $y \in X$，则 $\mathcal{M}, y \vdash A$．

为给出 EMT4 关于内部模型的完备性定理，需要给出如下引理．

引理 3.3.1 对于 EMT4 中任意逻辑公式 $A, v(\square A) = v(A)^{\square}$．

证明　先证明 $v(\square A) \subseteq v(A)^{\square}$，为此，任取 $x \in v(\square A)$，则 $\mathcal{M}, x \vdash \square A$，即存在 $X \in \mathcal{T}$，满足 $x \in X$，对于任意 $y \in X$，则 $\mathcal{M}, y \vdash A$，因此，对于任意 $y \in X$，有 $y \in v(A)$，即 $X \subseteq v(A)$，因此，$x \in X = X^{\square} \subseteq v(A)^{\square}$。

反过来，若 $x \in v(A)^{\square}$，由 $v(A)^{\square} \subseteq v(A)$ 知，对于任意 $y \in v(A)^{\square}$，$\mathcal{M}, y \vdash A$ 成立，因此，$\mathcal{M}, x \vdash \square A$，即 $x \in v(\square A)$，故 $v(A)^{\square} \subseteq v(\square A)$。

称一个 EMT4 公式 A 在一个内部模型 $\mathcal{M} = (U, \mathcal{T}, v)$ 中为真（记作 $\mathcal{M} \vdash A$）当且仅当对于任意 $x \in U$，则 $\mathcal{M}, x \vdash A$；称一个逻辑公式 A 在一个内部系统 $(U, \mathcal{T})$ 为真当且仅当该逻辑公式在基于内部系统 $(U, \mathcal{T})$ 的任意一个内部模型 $(U, \mathcal{T}, v)$ 都是为真的；称一个逻辑公式 A 为有效的当且仅当该逻辑公式在所有的内部系统中都是有效的。

定理 3.3.2（可靠性定理）　每一个可证的 EMT4 逻辑公式都是有效的。

证明　以下说明公理（T），（4）是有效的，且逻辑规则（RM）保持有效性（推理规则 MP 保持有效性是容易证明的）。

（T）$v(\square A \to A) = v(\square A)^{c} \cup v(A) = (v(A)^{\square})^{c} \cup v(A) \supseteq v(A)^{c} \cup v(A) = U$；

（4）$v(\square A \to \square\square A) = v(\square A)^{c} \cup v(\square\square A) = (v(A)^{\square})^{c} \cup v(A)^{\square\square} = (v(A)^{\square})^{c} \cup v(A)^{\square} = U$；

（RM）若 $A \to B$ 是有效的，则在任意一个内部模型 $(U, \mathcal{T}, v)$ 中，有 $v(A) \subseteq v(B)$，因此，$v(\square A) = v(A)^{\square} \subseteq v(\square B) = v(B)^{\square}$，即 $\square A \to \square B$ 是一有效逻辑公式。

以下证明每一个有效的 EMT4 逻辑公式都是可证的。为此，需要如下引理。在如下引理中，称一个理论 Γ 是不相容的，若存在 $A_1, \cdots, A_n \in \Gamma$ 使得 $\vdash \neg(A_1 \wedge \cdots \wedge A_n)$ 成立，即 $A_1 \wedge \cdots \wedge A_n$ 是一个可驳式，否则称 Γ 是相容的。若 Γ 是相容的，且任何一个真包含 Γ 的逻辑理论都是不相容的，则称 Γ 是极大相容的。

引理 3.3.2[22]　设 Γ 是一个极大相容公式集，则对于任意公式 A, B，

（i）若 A 是可证的，则 $A \in \Gamma$；

（ii）$A \in \Gamma$ 当且仅当 $\neg A \notin \Gamma$；

（iii）若 $A \in \Gamma, A \to B \in \Gamma$，则 $B \in \Gamma$；

（iv）$A \wedge B \in \Gamma$ 当且仅当 $A \in \Gamma$ 且 $B \in \Gamma$；

（v）$A \vee B \in \Gamma$ 当且仅当 $A \in \Gamma$ 或 $B \in \Gamma$。

引理 3.3.3[22]　设 Γ 是一个相容公式集，则存在一极大相容公式集 Γ^{*} 使得 $\Gamma \subseteq \Gamma^{*}$。

为证明 EMT4 关于内部系统的完备性定理，以下借助于极大相容公式集构造

典型内部系统和相应的内部模型. 用 U^* 表示所有极大相容公式集（以下也称极大相容理论）之集，此外，对于逻辑公式 A，定义

$$\tilde{A} = \left\{ \Gamma \in U^* : A \in \Gamma \right\}.$$

所构造的典型内部系统是如下一二元组 $\left(U^*, \mathcal{T}^* \right)$，这里 $\mathcal{T}^*$ 是由如下基本集 $\left\{ \widetilde{\square A} : A \text{ 是一个逻辑公式} \right\}$ 的有限并所生成的 $\wp\left(U^* \right)$ 的子集族，容易验证 $\left(U^*, \mathcal{T}^* \right)$ 的确为一内部系统，即若 $\mathcal{F} \subseteq \mathcal{T}^*$，$\mathcal{F}$ 中每个元素是若干基本集的并集，则 $\cup \mathcal{F}$ 也是若干基本集的并集.

所构造的典型内部模型是如下一三元组 $\mathcal{M}^* = \left(U^*, \mathcal{T}^*, v^* \right)$，其中

（i）$\left(U^*, \mathcal{T}^* \right)$ 为一典型内部系统；

（ii）$v^*: P \to \wp\left(U^* \right)$ 是按照如下方式定义的一典型赋值映射

$$v^*\left(p \right) = \left\{ \Gamma \in U^* : p \in \Gamma \right\}.$$

注意到，对于任意原子公式 $p \in P, v^*\left(p \right) = \tilde{p}$. 显然对于任意极大相容理论 $x \in U^*$ 以及逻辑公式 A，$x \in \tilde{A}$ 当且仅当 $A \in x$.

引理 3.3.4（真值引理） 设 $\mathcal{M}^* = \left(U^*, \mathcal{T}^*, v^* \right)$ 为一典型内部模型，则对于任意极大相容理论 $x \in U^*$ 以及逻辑公式 A，

$$\mathcal{M}^*, x \vdash A \text{ 当且仅当 } A \in x.$$

证明 只需证明含有模态词 $\square$ 的公式情形，其他可类似得证，以下证明采用数学归纳法.

（$\Leftarrow$）设 $\square A \in x$，即 $x \in \widetilde{\square A}$，根据定义，$\widetilde{\square A}$ 是一基础集，因此 $\widetilde{\square A} \in \mathcal{T}^*$. 由公理（T）知 $\widetilde{\square A} \subseteq \tilde{A}$，这意味着存在 $X = \widetilde{\square A}$ 使得 $x \in X$，且对于任意 $y \in X$，有 $y \in \tilde{A}$. 因此，对于任意 $y \in X$，有 $A \in y$，再根据归纳假设知 $\mathcal{M}^*, y \vdash A$，综合以上知，存在 $X = \widetilde{\square A}$ 使得 $x \in X$，且对于任意 $y \in X$，有 $\mathcal{M}^*, y \vdash A$，故 $\mathcal{M}^*, x \vdash \square A$.

（$\Rightarrow$）假设 $\mathcal{M}^*, x \vdash \square A$，则存在 $X \in \mathcal{T}^*$，满足 $x \in X$，且对于任意 $y \in X$，则 $\mathcal{M}^*, y \vdash A$. 因为 X 是一些基本集的并集，则存在一基本集 $\widetilde{\square B}$ 使得 $x \in \widetilde{\square B}$，且对于任意 $y \in \widetilde{\square B}$，$\mathcal{M}^*, y \vdash A$，根据归纳假设有 $A \in y$，$y \in \tilde{A}$，这意味着 $\widetilde{\square B} \subseteq \tilde{A}$，由此可以证明 $\square B \to A$ 是一定理（反之，若 $\square B \to A$ 不是一定理，则 $\square B \wedge \neg A$ 不是一可驳式，换言之，$\{\square B \wedge \neg A\}$ 是一相容理论，由引理 3.3.3 知存在一极大相容理论包含 $\square B \wedge \neg A$，即同时包含 $\square B$ 与 $\neg A$，这与 $\widetilde{\square B} \subseteq \tilde{A}$ 相矛盾）. 此外，根据推理规则（RM），$\square \square B \to \square A$ 是 EMT4 中一定理，结合公理（4）以及 HS 推理规则知 $\square B \to \square A$ 是 EMT4 中定理，因此，$x \in \widetilde{\square B} \subseteq \widetilde{\square A}$，即，$\square A \in x$.

有了如上引理，如下结论便自然成立.

定理 3.3.3（完备性定理）　在逻辑 EMT4 中，一个逻辑公式有效当且仅当该逻辑公式是可证的.

证明　（⇐）由可靠性定理可得.

（⇒）利用反证法. 假设存在一逻辑公式 A，A 为一有效逻辑公式，但不是可证的. 由 A 不是可证逻辑公式知 $\neg A$ 不是一可驳式，换言之，$\{\neg A\}$ 是一相容的逻辑理论，由引理 3.3.3 知存在一极大相容理论 x 使得 $\neg A \in x$，则由真值引理知 $\mathcal{M}^*, x \vdash \neg A$，因此，$\mathcal{M}^*, x \vdash A$ 不成立，然而这与 A 为一有效逻辑公式相矛盾，得证.

事实上，也可以在 EMT4 中添加如下公理：

（N）$\Box T$.

相应地，在语义理论中，我们需在内部模型 $\mathcal{M} = (U, \mathcal{T}, v)$ 中假设 $U \in \mathcal{T}$ 成立，这意味着 $\mathcal{M} = (U, \mathcal{T}, v)$ 是一个含有顶元的最大内部系统. 事实上，在该逻辑语义下，添加公理（N）后的 EMT4 满足可靠性定理，因为 $v(\Box T) = v(T)^\Box = U^\Box = U$，也就是说，公理（N）是有效逻辑公式. 此外，典型内部系统 $(U^*, \mathcal{T}^*)$ 是一含有顶元的内部系统，因为公理（N）意味着 $\Box T \in \Gamma$ 对于每一个 $\Gamma \in U^*$ 都成立，从而

$$\widetilde{\Box T} = \{\Gamma \in U^* : \Box T \in \Gamma\} = U^*,$$

即，$U^* \in \mathcal{T}^*$.

我们考虑粗糙近似算子. 设 R 是 U 上一二元关系，$\nabla, \blacktriangle : \wp(U) \to \wp(U)$ 为 3.2.2 节所的定义的两映射，现在我们考虑如下映射 $\Box$，$\Diamond$：$\wp(U) \to \wp(U)$：

$$X^\Box = X^{\nabla\blacktriangle} = \{x \in U : \exists y \in U, \forall z \in U, xRy, zRy \Rightarrow z \in X\},$$

$$X^\Diamond = X^{\triangle\blacktriangledown} = \{x \in U : \forall y \in U, \exists z \in U, xRy \Rightarrow (zRy, z \in X)\}.$$

若令 $\mathcal{T} = \{X^\Box : X \subseteq U\}$，则 $\mathcal{T}$ 中元素满足 $X^{\nabla\blacktriangle} = X$，因此，$\mathcal{T}$ 中元素 X 可作如下解释：X 由那些可能确定在 X 中的元素组成. 如果 R 满足串行性质，即对于 U 中任意对象 x，总存在 $y \in U$ 使得 xRy，则容易证得 $U^\Box = U$，这意味着 $U \in \mathcal{T}$，因此，$(U, \mathcal{T})$ 是一个含有顶元的内部系统，公理（N）自然是有效的.

此外，如果 R 是一预序关系，则 $X^\Box = X^\nabla$，$X^\Diamond = X^\triangle$ 分别是拓扑内部和闭包算子，$\mathcal{T}$ 是一关于任意交封闭的拓扑，即 Alexandrov 拓扑，相应的逻辑便是模态逻辑 S4.

3.4 LGC 与 LGE 之间的内在联系

同前面类似，我们在 LGC 中定义如下两逻辑联结词 $\uparrow, \downarrow$：

$$\forall A \in F(S), \quad \uparrow A = \nabla \neg A, \quad \downarrow A = \neg \blacktriangle A .$$

以下说明与 $\uparrow, \downarrow$ 所对应的推理规则（LGE1）与（LGE2）均成立.

事实上，若 $\vdash A \to \downarrow B$ 成立，即 $\vdash A \to \neg \blacktriangle B$，因此有 $\vdash \blacktriangle B \to \neg A$，由推理规则（GC2）知 $\vdash B \to \nabla \neg A$，即 $\vdash B \to \uparrow A$. 同理，若 $\vdash B \to \uparrow A$ 成立，即 $\vdash B \to \nabla \neg A$，由推理规则（GC1）知 $\vdash \blacktriangle B \to \neg A$，从而有 $\vdash A \to \neg \blacktriangle B$，即 $\vdash A \to \downarrow B$ 成立.

同理，在 LGE 中引入如下逻辑联结词：

$$\forall A \in F(S), \quad \blacktriangle A = \neg \downarrow A, \quad \nabla A = \uparrow \neg A .$$

以下证明（GC1）与（GC2）在 LGE 中成立. 事实上，若 $\vdash A \to \nabla B$ 成立，即 $\vdash A \to \uparrow \neg B$，由推理规则（LGE1）知 $\vdash \neg B \to \downarrow A$ 成立，因此有 $\vdash \neg \downarrow A \to B$，即 $\vdash \blacktriangle A \to B$ 成立. 若 $\vdash \blacktriangle A \to B$ 成立，即 $\vdash \neg \downarrow A \to B$，因此，$\vdash \neg B \to \downarrow A$，由推理规则（LGE2）知 $\vdash A \to \uparrow \neg B$，即 $\vdash A \to \nabla B$ 成立.

以上说明通过在 LGC 中引入逻辑联结词 $\uparrow, \downarrow$，所对应的推理规则（LGE1）与（LGE2）成立，在 LGE 中引入逻辑联结词 $\blacktriangle, \nabla$，所对应的推理规则（GC1）与（GC2）成立，从而两逻辑系统相对于语构理论中的可证性而言是等价的.

设 $\mathcal{M} = (U, R, v)$ 为 LGC 逻辑的语义模型，基于 $\uparrow, \downarrow$，$\blacktriangle, \nabla$ 之间的内在联系，不难有

$$v(\uparrow A) = v(\nabla \neg A) = \underline{R}^{-1}(U - v(A)), \quad v(\downarrow A) = v(\neg \blacktriangle A) = U - \overline{R}(v(A)) .$$

从形式概念分析[21]的角度来看，如上赋值具有如下等价形式：

$$\forall x \in U, x \in \underline{R}^{-1}(U - v(A)) \Leftrightarrow \forall y \in U, yRx \Rightarrow y \notin v(A)$$

$$\Leftrightarrow \forall y \in U, y \in v(A) \Rightarrow yR^c x$$

$$\Leftrightarrow x \in v(A)^{\uparrow_{R^c}} ,$$

即，$v(\uparrow A) = v(A)^{\uparrow_{R^c}}$.

同理，

$$\forall x \in U, x \in v(\downarrow A) \Leftrightarrow x \in U - \overline{R}(v(A)) \Leftrightarrow x \notin \overline{R}(v(A))$$

$$\Leftrightarrow \text{不存在} y \in U, \text{满足} xRy, y \in v(A)$$

$$\Leftrightarrow \forall y \in U, y \in v(A) \Rightarrow xR^c y$$

$$\Leftrightarrow x \in v(A)^{\uparrow_{R^c}},$$

即，$v(\downarrow A) = v(A)^{\downarrow_{R^c}}$.

以下从逻辑系统 LGC 的赋值语义出发，类似给出 LGE 中逻辑公式的赋值语义.

定义 3.4.1 称如下一二元组 (U, R) 为一 LGE 框架，其中 U 为一非空集，R 为 U 上一二元关系，称映射 $v: P \rightarrow \wp(U)$ 为一赋值，该映射将每一个原子公式映射为 U 的子集，称三元组 $\mathcal{M} = (U, R, v)$ 为一 LGE 模型.

对于任意对象 $x \in U$，$A \in F(S)$，用 $\mathcal{M}, x \vdash A$ 表示 A 在 x 处为真，具体定义可由如下归纳方式给出：

$\mathcal{M}, x \vdash p$ 当且仅当 $x \in v(p)$;

$\mathcal{M}, x \vdash \neg A$ 当且仅当 $\mathcal{M}, x \vdash A$ 不成立;

$\mathcal{M}, x \vdash A \rightarrow B$ 当且仅当若 $\mathcal{M}, x \vdash A$ 成立，则 $\mathcal{M}, x \vdash B$ 成立;

$\mathcal{M}, x \vdash \uparrow A$ 当且仅当 $\forall y \in U$，$yRx \Rightarrow \mathcal{M}, y \vdash A$ 不成立;

$\mathcal{M}, x \vdash \downarrow A$ 当且仅当 $\forall y \in U$，$xRy \Rightarrow \mathcal{M}, y \vdash A$ 不成立.

鉴于 LGC 与 LGE 之间的内在联系，以下给出 LGE 的可靠性与完备性定理.

定理 3.4.1（可靠性定理） 若 $\vdash A$，则 A 为一逻辑有效公式.

证明 只需要证明 LGE 中公理均为逻辑有效公式，且推理规则保持有效性. 事实上，三条公理均具有经典命题逻辑中公理的形式，其有效性证明是容易的，以下证明 LGE 中两条推理规则保持有效性.

若 $A \rightarrow \downarrow B$ 是有效公式，下证 $B \rightarrow \uparrow A$ 为有效公式. 任取一 LGE 语义模型 $\mathcal{M} = (U, R, v)$，$v(B \rightarrow \uparrow A) = v(\neg B \vee \uparrow A) = (U - v(B)) \cup v(A)^{\uparrow_{R^c}}$. 由于 $A \rightarrow \downarrow B$ 为一逻辑有效公式，故 $v(A \rightarrow \downarrow B) = v(\neg A \vee \downarrow B) = (U - v(A)) \cup v(B)^{\downarrow_{R^c}} = U$. 为证明 $v(B \rightarrow \uparrow A) = U$，等价于证明 $\forall x \in U$，$x \in v(B) \Rightarrow x \in v(A)^{\uparrow_{R^c}}$，即 $\forall x \in U$，$x \in v(B)$，$\forall y \in v(A)$，有 $yR^c x$ 成立. 由 $(U - v(A)) \cup v(B)^{\downarrow_{R^c}} = U$ 以及 $y \in v(A)$ 知 $y \in v(B)^{\downarrow_{R^c}}$，结合 $x \in v(B)$ 以及 $\downarrow_{R^c}$ 的定义便知 $yR^c x$ 成立.

同理，若 $B \rightarrow \uparrow A$ 是有效公式，下证 $A \rightarrow \downarrow B$ 为有效公式. 任取一 LGE 语义模型 $\mathcal{M} = (U, R, v)$，$v(A \rightarrow \downarrow B) = v(\neg A \vee \downarrow B) = (U - v(A)) \cup v(B)^{\downarrow_{R^c}}$. 由于 $B \rightarrow \uparrow A$ 为一逻辑有效公式，故 $v(B \rightarrow \uparrow A) = v(\neg B \vee \uparrow A) = (U - v(B)) \cup v(A)^{\uparrow_{R^c}} = U$. 为证明 $v(A \rightarrow \downarrow B) = U$，等价于证明 $\forall x \in U$，$x \in v(A) \Rightarrow x \in v(B)^{\downarrow_{R^c}}$，即 $\forall x \in U$，$x \in v(A)$，

$\forall y \in v(B)$，有 xRy 成立. 由 $(U - v(B)) \cup v(A)^{\uparrow_{R^c}} = U$ 以及 $y \in v(B)$ 知 $y \in v(A)^{\uparrow_{R^c}}$，结合 $x \in v(A)$ 以及 $\downarrow_{R^c}$ 的定义便知 $xR^c y$ 成立.

定理 3.4.2（完备性定理） 逻辑系统 LGE 关于其语义是完备的，即对于任意逻辑公式 $A \in F(S)$，若 A 为 LGE 中一有效公式，则 A 为一定理.

证明 在 LGE 中引入如下两逻辑联结词 ▲，▽：
$$\forall B \in F(S), \quad \blacktriangle B = \neg \downarrow B, \quad \nabla B = \uparrow \neg B.$$

由此易知 $\downarrow B \sim \neg \blacktriangle B, \uparrow B \sim \nabla \neg B$.

任给一 LGE 语义模型 $\mathcal{M} = (U, R, v)$，不难证明
$$\mathcal{M}, x \vdash \blacktriangle B \Leftrightarrow \mathcal{M}, x \vdash \neg \downarrow B$$
$$\Leftrightarrow \mathcal{M}, x \vdash \downarrow B \text{ 不成立}$$
$$\Leftrightarrow \exists y \in U, xRy, \mathcal{M}, y \vdash B.$$

同理，
$$\mathcal{M}, x \vdash \nabla B \Leftrightarrow \mathcal{M}, x \vdash \uparrow \neg B$$
$$\Leftrightarrow \forall y \in U, yRx \Rightarrow \mathcal{M}, y \vdash \neg B \text{ 不成立}$$
$$\Leftrightarrow \forall y \in U, yRx \Rightarrow \mathcal{M}, y \vdash B \text{ 成立}.$$

由此可以看出逻辑联结词 ▲，Δ 的语义解释与其在 LGC 中完全一致.

将逻辑公式 A 中出现的逻辑联结词 $\uparrow, \downarrow$ 按照如上方式替换，并将所得到的逻辑公式记作 A^*，利用数学归纳法容易证得 A 与 A^* 是逻辑等价的. 由 A 是 LGE 中有效公式知 A^* 是 LGC 中有效公式，再由 LGC 的完备性定理以及 LGC 与 LGE 的等价性知 A 是 LGE 中定理，得证.

3.5　一种基于认知系统的逻辑 LES

认知过程本身是对象和属性的变换过程，人们通过对象和属性的变换来判断和认知事物. 人类认知事物往往从陌生的对象和属性开始，逐渐得到一些关于对象的充分或者必要属性，当对象和属性统一时，我们便可掌握事物的某一性质或规律. 文献[1]从粒计算的观点出发对人类认知作了详细的研究，通过引入认知系统的概念，建立了严格的数学模型.

在本节中，我们给出与文献[14]中认知系统所对应的认知逻辑 LES. 以下可以看出，这种逻辑仅限于语构层面，而非语义层面. 基于此，进一步讨论了 LES 与 LGE 之间的内在联系.

定义 3.5.1　LES 的公理集由如下形式的公式组成：

（i）$A \to (B \to A)$；

（ii）$\big(A \to (B \to C)\big) \to \big((A \to B) \to (A \to C)\big)$；

（iii）$(\neg A \to \neg B) \to (B \to A)$；

（iv）$L(A \vee B) \to LA$；

（v）$L(A) \wedge L(B) \to L(A \vee B)$；

（vi）$H(A \vee B) \to HA$；

（vii）$H(A) \wedge H(B) \to H(A \vee B)$；

（viii）$A \to HLA$；

（ix）$A \to LHA$.

推理规则有：

（MP）由 $\{A, A \to B\}$ 推出 B；

（LES1）由 $A \to B$ 推出 $HB \to HA$；

（LES2）由 $A \to B$ 推出 $LB \to LA$；

（LES3）若 $\vdash A$，则 $\neg LA, \vdash \neg HA$；

（LES4）若 $\vdash \neg A$，则 $LA, \vdash LA$.

以下研究 LES 与 LGE 之间的内在联系．事实上，在 LGE 中通过令 $L = \uparrow, H = \downarrow$，则由定理 3.1.2 知定义 3.5.1 中的公理（i）—（ix）在 LES 中是可证的，即它们是 LES 中的定理．对于五条推理规则而言：（MP）推理规则是显然成立的；（LES1）与（LES2）由定理 3.1.2 可推得；对于（LES4），若 $\vdash \neg A$，则 A 是一可驳式，由定理 3.1.2 知 $\vdash LA$ 与 $\vdash HA$ 均成立．然而值得注意的是，由于 $\vdash \neg \uparrow T, \vdash \neg \downarrow T$ 在 LGE 中并不成立（见注 3.1.2），与其所对应的（LES3）也不成立，这也启发我们可以构建一种包含 $\neg \uparrow T, \neg \downarrow T$ 两条公理在内的逻辑推理系统，并给出含有特殊二元关系的语义模型．

反过来，在 LES 中引入如下两逻辑联结词：$\uparrow A = LA, \downarrow A = HA$．以下只需证明推理规则（LGE1）与（LGE2）成立即可．

事实上，若 $A \to \uparrow B$，即 $A \to LB$ 成立，则由推理规则（LES1）知 $HLB \to HA$ 成立，由定义 3.5.1 中公理（viii）知 $B \to HLB$ 为一公理，利用 HS 推理规则便得 $B \to HA$，即 $B \to \downarrow A$ 成立．同理，若 $B \to \downarrow A$，即 $B \to HA$ 成立，则由推理规则（LES2）知 $LHA \to LB$，由定义 3.5.1 中公理（ix）知 $A \to LHA$ 为一公理，利用 HS 推理规则便得 $A \to LB$，即 $A \to \uparrow B$ 成立．

以上说明 LGE 与 LES 在逻辑变换意义下并不等价，不过 LGE 可看作 LES 的一子逻辑.

定理 3.5.1 在逻辑推理系统 LES 中, 以下结论成立:

（1）若 $\vdash A \to B$, 则 $\vdash LB \to LA$;

（2）若 $\vdash A \to B$, 则 $\vdash HB \to HA$;

（3）$\vdash LA \vee LB \to L(A \wedge B)$;

（4）$\vdash HA \vee HB \to H(A \wedge B)$;

（5）$\vdash LHLA \leftrightarrow LA$;

（6）$\vdash HLHA \leftrightarrow HA$;

（7）$\vdash B \vee LA \to L(A \wedge HB)$;

（8）$\vdash A \wedge HB \to H(B \vee LA)$;

（9）$\vdash B \wedge LA \to L(A \vee HB)$;

（10）$\vdash A \vee HB \to H(B \wedge LA)$;

（11）$\vdash HB \to H(B \wedge LA)$;

（12）$\vdash B \wedge LA \to LHB$;

（13）$\vdash A \wedge HB \to HLA$;

（14）$\vdash LA \to L(A \wedge HB)$;

（15）$\vdash LHLA \to B \vee LA$;

（16）$\vdash H(B \vee LA) \to HLA$;

（17）$\vdash L(A \vee HB) \to LHB$;

（18）$\vdash HLHB \to A \vee HB$;

（19）$\vdash B \wedge LA \to LHLA$;

（20）$\vdash HLA \to H(B \wedge LA)$;

（21）$\vdash A \wedge HB \to HLHB$;

（22）$\vdash LHB \to L(A \wedge HB)$.

证明 （1）—（6）的证明是容易的, 以下给出（7）—（22）中部分结论的证明, 其余可类似推出.

（7）要证明 $\vdash B \vee LA \to L(A \wedge HB)$, 等价于证明 $\vdash B \to L(A \wedge HB)$ 与 $\vdash LA \to L(A \wedge HB)$ 都成立. 由定义 3.5.1 知 $\vdash B \to LHB$ 成立, 由于 $\vdash A \wedge HB \to HB$ 显然成立, 由定理 3.5.2 推理规则（LES2）知 $\vdash LHB \to L(A \wedge HB)$, 故 $\vdash B \to L(A \wedge HB)$. $\vdash LA \to L(A \wedge HB)$ 可类似推出.

（8）由定义 3.5.1（vi）,（vii）知 $H(B \vee LA)$ 逻辑等价于 $H(B) \wedge HLA$, 故要证明 $\vdash A \wedge HB \to H(B \vee LA)$, 等价于证明 $\vdash A \wedge HB \to H(B) \wedge HLA$, 而这由 $\vdash HB \to$

$H(B)$ 以及 $\vdash A \to HLA$ 可立即推出.

（9）由定义 3.5.1（iv），（v）知 $L(A \vee HB)$ 逻辑等价于 $LA \wedge LHB$，故要证明 $\vdash B \wedge LA \to L(A \vee HB)$，等价于证明 $\vdash B \wedge LA \to LA \wedge LHB$，而这由 $\vdash LA \to LA$ 以及 $\vdash B \to LHB$ 可立即推出.

（10）要证明 $\vdash A \vee HB \to H(B \wedge LA)$，等价于证明 $\vdash A \to H(B \wedge LA)$ 且 $\vdash HB \to H(B \wedge LA)$．由 $\vdash A \to HLA$ 以及 $\vdash HLA \to H(B \wedge LA)$ 知 $\vdash A \to H(B \wedge LA)$ 成立，由 $\vdash (B \wedge LA) \to B$ 知 $\vdash HB \to H(B \wedge LA)$ 成立.

定理 3.5.1 从逻辑推理的角度出发，描述了认知算子及信息粒的析化过程，其中：（1）—（6）对应于认知系统中外延内涵算子与内涵外延算子的性质（见文献 [14] 的定理 1）；（7）—（8）说明 $(A \wedge HB, B \vee LA)$ 可看作一必要逻辑信息粒；（9）—（10）说明 $(A \vee HB, B \wedge LA)$ 可看作一必要逻辑信息粒；（11）—（12）说明 $(B \wedge LA, HB)$ 可看作一必要逻辑信息粒；（13）—（14）说明 $(A \wedge HB, LA)$ 可看作一必要逻辑信息粒；同理，（15）—（16）说明 $(HLA, B \vee LA)$ 可看作一充分逻辑信息粒；（17）—（18）说明 $(A \vee HB, LHB)$ 可看作一充分逻辑信息粒；（19）—（20）说明 $(HLA, B \wedge LA)$ 可看作一必要逻辑信息粒；（21）—（22）说明 $(A \wedge HB, LHB)$ 可看作一必要逻辑信息粒.

以下从逻辑推理的角度出发描述认知系统中信息粒的转化过程.

定理 3.5.2　设 LES 是一含有有限原子公式的认知推理系统，若 $\vdash A_1 \to HB_1$ 且 $\vdash B_1 \to LA_1$，记
$$A_n = A_{n-1} \vee HB_{n-1}, \quad B_n = LA_n, \quad n = 2, 3, \cdots,$$
则存在正整数 n_0 使得 (A_{n_0}, B_{n_0}) 是一充要逻辑信息粒.

证明　由于 LES 中只含有有限多个原子公式，则在逻辑等价的意义下只有有限多逻辑公式，故存在 n_0 使得当 $n \geqslant n_0$ 时，A_n 与 A_{n_0} 逻辑等价，于是 $A_{n_0} \approx A_{n_0+1} = A_{n_0} \vee HB_{n_0}$，则 $\vdash HB_{n_0} \to A_{n_0}$，又由 LES 中公理（viii）（见定义 3.5.1）知 $\vdash A_{n_0} \to HLA_{n_0}$，即 $\vdash A_{n_0} \to HB_{n_0}$，从而 $\vdash A_{n_0} \leftrightarrow HB_{n_0}$，结合 $B_{n_0} = LA_{n_0}$（从而 $\vdash B_{n_0} \leftrightarrow LA_{n_0}$）便知 (A_{n_0}, B_{n_0}) 是一充要逻辑信息粒.

定理 3.5.3　设 LES 是一含有有限原子公式的认知推理系统，若 $\vdash A_1 \to HB_1$ 且 $\vdash B_1 \to LA_1$，记
$$B_n = B_{n-1} \vee LA_{n-1}, \quad A_n = HB_n, \quad n = 2, 3, \cdots,$$
则存在正整数 n_0 使得 (A_{n_0}, B_{n_0}) 是一充要逻辑信息粒.

证明　由于 LES 是基于有限原子公式定义的，则在逻辑等价的意义下只有有

限多逻辑公式，故存在 n_0 使得当 $n \geqslant n_0$ 时，B_n 与 B_{n_0} 逻辑等价，于是 $B_{n_0} \approx B_{n_0+1} = B_{n_0} \vee LA_{n_0}$，则 $\vdash LA_{n_0} \to B_{n_0}$，又由 LES 中公理（ix）（见定义 3.5.1）知 $\vdash B_{n_0} \to LHB_{n_0}$，即 $\vdash B_{n_0} \to LA_{n_0}$，从而 $\vdash B_{n_0} \leftrightarrow LA_{n_0}$，结合 $A_{n_0} = HB_{n_0}$ 知 $\vdash A_{n_0} \leftrightarrow HB_{n_0}$，这说明 (A_{n_0}, B_{n_0}) 是一充要逻辑信息粒.

定理 3.5.4　设 LES 是一含有有限原子公式的认知推理系统，若 $\vdash HB_1 \to A_1$ 且 $\vdash LA_1 \to B_1$，记

$$A_n = A_{n-1} \wedge HB_{n-1}, \quad B_n = LA_n, \quad n = 2, 3, \cdots,$$

则存在正整数 n_0 使得 (A_{n_0}, B_{n_0}) 是一充要逻辑信息粒.

证明　由于 LES 是基于有限原子公式定义的，则在逻辑等价的意义下只有有限多逻辑公式，故存在 n_0 使得当 $n \geqslant n_0$ 时，A_n 与 A_{n_0} 逻辑等价，于是 $A_{n_0} \approx A_{n_0+1} = A_{n_0} \wedge HB_{n_0}$，则 $\vdash A_{n_0} \to HB_{n_0}$，又由 $A_n = A_{n-1} \wedge HB_{n-1}(n = 2, 3, \cdots)$ 出发采用递归的方法可以证明 $\vdash HB_{n_0} \to A_{n_0}$（事实上，由 $A_n = A_{n-1} \wedge HB_{n-1}$ 知 $A_2 = A_1 \wedge HB_1$，结合 $\vdash HB_1 \to A_1$ 知 $A_2 = HB_1$，又因为 $B_2 = LA_2 = LHB_1$，故 $\vdash B_1 \to B_2$，从而 $\vdash HB_2 \to HB_1$，即 $\vdash HB_2 \to A_2$，以此类推，$\vdash HB_{n_0} \to A_{n_0}$ 可得证），从而 $\vdash A_{n_0} \leftrightarrow HB_{n_0}$，结合 $B_{n_0} = LA_{n_0}$ 知 $\vdash B_{n_0} \leftrightarrow LA_{n_0}$，这说明 (A_{n_0}, B_{n_0}) 是一充要逻辑信息粒.

定理 3.5.5　设 LES 是一含有有限原子公式的认知推理系统，若 $\vdash HB_1 \to A_1$ 且 $\vdash LA_1 \to B_1$，记

$$B_n = B_{n-1} \wedge LA_{n-1}, \quad A_n = HB_n, \quad n = 2, 3, \cdots,$$

则存在正整数 n_0 使得 (A_{n_0}, B_{n_0}) 是一充要逻辑信息粒.

证明　由于 LES 是基于有限原子公式定义的，则在逻辑等价的意义下只有有限多逻辑公式，故存在 n_0 使得当 $n \geqslant n_0$ 时，B_n 与 B_{n_0} 逻辑等价，于是 $B_{n_0} \approx B_{n_0+1} = B_{n_0} \wedge LA_{n_0}$，则 $\vdash B_{n_0} \to LA_{n_0}$，又由于 $B_n = B_{n-1} \wedge LA_{n-1}(n = 2, 3, \cdots)$，采用与定理 3.5.4 类似的方法可以证明 $\vdash LA_{n_0} \to B_{n_0}$，结合 $A_{n_0} = HB_{n_0}$ 知 $\vdash A_{n_0} \leftrightarrow HB_{n_0}$，这说明 (A_{n_0}, B_{n_0}) 是一充要逻辑信息粒.

由如上定理并结合 LGE 中推理模式，我们可得如下结论.

定理 3.5.6　设 LGE 是一含有有限原子公式的推理系统，若 $\vdash A_1 \to \downarrow B_1$ 且 $\vdash B_1 \to \uparrow A_1$，记

$$A_n = A_{n-1} \vee \downarrow B_{n-1}, \quad B_n = \uparrow A_n, \quad n = 2, 3, \cdots,$$

则存在正整数 n_0 使得 (A_{n_0}, B_{n_0}) 是一充要逻辑信息粒.

证明　由定理 3.5.2 以及定理 3.1.2 可推得.

定理 3.5.7　设 LGE 是一含有有限原子公式的推理系统, 若 $\vdash A_1 \to \downarrow B_1$ 且 $\vdash B_1 \to \uparrow A_1$, 记

$$B_n = B_{n-1} \vee \uparrow A_{n-1}, \quad A_n = \downarrow B_n, \quad n = 2,3,\cdots,$$

则存在正整数 n_0 使得 (A_{n_0}, B_{n_0}) 是一充要逻辑信息粒.

证明　由定理 3.5.3 以及定理 3.1.2 可推得.

定理 3.5.8　设 LGE 是一含有有限原子公式的推理系统, 若 $\vdash A_1 \to \downarrow B_1$ 且 $\vdash B_1 \to \uparrow A_1$, 记

$$A_n = A_{n-1} \wedge \downarrow B_{n-1}, \quad B_n = \uparrow A_n, \quad n = 2,3,\cdots,$$

则存在正整数 n_0 使得 (A_{n_0}, B_{n_0}) 是一充要逻辑信息粒.

证明　由定理 3.5.4 以及定理 3.1.2 可推得.

定理 3.5.9　设 LGE 是一含有有限原子公式的推理系统, 若 $\vdash \uparrow A_1 \to B_1$ 且 $\vdash \downarrow B_1 \to A_1$, 记

$$B_n = B_{n-1} \wedge \uparrow A_{n-1}, \quad A_n = \downarrow B_n, \quad n = 2,3,\cdots,$$

则存在正整数 n_0 使得 (A_{n_0}, B_{n_0}) 是一充要逻辑信息粒.

证明　由定理 3.5.5 以及定理 3.1.2 可推得.

鉴于 LGE 与 LGC 之间的内在联系, 如下结论自然成立:

定理 3.5.10　设 LGC 是一含有有限原子公式的推理系统, 若 $\vdash A_1 \to \downarrow B_1$ 且 $\vdash B_1 \to \uparrow A_1$, 记

$$A_n = A_{n-1} \wedge \neg \blacktriangle B_{n-1}, \quad B_n = \nabla \neg A_n,$$

则存在正整数 n_0 使得 (A_{n_0}, B_{n_0}) 是一充要逻辑粒.

定理 3.5.11　设 LGE 是一含有有限原子公式的推理系统, 若 $\vdash A_1 \to \downarrow B_1$ 且 $\vdash B_1 \to \uparrow A_1$, 记

$$B_n = B_{n-1} \vee \nabla \neg A_{n-1}, \quad A_n = \neg \blacktriangle B_n,$$

则存在正整数 n_0 使得 (A_{n_0}, B_{n_0}) 是一充要逻辑粒.

定理 3.5.12　设 LGE 是一含有有限原子公式的推理系统, 若 $\vdash A_1 \to \downarrow B_1$ 且 $\vdash B_1 \to \uparrow A_1$, 记

$$A_n = A_{n-1} \wedge \neg \blacktriangle B_{n-1}, \quad B_n = \nabla \neg A_n,$$

则存在正整数 n_0 使得 (A_{n_0}, B_{n_0}) 是一充要逻辑粒.

定理 3.5.13　设 LGE 是一含有有限原子公式的推理系统, 若 $\vdash \uparrow A_1 \to B_1$ 且 $\vdash \downarrow B_1 \to A_1$, 记

$$B_n = B_{n-1} \wedge \nabla \neg A_{n-1}, \quad A_n = \neg \blacktriangle B_n,$$

则存在正整数 n_0 使得 (A_{n_0}, B_{n_0}) 是一充要逻辑粒.

3.6　本章小结

　　本章介绍了两种基于 Galois 联络的认知逻辑及其与时序逻辑等非经典逻辑之间的内在联系,分别介绍了其语法理论、语义理论,并给出了相应的完备性定理. 进一步,从逻辑推理的角度出发描述了认知系统中信息粒的转化过程.

　　本章内容可看作从逻辑学角度对概念认知的初步探索. 事实上,关于认知逻辑,已有较为丰富、全面的研究成果,有基于不完备信息的认知逻辑[23],也有基于多智能体的认知逻辑[24],等等,本章由于篇幅及其主题所限,没有一一赘述,在后续研究中,可进一步从概念认知角度来研究这些不同的认知逻辑,并探索它们与基于 Galois 联络的认知逻辑之间的内在联系. 此外,本章所给出的认知逻辑 LES,其完备性定理还没有建立,这些都是今后需要考虑的研究内容.

第 4 章　基于 Galois 联络的直觉认知逻辑

本章进一步介绍含有 Galois 联络的直觉认知逻辑 IntGC[25, 26]，该逻辑是 LGC[18]的自然推广．在直觉命题逻辑中公理以及推理规则的基础之上，添加了两条能模仿 Galois 联络的推理规则，给出了其 Kripke 语义及代数语义，并证明了其完备性定理．此外，证明了 IntGC 的有限模型性质、可判定性等逻辑性质．

4.1　IntGC 逻辑

设 $P = \{p_1, p_2, \cdots, p_n, \cdots\}$ 表示全体原子公式之集，$\{\rightarrow, \neg, \vee, \wedge, \blacktriangle, \nabla\}$ 是六个逻辑联结词，IntGC 中全体逻辑公式（记作 $F(S)$）由如下方式生成：

（1）所有原子公式均为 IntGC 中逻辑公式；

（2）若 A, B 是 IntGC 中逻辑公式，则 $A \rightarrow B, \neg A, A \vee B, A \wedge B, \blacktriangle A, \nabla A$ 也是 IntGC 中逻辑公式；

（3）IntGC 中再无其他类型的逻辑公式．

定义 4.1.1　逻辑系统 IntGC 由如下形式的公理以及推理规则组成．

公理：

（Ax1）$(A \rightarrow B) \rightarrow ((B \rightarrow C) \rightarrow (A \rightarrow C))$；

（Ax2）$A \rightarrow A \vee B$；

（Ax3）$B \rightarrow A \vee B$；

（Ax4）$(A \rightarrow C) \rightarrow ((B \rightarrow C) \rightarrow (A \vee B \rightarrow C))$；

（Ax5）$A \wedge B \rightarrow A$；

（Ax6）$A \wedge B \rightarrow B$；

（Ax7）$(C \rightarrow A) \rightarrow ((C \rightarrow B) \rightarrow (C \rightarrow A \wedge B))$；

（Ax8）$\left(A \rightarrow (B \rightarrow C)\right) \rightarrow (A \wedge B \rightarrow C)$；

（Ax9）$(A \wedge B \rightarrow C) \rightarrow (A \rightarrow (B \rightarrow C))$；

（Ax10）$A \wedge \neg A \rightarrow B$；

（Ax11）$(A \rightarrow A \wedge \neg A) \rightarrow \neg A$．

推理规则：

（MP）由 $\{A, A \rightarrow B\}$ 可推得 B；

（IntGC1）由 $A \to \nabla B$ 可推得 $\blacktriangle A \to B$；

（IntGC2）由 $\blacktriangle A \to B$ 可推得 $A \to \nabla B$．

在 IntGC 中，诸如可证性、定理等概念可以类似给出，在此不一一赘述．

定理 4.1.1　在 IntGC 逻辑中，$\forall A, B \in F(S)$，

（1）$A \to B \vdash \blacktriangle A \to \blacktriangle B, A \to B \vdash \nabla A \to \nabla B$；

（2）$\vdash A \to \nabla \blacktriangle A, \vdash \blacktriangle \nabla A \to A$；

（3）$\vdash \nabla A \leftrightarrow \nabla \blacktriangle \nabla A, \vdash \blacktriangle A \leftrightarrow \blacktriangle \nabla \blacktriangle A$；

（4）$\vdash T \to \nabla T, \vdash \blacktriangle \perp \to \perp$；

（5）$A \vdash \nabla A$；

（6）$\vdash \nabla(A \wedge B) \leftrightarrow \nabla A \wedge \nabla B, \vdash \blacktriangle(A \vee B) \leftrightarrow \blacktriangle A \vee \blacktriangle B$；

（7）$\vdash \nabla(A \to B) \to (\nabla A \to \nabla B)$．

证明　（1）由于 $\vdash \nabla A \to \nabla A$ 在 IntGC 中显然成立，则由推理规则（IntGC1）知 $\vdash \blacktriangle \nabla A \to A$，再结合已知条件 $A \to B$ 以及 HS 推理规则知 $\vdash \blacktriangle \nabla A \to B$，再由推理规则（IntGC2）知 $\nabla A \to \nabla B$ 成立，因此，$A \to B \vdash \nabla A \to \nabla B$．同理，可证明 $A \to B \vdash \blacktriangle A \to \blacktriangle B$．

（2）因为 $\vdash \blacktriangle A \to \blacktriangle A$ 在 IntGC 中成立，由推理规则（IntGC2）便知 $\vdash A \to \nabla \blacktriangle A$．同理可说明 $\vdash \blacktriangle \nabla A \to A$．

（3）由（2）知 $\vdash \blacktriangle \nabla \blacktriangle A \to \blacktriangle A$，另一方面，由 $\vdash A \to \nabla \blacktriangle A$ 知 $\vdash \blacktriangle A \to \blacktriangle \nabla \blacktriangle A$，因此，$\vdash \blacktriangle A \leftrightarrow \blacktriangle \nabla \blacktriangle A$ 成立．另一式可类似得证．

（4）显然有，$\vdash \blacktriangle T \to T$ 成立，由推理规则（IntGC2）知 $\vdash T \to \nabla T$．同理，由 $\vdash \perp \to \nabla \perp$ 以及推理规则（IntGC1）知 $\vdash \blacktriangle \perp \to \perp$ 成立．

（5）若 $\vdash A$，即 A 为一定理，则 $\vdash T \to A$ 成立，则由（1）知 $\vdash \nabla T \to \nabla A$．由（4）知 $\vdash T \to \nabla T$，根据 HS 推理规则便知 $\vdash T \to \nabla A$，因此，$\vdash \nabla A$ 成立．

（6）由 $\vdash A \wedge B \to A, \vdash A \wedge B \to B$ 以及定理 4.1.1（1）知 $\vdash \nabla(A \wedge B) \to \nabla A$ 及 $\vdash \nabla(A \wedge B) \to \nabla B$ 成立，结合（Ax7）知 $\vdash \nabla(A \wedge B) \to \nabla A \wedge \nabla B$．另一方面，由 $\vdash \nabla A \wedge \nabla B \to \nabla A$ 以及推理规则（IntGC1）知 $\vdash \blacktriangle(\nabla A \wedge \nabla B) \to A$ 成立．同理可证得 $\vdash \blacktriangle(\nabla A \wedge \nabla B) \to B$，由（Ax7）以及 MP 推理规则便知 $\vdash \blacktriangle(\nabla A \wedge \nabla B) \to A \wedge B$，利用推理规则（IntGC2）便可得 $\vdash (\nabla A \wedge \nabla B) \to \nabla(A \wedge B)$．因此，$\vdash \nabla(A \wedge B) \leftrightarrow \nabla A \wedge \nabla B$ 成立．

由 $\vdash A \to A \vee B, \vdash B \to A \vee B$ 以及定理 4.1.1（1）知 $\vdash \blacktriangle A \to \blacktriangle(A \vee B)$ 及 $\vdash \blacktriangle B \to \blacktriangle(A \vee B)$ 成立，结合（Ax4）知 $\vdash \blacktriangle A \vee \blacktriangle B \to \blacktriangle(A \vee B)$．另一方面，由 $\vdash \blacktriangle A \to \blacktriangle A \vee \blacktriangle B, \vdash \blacktriangle B \to \blacktriangle A \vee \blacktriangle B$ 以及推理规则（IntGC2）知 $\vdash A \to \nabla(\blacktriangle A \vee \blacktriangle B)$，

$\vdash B \to \nabla(\blacktriangle A \vee \blacktriangle B)$ 成立. 由 (Ax4) 以及 MP 推理规则便知 $\vdash A \vee B \to \nabla(\blacktriangle A \vee \blacktriangle B)$, 利用推理规则 (IntGC1) 便可得 $\vdash \blacktriangle(A \vee B) \to (\blacktriangle A \vee \blacktriangle B)$. 因此, $\vdash \blacktriangle(A \vee B) \leftrightarrow \blacktriangle A \vee \blacktriangle B$ 成立.

(7) 易知 $\vdash (A \to B) \to (A \to B)$ 成立, 由 (Ax8) 知 $\vdash (A \to B) \wedge A \to B$ 成立, 从而有 $\vdash \nabla((A \to B) \wedge A) \to \nabla B$, 再由 (2) 知 $\vdash \nabla((A \to B) \wedge A) \leftrightarrow \nabla(A \to B) \wedge \nabla A$, 故 $\vdash \nabla(A \to B) \wedge \nabla A \to \nabla B$, 而该式逻辑等价于 $\nabla(A \to B) \to (\nabla A \to \nabla B)$, 因此, 结论成立.

以下引入 HGC-代数, 将其作为 IntGC 的代数语义. 一个 HGC-代数是一满足如下条件的 (2, 2, 2, 1, 1, 0, 0) 型代数结构 $(L, \wedge, \vee, \to, f, g, 0, 1)$:

(i) $(L, \wedge, \vee, \to, 0, 1)$ 是一个 Heyting 代数, 即, L 是一含有最小元 0 的相对伪补格 (relatively pseudocomplemented lattice). 特别地, L 满足

$$\forall x, y, z \in L, x \wedge y \leq z \Leftrightarrow x \leq y \to z,$$

L 中最大元为 $1 = x \to x$.

(ii) $\forall x, y \in L, f(x) \leq y \Leftrightarrow x \leq g(y)$.

换言之, HGC-代数是在 Heyting 代数的基础之上添加保序 Galois 联络得到的. 在部分文献 (如文献[27]) 中, Heyting 代数也称为伪布尔代数.

在 Heyting 代数中, 每一个元素 x 都有一个伪补 $\neg x = x \to 0$. 因此, 一个 HGC-代数也可看作具有如下形式的代数结构 $(L, \wedge, \vee, \to, \neg, f, g, 0, 1)$.

以下结论说明 HGC-代数可构成一等式类 (equational class), 即它可通过若干等式来定义.

引理 4.1.1　一个代数结构 $(L, \wedge, \vee, \to, f, g, 0, 1)$ 构成 HGC-代数当且仅当其满足 Heyting 代数的公理以及如下四个等式:

(HGC1) $f(x \vee y) = f(x) \vee f(y)$, 即 f 是可加的;

(HGC2) $g(x \wedge y) = g(x) \wedge g(y)$, 即 g 是可乘的;

(HGC3) $x \leq gf(x)$;

(HGC4) $fg(x) \leq x$.

(HGC3) 与 (HGC4) 具有如下等价形式: $x \to gf(x) = 1, fg(x) \to x = 1$.

证明　设 $(L, \wedge, \vee, \to, f, g, 0, 1)$ 为一 HGC-代数, 以下说明 (HGC1)—(HGC4) 成立. 事实上, 在 HGC-代数中的 $f(x) \leq y \Leftrightarrow x \leq g(y)$ 一式中分别令 $y = f(x)$ 与 $x = g(y)$, 便可得 $x \leq gf(x)$ 与 $fg(x) \leq x$ 成立, 即 (HGC3) 与 (HGC4) 成立.

由上式也可以推出 f 与 g 是保序的, 事实上, 若 $x_1 \leq x_2$, 对于任意 $y \in L$, 若

$f(x_2) \leq y$，则 $x_2 \leq g(y)$，$x_1 \leq g(y)$，因此 $f(x_1) \leq y$，由 y 的任意性便知 $f(x_1) \leq f(x_2)$ 成立. 同理，若 $y_1 \leq y_2$，对于任意 $x \in L$，若 $x \leq g(y_1)$，则 $f(x) \leq y_1$，$f(x) \leq y_2$，因此 $x \leq g(y_2)$，由 x 的任意性便知 $g(y_1) \leq g(y_2)$ 成立. 于是有 $f(x \vee y) \geq f(x) \vee f(y)$，即 $f(x \vee y)$ 是 $f(x)$ 与 $f(y)$ 的一个上界. 设 u 是 $f(x)$ 与 $f(y)$ 的一个上界，则 $f(x) \leq u, f(y) \leq u$，由（ii）知 $x \leq g(u), y \leq g(u)$，从而 $x \vee y \leq g(u)$，故 $f(x \vee y) \leq u$，这说明 $f(x \vee y)$ 是 $f(x)$ 与 $f(y)$ 的最小的上界，因此，$f(x \vee y) = f(x) \vee f(y)$. 同理，由 g 的保序性知 $g(x \wedge y) \leq g(x) \wedge g(y)$，即 $g(x \wedge y)$ 是 $g(x)$ 与 $g(y)$ 的一个下界. 设 u 是 $g(x)$ 与 $g(y)$ 的一个下界，则 $u \leq g(x), u \leq g(y)$，$f(u) \leq x, f(u) \leq y$，从而 $f(u) \leq x \wedge y$，故 $u \leq g(x \wedge y)$，这说明 $g(x \wedge y)$ 是 $g(x)$ 与 $g(y)$ 的最大的下界，因此，$g(x \wedge y) = g(x) \wedge g(y)$.

反过来，若 $(L, \wedge, \vee, \rightarrow, f, g, 0, 1)$ 满足（HGC1）—（HGC4），以下证明 $\forall x, y \in L, f(x) \leq y \Leftrightarrow x \leq g(y)$ 成立. 事实上，若 $f(x) \leq y$，由（HGC2）知 $g(f(x)) \leq g(y)$，结合（HGC3）便知 $x \leq g(y)$. 同理，若 $x \leq g(y)$，由（HGC1）知 $f(x) \leq fg(y)$，结合（HGC4）便知 $f(x) \leq y$.

容易验证在 HGC-代数中，$f(0) = 0, g(1) = 1$ 成立. 不过 f 与 g 之间的对偶关系并不成立，令 $f^d(x) = \neg f(\neg x), g^d(x) = \neg g(\neg x)$，则 f^d 与 g^d 一般并不能构成 Galois 联络.

以下给出 f^d 与 g^d 的一些性质.

引理 4.1.2 设 (f, g) 是 HGC-代数 L 上的一个 Galois 联络，f^d, g^d 如上所定义，则 $\forall x, y \in L, a, b \in S(L) = \{\neg z : z \in L\}$，

（1）$x \leq y \Rightarrow f^d(x) \leq f^d(y)$；

（2）$x \leq y \Rightarrow g^d(x) \leq g^d(y)$；

（3）$g^d(f^d)(x) \leq \neg\neg x$；

（4）$a \leq f^d(b) \Rightarrow g^d(a) \leq b$；

（5）$g^d(f^d)(a) \leq a$.

证明 （1）若 $x \leq y$，则 $\neg x \geq \neg y$，由 f 的保序性知 $f(\neg x) \geq f(\neg y)$，从而
$$f^d(x) = \neg f(\neg x) \leq \neg f(\neg y) = f^d(y).$$

（2）若 $x \leq y$，则 $\neg x \geq \neg y$，由 g 的保序性知 $g(\neg x) \geq g(\neg y)$，从而
$$g^d(x) = \neg g(\neg x) \leq \neg g(\neg y) = g^d(y).$$

（3）$g^d(f^d)(x) = \neg g(\neg\neg f(\neg x)) = \neg g f(\neg x) \leqslant \neg\neg x$.

（4）不妨设 $a = \neg x, b = \neg y$，则前提条件可写为 $\neg x \leqslant f^d(\neg y) = \neg f(\neg\neg y)$.
从而 $f(\neg\neg y) \leqslant \neg\neg f(\neg\neg y) \leqslant \neg\neg x$，由 (f,g) 可构成 Galois 联络知 $\neg\neg y \leqslant g(\neg\neg x)$，
因此，$g^d(\neg x) = \neg g(\neg\neg x) \leqslant \neg y$，即 $g^d(a) \leqslant b$.

（5）由于 $f^d(a) \leqslant f^d(a)$ 显然成立，由（4）便知结论成立.

4.2 代数语义及其完备性

设 $(L, \wedge, \vee, \rightarrow, f, g, 0, 1)$ 为一 HGC-代数，P 为全体原子公式之集，称映射 $v: P \rightarrow L$ 为一赋值映射，按如下方式将其拓展至全体逻辑公式：

$$v(A \wedge B) = v(A) \wedge v(B), \quad v(A \vee B) = v(A) \vee v(B),$$
$$v(A \rightarrow B) = v(A) \rightarrow v(B), \quad v(\neg A) = \neg v(A),$$
$$v(\blacktriangle A) = f(v(A)), \quad v(\nabla A) = g(v(A)).$$

称一个 IntGC 逻辑公式 A 是有效的，若对于任意 HGC-代数 $(L, \wedge, \vee, \rightarrow, f, g, 0, 1)$ 以及任意赋值 $v: F(S) \rightarrow L$，总有 $v(A) = 1$.

定理 4.2.1 每一个可证的 IntGC 逻辑公式都是有效的.

证明 关于直觉命题逻辑中公理有效性的证明可参见文献[27]，在此略去. 以下证明逻辑推理规则（IntGC1）与（IntGC2）保持有效性.

$$\forall A, B \in F(S), v(A \rightarrow \nabla B) = 1 \Leftrightarrow v(A) \rightarrow v(\nabla B) = 1$$
$$\Leftrightarrow v(A) \leqslant g(v(B)) \Leftrightarrow f(v(A)) \leqslant v(B)$$
$$\Leftrightarrow v(\blacktriangle A) \leqslant v(B) \Leftrightarrow v(\blacktriangle A \rightarrow B) = 1.$$

由此易知若 $A \rightarrow \nabla B$ 是逻辑有效公式，则 $\blacktriangle A \rightarrow B$ 也是逻辑有效公式，反之亦然.

为证明完备性，以下采用 Lindenbaum-Tarski 代数方法. 在全体逻辑公式集上定义如下等价关系 $\equiv$：

$$A \equiv B \Leftrightarrow \vdash A \rightarrow B \text{ 且 } \vdash B \rightarrow A.$$

引理 4.2.1 等价关系 $\equiv$ 是全体逻辑公式集上的一个同余关系.

证明 只需证明对于逻辑联结词 $\blacktriangle, \nabla$ 而言成立即可，关于其余逻辑联结词的证明是显然的. 事实上，若 $A \equiv B$，即 $\vdash A \rightarrow B$ 且 $\vdash B \rightarrow A$. 则由定理 4.1.1 知 $\vdash \blacktriangle A \rightarrow \blacktriangle B$ 且 $\vdash \blacktriangle B \rightarrow \blacktriangle A$，$\vdash \nabla A \rightarrow \nabla B$ 且 $\vdash \nabla B \rightarrow \nabla A$，因此，$\blacktriangle A \equiv \blacktriangle B$，$\nabla A \equiv \nabla B$.

对于 IntGC-逻辑公式 A，用 $[A]$ 表示包含逻辑公式 A 的等价类，即 $[A] = \{B \in F(S): A \equiv B\}$．全体等价类之集记作 $F(S)/\equiv$．

因为 $\equiv$ 是一同余关系，可以在全体商集上引入如下运算：

$$[A] \vee [B] = [A \vee B], \quad [A] \wedge [B] = [A \wedge B],$$
$$[A] \rightarrow [B] = [A \rightarrow B], \quad \neg[A] = [\neg A],$$
$$f[A] = [\blacktriangle A], \quad g[A] = [\nabla A],$$
$$0 = [\bot], \quad 1 = [T].$$

定理 4.2.2 商代数 $(F(S)/\equiv, \wedge, \vee, \rightarrow, f, g, 0, 1)$ 可构成一 HGC-代数．

以下也称商代数 $(F(S)/\equiv, \wedge, \vee, \rightarrow, f, g, 0, 1)$ 为 Lindenbaunm Tarski-HGC-代数，定义赋值映射如下：$v^*: P \rightarrow [p]$，可按通常方式将其扩充至全体逻辑公式．用数学归纳法证明对于任意逻辑公式 $A \in F(S), v^*(A) = [A]$．

引理 4.2.2 对于任意 IntGC 逻辑公式 $A \in F(S), \vdash A \Leftrightarrow v^*(A) = 1$．

证明 若 $\vdash A$，则 $\vdash T \rightarrow A$ 且 $\vdash A \rightarrow T$，因此，$A \equiv T, v^*(A) = [A] = [T] = 1$，反之，如果 $v^*(A) = 1$，则 $[A] = [T]$，从而 $\vdash A$．

以下定理给出 IntGC 的代数完备性．

定理 4.2.3 一个 IntGC 逻辑公式是有效的当且仅当它是可证的．

证明 设逻辑公式 A 是可证的，则由定理 4.2.1 知 A 是有效的．反之，若 A 是有效的，则对于任意 HGC-代数 $(L, \wedge, \vee, \rightarrow, f, g, 0, 1)$ 以及任意赋值 $v: F(S) \rightarrow L$，总有 $v(A) = 1$．特别地，对于 Lindenbaunm Tarski-代数 $(F(S)/\equiv, \wedge, \vee, \rightarrow, f, g, 0, 1)$ 以及任意赋值 v^* 而言，$v^*(A) = 1$，由引理 4.2.2 便知 A 是可证的．

4.3 IntGC 的 Kripke 语义及其完备性

在本节中，我们给出 IntGC 的 Kripke 语义，并证明相应的完备性定理．称一个三元组 $(X, \leqslant, R)$ 为一个 Kripke 框架，其中 X 为一个非空集合，$\leqslant$ 为 X 上的一个偏序，R 为 X 上的一个二元关系，且满足如下条件：

(CR) $x \leqslant x', xRy, y' \leqslant y \Rightarrow x'Ry'$．

更具体地，一个 Kripke-框架也可以看作如下一四元组 $(X, \leqslant, R, R^{-1})$，其中 $(X, \leqslant)$ 是直觉逻辑的框架，R 是与 $\blacktriangle$ 所对应的二元关系，R^{-1} 是与 ∇ 所对应的二元关系，且满足 (CR) 条件．

称映射 $\xi: P \times X \rightarrow \{0, 1\}$ 为基于 Kripke 框架 $(X, \leqslant, R)$ 的一个赋值映射，这里

P 是全体原子公式之集，可按如下方式将 $\xi: P \times X \to [0,1]$ 扩充至全体逻辑公式，即有如下映射 $\xi^*: F(S) \times X \to \{0,1\}$：

$$\xi^*(A \wedge B, x) = 1 \Leftrightarrow \xi^*(A, x) = 1 \text{ 且 } \xi^*(B, x) = 1;$$

$$\xi^*(A \vee B, x) = 1 \Leftrightarrow \xi^*(A, x) = 1 \text{ 或 } \xi^*(B, x) = 1;$$

$$\xi^*(A \to B, x) = 1 \Leftrightarrow \text{对于任意满足 } x \leqslant y \text{ 的 } y \in X, \text{有} \xi^*(A, y) \leqslant \xi^*(B, y);$$

$$\xi^*(\neg A, x) = 1 \Leftrightarrow \text{对于任意满足 } x \leqslant y \text{ 的 } y \in X, \text{有} \xi^*(A, y) = 0;$$

$$\xi^*(\blacktriangle A, x) = 1 \Leftrightarrow \exists y \in X, xRy, \xi^*(A, y) = 1;$$

$$\xi^*(\nabla A, x) = 1 \Leftrightarrow \forall y \in X, yRx \Rightarrow \xi^*(A, y) = 1.$$

为方便起见，以下仍将 ξ^* 记作 ξ，称 $(X, \leqslant, R, \xi)$ 为一 Kripke 模型. 称一个 IntGC 逻辑公式 A 在一个 Kripke 模型 $(X, \leqslant, R, \xi)$ 是有效的，若 $\xi(A, x) = 1$ 对于每一个 x 都是成立的；称一个 IntGC 逻辑公式 A 在一个 Kripke 框架 $(X, \leqslant, R)$ 是有效的，若 A 在基于该 Kripke 框架的每一个模型中都是有效的；称 A 是 Kripke 有效的，若 A 在每一个 Kripke 框架中都是有效的.

定理 4.3.1　每一个可证的 IntGC 逻辑公式都是 Kripke 有效的.

证明　只需证明每一个公理都是 Kripke 有效的，且逻辑推理规则保持有效性即可，略去.

为证明 IntGC 关于 Kripke-模型的完备性定理，我们用 IntGC 关于 HGC-代数的完备性定理以及典型框架方法. 在上一节中已经说明，一个 IntGC 逻辑公式 A 是可证的当且仅当对于任意一个 HGC-代数上的任意一个赋值 v，总有 $v(A) = 1$.

给定一 HGC-代数 $(L, \wedge, \vee, \to, f, g, 0, 1)$，可按如下方式构建一典型 Kripke 框架 $(X(L), \leqslant, R)$：

（Kr1）$X(L)$ 是 L 的全体素滤子之集（L 的一个素滤子 F 是满足如下条件的真滤子：$a \vee b \in F \Rightarrow a \in F$ 或 $b \in F$）；

（Kr2）$\forall x, y \in X(L), x \leqslant y \Leftrightarrow x \subseteq y$；

（Kr3）$\forall x, y \in X(L), R$ 按照如下方式定义：

$$xRy \Leftrightarrow (\forall a \in L) a \in y \Rightarrow f(a) \in x.$$

假设 A 不是可证的，只需构造一 Kripke 模型使得 A 不是 Kripke 有效的. 事实上，由于 A 不是可证的，则存在一个 HGC-代数 $(L, \wedge, \vee, \to, f, g, 0, 1)$ 以及一个赋值 v 使得 $v(A) \neq 1$. 对于该 HGC-代数以及赋值映射 v，构造一 Kripke 模型 $(X(L), \leqslant, R, \xi)$ 如下：$(X(L), \leqslant, R)$ 按如上方式（即 (Kr1—Kr3)）定义，

（Kr4）$\xi(A, x) = 1 \Leftrightarrow v(A) \in x$.

我们用如下引理:

引理 4.3.1　$\forall x, y \in X(L), yRx \Leftrightarrow (\forall a \in L) g(a) \in x \Rightarrow a \in y$.

证明　若 yRx，则根据定义知对于任意 $a \in L$，若 $g(a) \in x$，则 $fg(a) \in L$．由于 $fg(a) \leqslant a$ 以及 y 是个滤子，我们有 $a \in y$．

反过来，设 $a \in x$，由 $a \leqslant gf(a)$ 知 $gf(a) \in x$，从而 $f(a) \in y$．因此，yRx．

引理 4.3.2　$(X(L), \leqslant, R)$ 是一个 Kripke 框架．

证明　因为 $\leqslant$ 等同于 $\subseteq$，自然是一个预序，设 $x \leqslant x', xRy, y' \leqslant y$，对于任意 $a \in L$，

$$a \in y' \Rightarrow a \in y \Rightarrow f(a) \in x \Rightarrow f(a) \in x',$$

这意味着 $x'Ry'$，即条件（CR）成立.

以下引理在 IntGC 逻辑关于 Kripke 模型的完备性方面起着重要的作用.

引理 4.3.3（素滤子定理）　设 u 是一个滤子，$a \in L$，如果 $a \notin u$，则存在一个素滤子 x，使得 $u \subseteq x, a \notin x$．

证明　令 $\Gamma = \{v : v$ 是个滤子，$u \subseteq v, a \notin v\}$．因为 $u \in \Gamma$，Γ 非空．对于 Γ 中的每一个链 $\{v_i\}_{i \in I}$，容易证明 $\cup_{i \in I} v_i \in \Gamma$．根据 Zorn 引理[28]，$\Gamma$ 中有一个极大元，不妨记作 x．显然，x 满足 $u \subseteq x, a \notin x$，以下证明 x 是一个素滤子.

不妨设 $b \vee c \in x$，但 $b \notin x, c \notin x$，用 x_b, x_c 分别表示由 $x \cup \{b\}, x \cup \{c\}$ 所生成的滤子，因为 x 是 Γ 中极大元，$x \subset x \cup \{b\} \subseteq x_b$，$x \subset x \cup \{c\} \subseteq x_c$，故 $a \in x_b, a \in x_c$．由生成滤子的定义（见文献[27]）知，存在 $h, k \in x$ 使得 $h \wedge b \leqslant a, k \wedge c \leqslant a$．因为 $h \wedge k \in x$，$b \vee c \in x$，且 HGC-代数 L 是一个分配格，故 $(h \wedge k) \wedge (b \vee c) \in x$，且

$$(h \wedge k) \wedge (b \vee c) = (h \wedge k \wedge b) \vee (h \wedge k \wedge c) \leqslant (h \wedge b) \vee (k \wedge c) \leqslant a \vee a = a.$$

因此 $a \in x$，这是一个矛盾！从而 $b \in x$ 或者 $c \in x$，故 x 是一个素滤子.

引理 4.3.4　设 x 是一个滤子，若 $a \to b \notin x$，则存在一个素滤子 y，使得 $x \subseteq y$ 且 $a \in y, b \notin y$．

证明　令 $\Gamma = \{c \in L : a \to c \in x\}$，因为 $a \to a = 1 \in x$，我们有 $a \in \Gamma$，以下首先说明 Γ 是一个滤子．如果 $c \in \Gamma$ 且 $d \in \Gamma$，即 $a \to c \in x$，$a \to d \in x$，则 $a \to c \wedge d = (a \to c) \wedge (a \to d) \in x$，从而 $c \wedge d \in \Gamma$．另一方面，如果 $c \in \Gamma$ 且 $c \leqslant d$，则由 $a \to c \leqslant a \to d$ 知 $a \to d \in x, d \in \Gamma$．因此，$\Gamma$ 是一个滤子.

根据素滤子定理（即引理 4.3.3），存在一个素滤子 y 使得 $\Gamma \subseteq y, b \notin y$．对于任意 $c \in x$，由 $c \to (a \to c) = 1 \in x$ 知 $a \to c \in x$，这说明 $c \in \Gamma$，从而 $x \subseteq \Gamma \subseteq y$．此外，由 $a \in \Gamma$ 可知 $a \in y$．

在下文讨论中，称一个非空集 $u \subseteq L$ 为余滤子，若对于任意 $a, b \in L$，由 $a \vee b \in L$ 可推出 $a \in L$ 或者 $b \in L$. 以下引理源自文献[29].

引理 4.3.5　设 x 为一个滤子，u 是一个余滤子，且 $x \subseteq u$，则存在一个素滤子 y 使得 $x \subseteq y \subseteq u$.

证明　令 $\Gamma = \{z : z$ 是一个滤子，且 $x \subseteq z \subseteq u\}$，$\Gamma$ 显然非空，因为 $x \in \Gamma$.

根据 Zorn 引理，存在 Γ 中一极大元 $y \in \Gamma$，因此，$x \subseteq y \subseteq u$，$y$ 是一个滤子，以下说明 y 是一个素滤子.

利用反证法：假设存在元素 $a, b \in L, a \vee b \in L$，但是 $a \notin L$ 且 $b \notin L$. 令 y_a, y_b 为由 $y \cup \{a\}, y \cup \{b\}$ 所生成的滤子. 因为 y 是极大的，且 $y \subseteq y \cup \{a\}$，$y \subseteq y \cup \{b\}$，我们有 $y_a \nsubseteq u, y_b \nsubseteq u$. 因此，存在 $c \in y_a, d \in y_b$ 使得 $c \notin u, d \notin u$. 因为 u 是一个余滤子，故 $c \vee d \notin u$. 另一方面，由 $c \in y_a, d \in y_b$ 知，存在 $h, k \in y$ 使得 $h \wedge a \leqslant c$，$k \wedge b \leqslant d$，从而

$$(h \wedge k) \wedge (a \vee b) = (h \wedge k \wedge a) \vee (h \wedge k \wedge b) \leqslant (h \wedge a) \vee (k \wedge b) \leqslant c \vee d.$$

因为 $h \wedge k \in y, a \vee b \in y$，我们有 $c \vee d \in y \subseteq u$，这是一个矛盾！因此，$a \in L$ 或者 $b \in L$，L 是一个素滤子.

以下说明 IntGC 关于 Kripke 模型 $(X(L), \leqslant, R, \xi)$ 的完备性定理.

引理 4.3.6　对于任意 $x \in X(L)$ 以及 $A \in F(S)$，$\xi(A, x) = 1 \Leftrightarrow v(A) \in x$.

证明　以下通过对公式长度进行归纳证明，仅对 $A \to B, \blacktriangle A$ 两种情形给出证明. 其余可类似给出.

(i) 设 $x \in X(L)$ 是一个素滤子，如果 $v(A \to B) = v(A) \to v(B) \notin x$，则由引理 4.2.5 知存在一个素滤子 $y \in X(L)$ 使得 $x \subseteq y$，$v(A) \in y$，$v(B) \notin y$. 根据归纳假设知 $\xi(A, y) = 1, \xi(B, y) = 0$. 然而，结合 $x \subseteq y$（从而 $x \leqslant y$）知，$\xi(A \to B, x) = 0$，与前提矛盾！

反过来，若 $\xi(A \to B, x) = 0$，则存在一个素滤子 $y \in X(L)$ 使得 $x \leqslant y$，$\xi(A, y) = 1$，$\xi(B, y) = 0$. 由归纳假设知 $v(A) \in y$，$v(B) \notin y$，这意味着 $v(A \to B) = v(A) \to v(B) \notin y$. 因为如果 $v(A \to B) = v(A) \to v(B) \in y$，结合 $v(A) \in y$ 可得 $v(A) \wedge (v(A) \to v(B)) \in y$，再由 $v(A) \wedge (v(A) \to v(B)) \leqslant v(B)$ 知 $v(B) \in y$，这是一个矛盾！由 $v(A \to B) \notin y$ 以及 $x \subseteq y$ 知 $v(A \to B) \notin x$.

(ii) 若 $\xi(\blacktriangle A, x) = 1$，则存在 $y \in X(L)$ 使得 $xRy, \xi(A, y) = 1$，由归纳假设知 $v(A) \in y$. 结合 xRy 便知 $f(v(A)) = v(\blacktriangle A) \in x$.

反过来，设 $v(\blacktriangle A)\in x$，显然，$\uparrow v(A)=\{a\in L:v(A)\leqslant a\}$ 是一个滤子，此外，由 x 是素滤子以及 f 是一个保并映射（引理 4.1.1）知，$f^{-1}(x)=\{b\in L:f(b)\in x\}$ 是一个余滤子. 任取 $a\in\uparrow v(A)$，由 $v(A)\leqslant a$ 知 $f(v(A))\leqslant f(a)$，再结合 $f(v(A))=v(\blacktriangle A)\in x$ 可得 $f(a)\in x$，即 $a\in f^{-1}(x)$，这说明 $\uparrow v(A)\subseteq f^{-1}(x)$. 根据引理 4.2.5 知，存在一个素滤子 $y\in X(L)$ 使得 $\uparrow v(A)\subseteq y\subseteq f^{-1}(x)$. 由 $v(A)\in\uparrow v(A)$ 知 $v(A)\in y$，根据归纳假设知 $\xi(A,y)=1$. 此外，由于 $y\subseteq f^{-1}(x)$，对于任意 $a\in y$，有 $a\in f^{-1}(x)$，即 $f(a)\in x$，因此，xRy，综合以上可知存在 $y\in X(L),xRy$ 且 $\xi(A,y)=1$，故 $\xi(\blacktriangle A,x)=1$.

以下给出完备性定理.

定理 4.3.2 一个 IntGC 逻辑公式是可证的当且仅当该逻辑公式是 Kripke 有效的.

证明 前面已证明所有的可证 IntGC 逻辑公式都是 Kripke 有效的. 反过来，如果一个逻辑公式不是可证的，则存在一个 HGC-代数 L 以及一个赋值 v 使得 $v(A)\neq 1$，由 L 和 v 出发，我们构建一个典型框架 $(X(L),\leqslant,R)$ 及其 Kripke 模型 $(X(L),\leqslant,R,\xi)$，根据素滤子定理（即，引理 4.3.3），存在一个素滤子 $x\in X(L)$ 使得 $v(A)\notin x$，由引理 4.3.6 可知 A 不是 Kripke 有效的.

以下定理说明 IntGC 关于含有非自反二元关系的 Kripke 模型与框架而言是完备的.

定理 4.3.3 一个 IntGC 公式是可证的当且仅当它在每一个非自反的 Kripke 模型中都是有效的.

证明 对于每一个 Kripke 模型 $(X,\leqslant,R,\xi)$，我们按照如下方式构造一个新的 Kripke 模型 $(X^*,\leqslant^*,R^*,\xi^*)$. X^* 满足如下条件：对于 X 中每一元素 $x\in X$，在 X^* 中有两个与此相对应的不同的元素 x^l 与 x^r，$\leqslant^*$ 定义如下：若 $x\leqslant y$ 在 X 中成立，则 $x'\leqslant^* y'$ 对于任意 $x'\in\{x^l,x^r\}$ 与 $y'\in\{y^l,y^r\}$ 都成立.

R^* 定义如下：若 $(x,x)\in R$，则 $(x^l,x^r)\in R^*$，$(x^r,x^l)\in R^*$；若 $(x,x)\notin R$，则 $(x^l,x^r)\notin R^*$，$(x^r,x^l)\notin R^*$，因此，对于任意 $x\in X$，总有 $(x^l,x^l)\notin R^*$，$(x^r,x^r)\notin R^*$. 对于 X 中满足 xRy 的两个不同的元素 x,y，我们令 $x'R^*y'$ 对于任意 $x'\in\{x^l,x^r\}$ 与 $y'\in\{y^l,y^r\}$ 都成立. 显然，R^* 是非自反的.

由于 $\leqslant$ 和 R 满足 CR 条件，容易验证以下条件：

$$x\leqslant^* x',xR^*y \text{ 以及 } y'\leqslant^* y \text{ 蕴涵 } x'R^*y'$$

是满足的. 因此, $(X^*, \leqslant^*, R^*)$ 是一 Kripke 框架, 且 R^* 是非自反的.

对于任意赋值映射 $\xi\colon F(S) \times X \to \{0,1\}$, 定义 $\xi^*\colon F(S) \times X^* \to \{0,1\}$ 如下: 对于任意 $A \in F(S), x \in X, \xi^*(A, x^r) = \xi^*(A, x^l) = \xi(A, x)$.

如果一个 IntGC 公式 A 是可证的, 则它在每一个 Kripke 模型中都是有效的, 自然地, 该逻辑公式在每一个非自反的 Kripke 模型中也是有效的. 反过来, 假设 A 不是可证的, 则存在一个 Kripke 模型 $(X, \leqslant, R, \xi)$ 使得 $\xi(A, x) = 0$ 对于某个 $x \in X$ 成立. 根据如上构造, 我们可得一含有非自反二元关系 R^* 的 Kripke 模型 $(X^*, \leqslant^*, R^*, \xi^*)$, 且 $\xi^*(A, x^r) = \xi^*(A, x^l) = \xi(A, x) = 0$, 因此, A 在该非自反的 Kripke 模型中不是有效的.

4.4　IntGC 的有限模型性质及其可判定性

在本节中, 我们将说明 IntGC 具有有限模型性质, 即, 若逻辑公式 A 在 IntGC 中是不可证的, 则存在一有限 Kripke 模型使得 A 在该模型中不是有效的.

设 A 为一个不可证的 IntGC 逻辑公式, 则根据定理 4.3.2, 存在一个 Kripke 模型 $(X, \leqslant, R, \xi)$, A 在该模型中不是有效的. 令 Φ^* 是 A 的所有逻辑子公式之集, 容易验证 Φ^* 关于子公式而言是封闭的, 即如果 $B \in \Phi^*$, C 是 B 的子公式, 则 $C \in \Phi^*$.

在 X 上定义如下二元关系 $\sim$:

$x \sim y$ 当且仅当对于任意 $B \in \Phi^*, \xi(B, x) = \xi(B, y)$.

显然, 该二元关系为一等价关系. 令 $[x] = \{y \in X : x \sim y\}$, $X^* = \{[x] : x \in X\}$, 定义 $\leqslant^*, R^*$ 以及 $\xi^*\colon \Phi^* \times X^* \to \{0,1\}$ 如下:

$[x] \leqslant^* [y]$ 当且仅当 $\forall B \in \Phi^*, \xi(B, x) \leqslant \xi(B, y)$;

$[x] R^* [y]$ 当且仅当存在 $a \in [x], b \in [y], aRb$,

$$\xi^*(A, [x]) = \begin{cases} \xi(A, x), & A \in \Phi^*, \\ 1, & \text{其他}. \end{cases}$$

称 Kripke 模型 $(X^*, \leqslant^*, R^*, \xi^*)$ 为一 Φ^* 滤化. 显然, 由于 Φ^* 是有限的, X^* 也是有限的. 因此, $(X^*, \leqslant^*, R^*, \xi^*)$ 是一有限 Kripke 模型.

引理 4.4.1　对于任意 $A \in \Phi^*$ 以及 $x \in X$, $\xi^*(A, [x]) = \xi(A, x)$.

证明　对公式进行归纳证明. 以下我们只考虑 $\nabla B \in \Phi^*$ 情形, 其他均可类似证明.

若 $\xi^*(\nabla B,[x])=1$ 对于某个 $x\in X$ 成立，以下证明 $\xi(\nabla B,x)=1$．设 yRx，则 $[y]R^*[x]$，由 $\xi^*(\nabla B,[x])=1$ 知 $\xi^*(B,[y])=1$，由归纳假设知 $\xi(B,y)=1$，因此，$\xi(\nabla B,x)=1$．

反过来，若 $\xi(\nabla B,x)=1$ 对于某个 $x\in X$ 成立，以下将说明 $\xi^*(\nabla B,[x])=1$．若 $[y]R^*[x]$，存在 $b\in[y],a\in[x]$ 使得 bRa．因为 $a\sim x$，我们有 $\xi(\nabla B,a)=1$，结合 bRa 可得 $\xi(B,b)=1$．由于 $b\sim y$，故 $\xi(B,y)=1$，根据归纳假设知 $\xi^*(B,[y])=1$，因此，$\xi^*(\nabla B,[x])=1$．

根据如上引理，可得如下定理.

定理 4.4.1　IntGC 具有有限模型性质.

证明　假设一个 IntGC 逻辑公式 A 是不可证的，则存在一 Kripke 模型 $(X,\leqslant,R,\xi)$ 以及 $x\in X$ 使得 $\xi(A,x)=0$，而引理 4.4.1 意味着同样的结论对于有限的 Φ^* 滤化 $\left(X^*,<^*,R^*,\xi^*\right)$ 也是成立的，即 $\xi^*\left(A,[x]\right)=0$．

现已证明一个 IntGC 公式 A 是可证的当且仅当其在任何一个 Kripke 模型中都是有效的，且逻辑 IntGC 具有有限模型性质，因此我们可以得到如下更强的完备性定理.

推论 4.4.1（完备性定理Ⅲ）　一个 IntGC 公式是可证的当且仅当该公式在任何一个有限 Kripke 模型中都是有效的.

4.5　本　章　小　结

本章在第 3 章的基础之上，进一步将基于 Galois 联络的认知逻辑推广至直觉定理逻辑中．在直觉定理逻辑的公理集以及推理规则集的基础之上，添加了两条能模仿 Galois 联络的推理规则．给出了其 Kripke 语义及代数语义，并证明了其完备性定理．此外，证明了 IntGC 的有限模型性质、可判定性等逻辑性质.

与第 3 章相似的是，本章所介绍的基于 Galois 联络的直觉认知逻辑与直觉时序逻辑[30, 31]、直觉模态逻辑[22]理应有十分密切的联系，值得继续深入探索．此外，我们也可以在不同的逻辑环境（比如多值逻辑、模糊逻辑等）下考虑概念认知及其推理问题.

第5章 概念认知的双向学习机制

概念是思维的基本形式,是通过对象和属性之间关系刻画客观事物的一般的、本质的特征的基本单元. 概念认知描述了从对象判断属性、从属性认识对象的学习过程,目前被广泛应用于机器学习、规则提取、信息检索等领域. 本章讨论了模糊形式背景下的概念认知模型,并通过分析三种模糊信息粒之间的关系提出双向学习机制,主要包括三部分内容:① 通过两对学习算子,定义模糊数据的概念格;② 提出模糊数据的双向学习系统,并讨论这个学习系统中的模糊信息粒;③ 通过分析模糊信息粒之间的关系,结合粒计算理论给出模糊数据双向学习机制.

5.1 模糊数据的概念格

概念格是对概念和概念层次的数学化表达,能够通过对象和属性间形成的二元关系刻画概念之间的层次联系. 但是,经典的概念格理论是基于形式背景构建的,不能精确刻画模糊数据背景下对象与属性之间的联系. 在本节,我们给出了模糊形式背景的定义,并根据两对学习算子构建概念格.

定义 5.1.1 在模糊数据中,模糊形式背景为三元组 $(U, A, \tilde{I})$,

(1) U 是对象集, $U = \{x_1, x_2, \cdots, x_n\}$;

(2) $A = \{a_1, a_2, \cdots, a_m\}$ 是属性集, $a_j (1 \leqslant j \leqslant m)$ 称为一个属性;

(3) $\tilde{I} = \left\{ \langle (x, a), u_{\tilde{I}}(x, a) \rangle \mid (x, a) \in U \times A \right\}, u_{\tilde{I}} : U \times A \to [0, 1]$.

$\tilde{I}$ 的补集用 $\sim \tilde{I} = \left\{ \langle (x, a), 1 - u_{\tilde{I}}(x, a) \rangle \mid (x, a) \in U \times A \right\}$ 表示. 所有 $\tilde{I}(x, a)$ 构成的集合用 $\mathcal{V} = \left\{ \tilde{I}(x, a) \mid x \in U, a \in A \right\}$ 表示.

在一个模糊形式背景 $(U, A, \tilde{I})$ 中,对于 $X \subseteq U$ 和 $B \subseteq A$,我们称 $(X, \tilde{B})$ 是模糊信息粒.

在一个模糊形式背景 $(U, A, \tilde{I})$ 中, L^A 表示定义在 A 上的所有模糊集的集合, $\tilde{B} \in L^A$, $\tilde{B}(b)$ 表示属性 b 被对象拥有的程度. 令 $X \subseteq U, B, C \subseteq A$ 且 $\tilde{B}, \tilde{C} \in L^A$. 一对算子被定义为

$$X^* = \tilde{A} = \left\{\langle a, u_{\tilde{X}}(a)\rangle \mid a \in A\right\},$$

其中 $u_{\tilde{X}}(a) = \wedge_{x \in X} u_{\tilde{I}}(x, a)$. 我们规定 $\varnothing^* = \tilde{C} = \left\{\langle a, 0\rangle \mid a \in A\right\}$. 定义

$$\tilde{B}^* = \left\{x \in U \mid \tilde{I}(x, b) \geqslant \tilde{B}(b), \forall b \in B\right\},$$

其中 $\tilde{I}(x, b) \in \mathcal{V}$. 如果 $b \notin B$，则 $\tilde{B}(b) = 0$.

对于任意 $B \subseteq A$，定义 $U^B = \left\{\tilde{B} \mid \tilde{B}(b) = \tilde{I}(x, b), x \in U, b \in B\right\}$.

设 $(U, A, \tilde{I})$ 是模糊形式背景，$X_1, X_2, X \subseteq U, B_1, B_2, B \subseteq A$，以上两个算子满足如下性质：

（1）$X_1 \subseteq X_2 \Rightarrow X_2^* \subseteq X_1^*, \tilde{B}_1 \subseteq \tilde{B}_2 \Rightarrow \tilde{B}_2^* \subseteq \tilde{B}_1^*$；

（2）$X \subseteq X^{**}, \tilde{B} \subseteq \tilde{B}^{**}$；

（3）$X^* = X^{***}, \tilde{B}^* = \tilde{B}^{***}$；

（4）$X \subseteq \tilde{B}^* \Leftrightarrow \tilde{B} \subseteq X^*$；

（5）$(X_1 \cup X_2)^* = X_1^* \cap X_2^*, (\tilde{B}_1 \cup \tilde{B}_2)^* = \tilde{B}_1^* \cap \tilde{B}_2^*$；

（6）$(X_1 \cap X_2)^* \supseteq X_1^* \cup X_2^*, (\tilde{B}_1 \cap \tilde{B}_2)^* \supseteq \tilde{B}_1^* \cup \tilde{B}_2^*$.

对于 $X \subseteq U, B \subseteq A$，如果 $X^* = \tilde{B}$ 且 $X = \tilde{B}^*$，那么 $(X, \tilde{B})$ 称为模糊概念. X 和 $\tilde{B}$ 分别称为 $(X, \tilde{B})$ 的外延和内涵. 显然 (X^{**}, X^*) 和 $(\tilde{B}^*, \tilde{B}^{**})$ 为模糊概念.

概念格 $\tilde{L}(U, A, \tilde{I})$ 是模糊形式背景中所有模糊概念的集合，并且 $(X_1, \tilde{B}_1) \leqslant (X_2, \tilde{B}_2) \Leftrightarrow X_1 \subseteq X_2 \Leftrightarrow \tilde{B}_2 \subseteq \tilde{B}_1$，这里 $(X_1, \tilde{B}_1)$ 和 $(X_2, \tilde{B}_2)$ 都是模糊概念，$(X_1, \tilde{B}_1)$ 叫做 $(X_2, \tilde{B}_2)$ 的子概念，$(X_2, \tilde{B}_2)$ 叫做 $(X_1, \tilde{B}_1)$ 的父概念.

如果 $(X_1, \tilde{B}_1)$ 和 $(X_2, \tilde{B}_2)$ 是两个模糊概念，那么 $\left(X_1 \cap X_2, (\tilde{B}_1 \cup \tilde{B}_2)^{**}\right)$ 和 $\left((X_1 \cup X_2)^{**}, \tilde{B}_1 \cap \tilde{B}_2\right)$ 也是模糊概念. 在如上偏序关系下，全体模糊概念构成概念格，其上、下确界分别为

$$(X_1, \tilde{B}_1) \vee (X_2, \tilde{B}_2) = \left((X_1 \cup X_2)^{**}, \tilde{B}_1 \cap \tilde{B}_2\right),$$

$$(X_1, \tilde{B}_1) \wedge (X_2, \tilde{B}_2) = \left(X_1 \cap X_2, (\tilde{B}_1 \cup \tilde{B}_2)^{**}\right).$$

任意两个模糊概念都有上、下确界，因此 $\tilde{L}(U, A, \tilde{I})$ 是完备格.

例 5.1.1 给定一个模糊数据集（表 5.1.1），模糊形式背景 $(U, A, \tilde{I})$，$U = \{x_1, x_2, x_3, x_4\}$ 且 $A = \{a, b, c, d, e\}$.

表 5.1.1　模糊数据集

U	a	b	c	d	e
x_1	0.9	0.7	0.2	0.9	0.8
x_2	0.8	0.8	0.8	0.3	0.2
x_3	0.1	0.2	0.1	0.8	0.2
x_4	0.7	0.8	0.7	0.2	0.2

由这个模糊数据集，可以计算出这个模糊形式背景 $\left(U, A, \tilde{I}\right)$ 的所有模糊概念：

$$\left(\varnothing, \{\langle a,1\rangle, \langle b,1\rangle, \langle c,1\rangle, \langle d,1\rangle, \langle e,1\rangle\}\right);$$
$$\left(\{x_1\}, \{\langle a,0.9\rangle, \langle b,0.7\rangle, \langle c,0.2\rangle, \langle d,0.9\rangle, \langle e,0.8\rangle\}\right);$$
$$\left(\{x_2\}, \{\langle a,0.8\rangle, \langle b,0.8\rangle, \langle c,0.8\rangle, \langle d,0.3\rangle, \langle e,0.2\rangle\}\right);$$
$$\left(\{x_1,x_2\}, \{\langle a,0.8\rangle, \langle b,0.7\rangle, \langle c,0.2\rangle, \langle d,0.3\rangle, \langle e,0.2\rangle\}\right);$$
$$\left(\{x_1,x_3\}, \{\langle a,0.1\rangle, \langle b,0.2\rangle, \langle c,0.1\rangle, \langle d,0.8\rangle, \langle e,0.2\rangle\}\right);$$
$$\left(\{x_2,x_4\}, \{\langle a,0.7\rangle, \langle b,0.8\rangle, \langle c,0.7\rangle, \langle d,0.2\rangle, \langle e,0.2\rangle\}\right);$$
$$\left(\{x_1,x_2,x_3\}, \{\langle a,0.1\rangle, \langle b,0.2\rangle, \langle c,0.1\rangle, \langle d,0.3\rangle, \langle e,0.2\rangle\}\right);$$
$$\left(\{x_1,x_2,x_4\}, \{\langle a,0.7\rangle, \langle b,0.7\rangle, \langle c,0.2\rangle, \langle d,0.2\rangle, \langle e,0.2\rangle\}\right);$$
$$\left(U, \{\langle a,0.1\rangle, \langle b,0.2\rangle, \langle c,0.1\rangle, \langle d,0.2\rangle, \langle e,0.2\rangle\}\right).$$

在这个模糊形式背景中，给定一个对象集 $X = \{x_1, x_2, x_4\}$ 和一个模糊属性集 $\tilde{B} = \{\langle a,0.7\rangle, \langle b,0.8\rangle, \langle c,0.7\rangle, \langle d,0.1\rangle\} \in \mathcal{F}(B)$，其中 $B = \{a,b,c,d\} \subseteq A$，则

$$\tilde{B}^* = \{x_2, x_4\},$$
$$X^* = \{\langle a,0.7\rangle, \langle b,0.7\rangle, \langle c,0.2\rangle, \langle d,0.2\rangle, \langle e,0.2\rangle\}.$$

5.2　双向学习系统和信息粒

在本节，我们提出模糊数据的双向学习系统，讨论这个学习系统中的模糊信息粒. 首先我们提出一对对象和模糊属性之间的对偶算子来构建一个新的学习系统，也就是模糊数据的双向学习系统. 设 L 是一个格，0_L 和 1_L 分别是零元和单位元.

定义 5.2.1   设 L_1 和 $\tilde{L}_2$ 分别是完备格和模糊完备格，对于任意的 $a_1, a_2 \in L_1$，$\tilde{\mathcal{F}}: L_1 \to \tilde{L}_2$ 是一个模糊算子，对于任意的 $\tilde{b}_1, \tilde{b}_2 \in \tilde{L}_2$，$\mathcal{P}: \tilde{L}_2 \to L_1$ 是一个算子．我们称 $\tilde{\mathcal{F}}$ 和 $\mathcal{P}$ 是一对对偶学习算子，如果它们满足

（1）$\tilde{\mathcal{F}}\left(0_{L_1}\right) = 1_{\tilde{L}_2}$，$\tilde{\mathcal{F}}\left(1_{L_1}\right) = 0_{\tilde{L}_2}$；

（2）$\tilde{\mathcal{F}}\left(a_1 \vee a_2\right) = \tilde{\mathcal{F}}\left(a_1\right) \wedge \tilde{\mathcal{F}}\left(a_2\right)$；

（3）$\mathcal{P}\left(0_{\tilde{L}_2}\right) = 1_{L_1}$，$\mathcal{P}\left(1_{\tilde{L}_2}\right) = 0_{L_1}$；

（4）$\mathcal{P}\left(\tilde{b}_1 \vee \tilde{b}_2\right) = \mathcal{P}\left(\tilde{b}_1\right) \wedge \mathcal{P}\left(\tilde{b}_2\right)$．

定义 5.2.2   一个四元组 $\left(L_1, \tilde{L}_2, \tilde{\mathcal{F}}, \mathcal{P}\right)$ 是模糊数据的一个双向学习系统，如果以上两个算子 $\tilde{\mathcal{F}}$ 和 $\mathcal{P}$ 满足

（1）$\mathcal{P} \circ \tilde{\mathcal{F}}(a) \geqslant a$；

（2）$\tilde{\mathcal{F}} \circ \mathcal{P}(\tilde{b}) \geqslant \tilde{b}$．

在此，$\mathcal{P} \circ \tilde{\mathcal{F}}(a)$ 也可表示为 $\mathcal{P}\tilde{\mathcal{F}}(a)$，$\tilde{\mathcal{F}} \circ \mathcal{P}(\tilde{b})$ 也可表示为 $\tilde{\mathcal{F}}\mathcal{P}(\tilde{b})$．

需要指出的是 $L_1 = \left(\cap, \cup, \sim, P(U)\right)$，$L_2 = \left(\wedge, \vee, \sim, \mathcal{F}(A)\right)$．根据以上定义，模糊算子 $\tilde{\mathcal{F}}$ 和算子 $\mathcal{P}$ 刻画的是模糊数据的双向学习系统中的对象和模糊属性之间的关系．

性质 5.2.1   对于任意的 $a_1, a_2 \in L_1$ 和 $\tilde{b}_1, \tilde{b}_2 \in \tilde{L}_2$，模糊数据集中双向学习系统有如下性质：

（1）如果 $a_1 \leqslant a_2$，那么 $\tilde{\mathcal{F}}\left(a_2\right) \leqslant \tilde{\mathcal{F}}\left(a_1\right)$；

（2）如果 $\tilde{b}_1 \leqslant \tilde{b}_2$，那么 $\mathcal{P}\left(\tilde{b}_2\right) \leqslant \mathcal{P}\left(\tilde{b}_1\right)$；

（3）$\tilde{\mathcal{F}}\left(a_1\right) \vee \tilde{\mathcal{F}}\left(a_2\right) \leqslant \tilde{\mathcal{F}}\left(a_1 \wedge a_2\right)$；

（4）$\mathcal{P}\left(\tilde{b}_1\right) \vee \mathcal{P}\left(\tilde{b}_2\right) \leqslant \mathcal{P}\left(\tilde{b}_1 \wedge \tilde{b}_2\right)$；

（5）$\tilde{b} \leqslant \tilde{\mathcal{F}}(a) \Leftrightarrow a \leqslant \mathcal{P}(\tilde{b})$，$\tilde{\mathcal{F}}(a) \leqslant \tilde{b} \Leftrightarrow \mathcal{P}(\tilde{b}) \leqslant a$；

（6）对于任意的 $a \in L_1$，$\tilde{\mathcal{F}} \circ \mathcal{P} \circ \tilde{\mathcal{F}}(a) = \tilde{\mathcal{F}}(a)$；

（7）对于任意的 $\tilde{b} \in \tilde{L}_2$，$\mathcal{P} \circ \tilde{\mathcal{F}} \circ \mathcal{P}(\tilde{b}) = \mathcal{P}(\tilde{b})$．

证明   （1）—（5）能够由定义 5.2.1 直接得到．

性质（6）：从（1）和 $\mathcal{P} \circ \tilde{\mathcal{F}}(a) \geqslant a$，我们能够得到 $\tilde{\mathcal{F}}(a) \geqslant \tilde{\mathcal{F}} \circ \mathcal{P} \circ \tilde{\mathcal{F}}(a)$．反过来，由 $\tilde{\mathcal{F}} \circ \mathcal{P}(\tilde{b}) \geqslant \tilde{b}$，若假设 $\tilde{b} = \tilde{\mathcal{F}}(a)$，则我们得到 $\tilde{\mathcal{F}} \circ \mathcal{P} \circ \tilde{\mathcal{F}}(a) \geqslant \tilde{\mathcal{F}}(a)$．这样 $\tilde{\mathcal{F}} \circ \mathcal{P} \circ \tilde{\mathcal{F}}(a) = \tilde{\mathcal{F}}(a)$．

性质（7）能够用类似于（6）的方式证明.

设 $(U, A, \tilde{I})$ 是模糊数据的模糊形式背景. 如果 $L_1 = P(U)$ 且 $\tilde{L}_2 = P(\tilde{A})$, 那么算子 $(*, *)$ 是 $(U, A, \tilde{I})$ 的一对对偶学习算子.

从以上讨论中可知, 一个模糊数据集可以视为双向学习过程中的对象和模糊属性之间的关系. 为了更加充分地理解这个双向学习过程, 我们必须找到与定义 5.2.1 一致的学习算子. 事实上, 这些算子就是模糊形式背景中的 *.

在以上章节中, 我们确定了一对对象和模糊属性之间的对偶学习算子. 当我们使用这两个对偶算子的时候, 能够得到对象和它的模糊属性之间的关系. 如果对象与它的模糊属性是一致的, 我们可以掌握这个对象的本质特征. 机器都是从未知开始获取知识的. 未知对象的充分或者必要属性能够通过这两个算子得到. 接下来, 我们将在学习模糊信息粒中运用这两个算子讨论对象和模糊属性之间的关系.

首先, 给出模糊数据的双向学习系统的模糊信息粒的定义, 我们用 $(a, \tilde{b})$ 表示一个模糊信息粒, 其中 a 是对象集, $\tilde{b}$ 是模糊属性集.

定义 5.2.3 $L_1 = P(U)$ 是完备格, $\tilde{L}_2 = P(\tilde{A})$ 是模糊完备格. $\tilde{\mathcal{F}}, \mathcal{P}$ 是一对对偶学习算子. $(L_1, \tilde{L}_2, \tilde{\mathcal{F}}, \mathcal{P})$ 是模糊数据的双向学习系统. 对于任意的 $a \in L_1$, $\tilde{b} \in \tilde{L}_2$,

$$\mathcal{G}_1 = \left\{ (a, \tilde{b}) \mid \tilde{b} \leqslant \tilde{\mathcal{F}}(a), a \leqslant \mathcal{P}(\tilde{b}) \right\},$$
$$\mathcal{G}_2 = \left\{ (a, \tilde{b}) \mid \tilde{\mathcal{F}}(a) \leqslant \tilde{b}, \mathcal{P}(\tilde{b}) \leqslant a \right\}.$$

如果 $(a, \tilde{b}) \in \mathcal{G}_1$, 那么 $(a, \tilde{b})$ 是这个双向学习系统中的必要模糊信息粒, $\tilde{b}$ 是对象 a 的必要模糊属性. 同时, $\mathcal{G}_1$ 是这个模糊数据的双向学习系统的必要模糊信息粒集合.

如果 $(a, \tilde{b}) \in \mathcal{G}_2$, 那么 $(a, \tilde{b})$ 是这个双向学习系统中的充分模糊信息粒, $\tilde{b}$ 是对象 a 的充分模糊属性. 同时, $\mathcal{G}_2$ 是这个模糊数据的双向学习系统的充分模糊信息粒集合.

如果 $(a, \tilde{b}) \in \mathcal{G}_1 \cap \mathcal{G}_2$, 也就是说 $\tilde{b} = \tilde{\mathcal{F}}(a)$ 且 $a = \mathcal{P}(\tilde{b})$, 那么 $(a, \tilde{b})$ 是这个双向学习系统中的充要模糊信息粒, $\tilde{b}$ 是对象 a 的充要模糊属性.

如果 $(a, \tilde{b}) \in \mathcal{G}_1 \cup \mathcal{G}_2$, 那么 $(a, \tilde{b})$ 是这个双向学习系统中的模糊信息粒, 且 $\mathcal{G}_1 \cup \mathcal{G}_2$ 是模糊数据集中的模糊信息粒集合.

如果 $(a, \tilde{b}) \notin \mathcal{G}_1 \cup \mathcal{G}_2$，那么 $(a, \tilde{b})$ 是这个双向学习系统中的不协调模糊信息粒.

从以上的定义可以看出，充要模糊信息粒都是学习系统中的模糊概念. 事实上，这些模糊概念也是机器学习过程中的目标. 在模糊数据中，首先学习得到必要模糊信息粒或者充分模糊信息粒. 我们可以通过已知的模糊信息粒，逐渐学习得到充要模糊信息粒，即得到模糊概念.

设 $(U, A, \tilde{I})$ 是模糊形式背景. 如果 $L_1 = P(U)$ 且 $\tilde{L}_2 = P(\tilde{A})$，那么对于任意的 $X \in L_1$ 和 $\tilde{B} \in \tilde{L}_2$，如下结论成立：

（1）如果 $X^* \supseteq \tilde{B}, \tilde{B}^* \supseteq X$，那么 $\tilde{B}$ 是 X 的一个必要模糊属性；

（2）如果 $X^* \subseteq \tilde{B}, \tilde{B}^* \subseteq X$，那么 $\tilde{B}$ 是 X 的一个充分模糊属性.

根据以上讨论，我们可以通过双向学习过程逐渐理解充分或者必要模糊属性.

性质 5.2.2 设 $(L_1, \tilde{L}_2, \tilde{\mathcal{F}}, \mathcal{P})$ 是模糊数据的双向学习系统，$\mathcal{G}_1$ 是这个双向学习系统的必要模糊信息粒的集合. 如果 $\wedge$ 和 $\vee$ 定义在 $\mathcal{G}_1$ 上并且

$$(a_1, \tilde{b}_1) \wedge (a_2, \tilde{b}_2) = (a_1 \wedge a_2, \tilde{\mathcal{F}} \circ \mathcal{P}(\tilde{b}_1 \vee \tilde{b}_2)),$$

$$(a_1, \tilde{b}_1) \vee (a_2, \tilde{b}_2) = (\mathcal{P} \circ \tilde{\mathcal{F}}(a_1 \vee a_2), \tilde{b}_1 \wedge \tilde{b}_2),$$

那么 $(\mathcal{G}_1, \leqslant)$ 对于算子 $\wedge$ 和 $\vee$ 是封闭的.

证明 假设 $(a_1, \tilde{b}_1), (a_2, \tilde{b}_2) \in \mathcal{G}_1$，则

$$\tilde{b}_1 \leqslant \tilde{\mathcal{F}}(a_1), \quad \tilde{b}_2 \leqslant \tilde{\mathcal{F}}(a_2),$$

$$a_1 \leqslant \mathcal{P}(\tilde{b}_1), \quad a_2 \leqslant \mathcal{P}(\tilde{b}_2).$$

并且 $a_1 \wedge a_2 \leqslant \mathcal{P}(\tilde{b}_1) \wedge \mathcal{P}(\tilde{b}_2) = \mathcal{P}(\tilde{b}_1 \vee \tilde{b}_2) = \mathcal{P} \circ \tilde{\mathcal{F}} \circ \mathcal{P}(\tilde{b}_1 \vee \tilde{b}_2)$.

从性质 5.2.1 中我们知道 $\tilde{\mathcal{F}} \circ \mathcal{P}(\tilde{b}_1 \vee \tilde{b}_2) = \tilde{\mathcal{F}}(\mathcal{P}(\tilde{b}_1) \wedge \mathcal{P}(\tilde{b}_2)) \leqslant \tilde{\mathcal{F}}(a_1 \wedge a_2)$.

于是，$(a_1, \tilde{b}_1) \wedge (a_2, \tilde{b}_2)$ 是必要模糊信息粒，也就是说 $(a_1, \tilde{b}_1) \wedge (a_2, \tilde{b}_2) \in \mathcal{G}_1$.

同理，$(a_1, \tilde{b}_1) \vee (a_2, \tilde{b}_2) \in \mathcal{G}_1$ 也类似可证.

性质 5.2.2 给出在双向学习系统中必要模糊信息粒之间的两个算子：$\wedge$ 和 $\vee$.

性质 5.2.3 设 $(L_1, \tilde{L}_2, \tilde{\mathcal{F}}, \mathcal{P})$ 是模糊数据的双向学习系统，$\mathcal{G}_2$ 是这个双向学习系统的充分模糊信息粒的集合，如果 $\wedge$ 和 $\vee$ 定义在 $\mathcal{G}_2$ 上并且

$$(a_1, \tilde{b}_1) \wedge (a_2, \tilde{b}_2) = (a_1 \wedge a_2, \tilde{\mathcal{F}} \circ \mathcal{P}(\tilde{b}_1 \vee \tilde{b}_2)),$$

$$(a_1, \tilde{b}_1) \wedge (a_2, \tilde{b}_2) = (\mathcal{P} \circ \tilde{\mathcal{F}}(a_1 \vee a_2), \tilde{b}_1 \wedge \tilde{b}_2),$$

则 $(\mathcal{G}_2, \leqslant)$ 对于算子 $\wedge$ 和 $\vee$ 是封闭的.

证明 假设 $\left(a_1,\tilde{b}_1\right),\left(a_2,\tilde{b}_2\right)\in\mathcal{G}_2$，则

$$\tilde{\mathcal{F}}(a_1)\leqslant\tilde{b}_1,\quad\tilde{\mathcal{F}}(a_2)\leqslant\tilde{b}_2,$$

$$\mathcal{P}\left(\tilde{b}_1\right)\leqslant a_1,\quad\mathcal{P}\left(\tilde{b}_1\right)\leqslant a_2.$$

并且 $\mathcal{P}\circ\tilde{\mathcal{F}}\circ\mathcal{P}\left(\tilde{b}_1\vee\tilde{b}_2\right)=\mathcal{P}\left(\tilde{b}_1\vee\tilde{b}_2\right)=\mathcal{P}\left(\tilde{b}_1\right)\wedge\mathcal{P}\left(\tilde{b}_2\right)\leqslant a_1\wedge a_2$.

从性质 5.2.1 中可知 $\tilde{\mathcal{F}}(a_1\wedge a_2)\leqslant\tilde{\mathcal{F}}\left(\mathcal{P}\left(\tilde{b}_1\right)\wedge\mathcal{P}\left(\tilde{b}_2\right)\right)=\tilde{\mathcal{F}}\circ\mathcal{P}\left(\tilde{b}_1\vee\tilde{b}_2\right)$，于是 $\left(a_1,\tilde{b}_1\right)\wedge\left(a_2,\tilde{b}_2\right)$ 是充分模糊信息粒，也就是说 $\left(a_1,\tilde{b}_1\right)\vee\left(a_2,\tilde{b}_2\right)\in\mathcal{G}_2$，$\left(a_1,\tilde{b}_1\right)\vee\left(a_2,\tilde{b}_2\right)\in\mathcal{G}_2$ 也可以类似得到. 得证.

在模糊数据中,性质 5.2.3 给出在双向学习系统中充分模糊信息粒之间的两个算子：$\wedge$ 和 $\vee$.

由于 $\leqslant$ 是 $(\mathcal{G}_1,\leqslant)$ 和 $(\mathcal{G}_2,\leqslant)$ 之间的拟序关系，这些关系并不是关于算子 $\wedge$ 和 $\vee$ 的模糊格，叫做模糊拟格.

5.3　模糊数据的双向学习机制

实际上，一个充要模糊信息粒是一个模糊概念. 充要模糊信息粒在原始的模糊数据中刚开始并不存在，我们能够通过任意的模糊信息粒分别得到必要模糊信息粒、充分模糊信息粒、充要模糊信息粒.

Case 1：从任意一个模糊信息粒中学习必要模糊信息粒. 设 $\left(L_1,\tilde{L}_2,\tilde{\mathcal{F}},\mathcal{P}\right)$ 是模糊数据的双向学习系统，$\mathcal{G}_1$ 是双向学习系统的必要模糊信息粒的集合. 如果 $a\in L_1,\tilde{b}\in\tilde{L}_2$，那么

(1) $\left(a\wedge\mathcal{P}\left(\tilde{b}\right),\tilde{b}\vee\tilde{\mathcal{F}}(a)\right)\in\mathcal{G}_1$；

(2) $\left(a\vee\mathcal{P}\left(\tilde{b}\right),\tilde{b}\wedge\tilde{\mathcal{F}}(a)\right)\in\mathcal{G}_1$；

(3) $\left(\mathcal{P}\left(\tilde{b}\right),\tilde{b}\wedge\tilde{\mathcal{F}}(a)\right)\in\mathcal{G}_1$；

(4) $\left(a\wedge\mathcal{P}\left(\tilde{b}\right),\tilde{\mathcal{F}}(a)\right)\in\mathcal{G}_1$；

(5) $\left(\mathcal{P}\circ\tilde{\mathcal{F}}(a),\tilde{b}\wedge\tilde{\mathcal{F}}(a)\right)\in\mathcal{G}_1$；

(6) $\left(a\wedge\mathcal{P}\left(\tilde{b}\right),\tilde{\mathcal{F}}\circ\mathcal{P}\left(\tilde{b}\right)\right)\in\mathcal{G}_1$.

证明 (1) 由于 $\left(L_1,\tilde{L}_2,\tilde{\mathcal{F}},\mathcal{P}\right)$ 是双向学习系统，从性质 5.2.1 和定义 5.2.2 得到 $\tilde{\mathcal{F}}\left(a\wedge\mathcal{P}\left(\tilde{b}\right)\right)\geqslant\tilde{\mathcal{F}}(a)\vee\tilde{\mathcal{F}}\left(\mathcal{P}\left(\tilde{b}\right)\right)\geqslant\tilde{\mathcal{F}}(a)\vee\tilde{b}$，并且，$\mathcal{P}\left(\tilde{b}\vee\tilde{\mathcal{F}}(a)\right)=\mathcal{P}\wedge\mathcal{P}\left(\tilde{\mathcal{F}}(a)\right)$

$\geq a\wedge\mathcal{P}(\tilde{b})$，因此 $\left(a\wedge\mathcal{P}(\tilde{b}),\tilde{b}\vee\tilde{\mathcal{F}}(a)\right)\in\mathcal{G}_1$.

（2）类似于（1）得到.

（3）由于 $\left(L_1,\tilde{L}_2,\tilde{\mathcal{F}},\mathcal{P}\right)$ 是双向学习系统，由性质 5.2.1 和定义 5.2.2 得到 $\tilde{\mathcal{F}}\circ\mathcal{P}(\tilde{b})\geq b\geq\tilde{\mathcal{F}}(a)\wedge\tilde{b}$ 和 $\mathcal{P}\left(B\wedge\tilde{\mathcal{F}}(a)\right)\geq\mathcal{P}\circ\tilde{\mathcal{F}}\circ\mathcal{P}(\tilde{b})=\mathcal{P}(\tilde{b})$，则 $(\mathcal{P}(\tilde{b}),\tilde{b}\wedge\tilde{\mathcal{F}}(a))$ $\in\mathcal{G}_1$.

（4）类似于（3）得到.

（5）由于 $\left(L_1,\tilde{L}_2,\tilde{\mathcal{F}},\mathcal{P}\right)$ 是双向学习系统，由性质 5.2.1 和定义 5.2.2 得到 $\tilde{\mathcal{F}}\circ\mathcal{P}\circ\tilde{\mathcal{F}}(a)=\tilde{\mathcal{F}}(a)\geq\tilde{\mathcal{F}}(a)\wedge\tilde{b}$ 和 $\mathcal{P}\left(\tilde{\mathcal{F}}(a)\wedge\tilde{b}\right)\geq\mathcal{P}\circ\tilde{\mathcal{F}}(a)\vee\mathcal{P}(\tilde{b})\geq\mathcal{P}\circ\tilde{\mathcal{F}}(a)$，于是 $\left(\mathcal{P}\circ\tilde{\mathcal{F}}(a),\tilde{b}\wedge\tilde{\mathcal{F}}(a)\right)\in\mathcal{G}_1$.

（6）类似于（5）得到. 得证.

容易看到必要模糊信息粒能够通过这六种学习方法得到.

Case 2：从任意一个模糊信息粒中学习充分模糊信息粒. 设 $\left(L_1,\tilde{L}_2,\tilde{\mathcal{F}},\mathcal{P}\right)$ 是模糊数据集中的双向学习系统，$\mathcal{G}_2$ 是双向学习系统的充分模糊信息粒的集合. 如果 $a\in L_1,\tilde{b}\in\tilde{L}_2$，那么

（1）$\left(\mathcal{P}\circ\tilde{\mathcal{F}}(a),\tilde{b}\vee\tilde{\mathcal{F}}(a)\right)\in\mathcal{G}_2$；

（2）$\left(a\vee\mathcal{P}(\tilde{b}),\tilde{\mathcal{F}}\circ\mathcal{P}(\tilde{b})\right)\in\mathcal{G}_2$.

证明　（1）由于 $\left(L_1,\tilde{L}_2,\tilde{\mathcal{F}},\mathcal{P}\right)$ 是模糊数据的双向学习系统，从性质 5.2.1 和定义 5.2.2 得到

$$\tilde{\mathcal{F}}\circ\mathcal{P}\circ\tilde{\mathcal{F}}(a)=\tilde{\mathcal{F}}(a)\leq\tilde{\mathcal{F}}(a)\vee\tilde{b}$$

和

$$\mathcal{P}\left(\tilde{\mathcal{F}}(a)\wedge\tilde{b}\right)=\mathcal{P}\circ\tilde{\mathcal{F}}(a)\wedge\mathcal{P}(\tilde{b})\leq\mathcal{P}\circ\tilde{\mathcal{F}}(a).$$

则 $\left(\mathcal{P}\circ\tilde{\mathcal{F}}(a),\tilde{b}\vee\tilde{\mathcal{F}}(a)\right)\in\mathcal{G}_2$.

（2）类似于（1）得到. 得证.

容易看到充分模糊信息粒能够通过这两种学习方法得到.

接下来，我们将会介绍如何分别从必要模糊信息粒、充分模糊信息粒中得到充要模糊信息粒.

Case 3：从任意一个必要模糊信息粒中学习充要模糊信息粒. 设 $\left(L_1,\tilde{L}_2,\tilde{\mathcal{F}},\mathcal{P}\right)$ 是模糊数据的双向学习系统，$\mathcal{G}_1$ 是双向学习系统的必要模糊信息粒的集合. 如果

$\left(a_1, \tilde{b}_1\right) \in \mathcal{G}_1$，那么

（1）$\left(a_1 \vee \mathcal{P}\left(\tilde{b}_1\right), \tilde{\mathcal{F}}\left(a_1 \vee \mathcal{P}\left(\tilde{b}_1\right)\right)\right) \in \mathcal{G}_1 \cap \mathcal{G}_2$；

（2）$\left(\mathcal{P}\left(b_1 \vee \tilde{\mathcal{F}}\left(a_1\right)\right), \tilde{b}_1 \vee \tilde{\mathcal{F}}\left(a_1\right)\right) \in \mathcal{G}_1 \cap \mathcal{G}_2$．

证明　（1）由于 $\left(a_1, \tilde{b}_1\right) \in \mathcal{G}_1$，得到 $a_1 \leqslant \mathcal{P}\left(\tilde{b}_1\right)$ 且 $\tilde{b}_1 \leqslant \tilde{\mathcal{F}}\left(a_1\right)$．则 $a_1 \vee \mathcal{P}\left(\tilde{b}_1\right) = \mathcal{P}\left(\tilde{b}_1\right)$，$\tilde{\mathcal{F}}\left(a_1 \vee \mathcal{P}\left(\tilde{b}_1\right)\right) = \tilde{\mathcal{F}} \circ \mathcal{P}\left(\tilde{b}_1\right)$．从性质 5.2.1 和定义 5.2.2 得到

$$\tilde{\mathcal{F}}\left(a_1 \vee \mathcal{P}\left(\tilde{b}_1\right)\right) = \tilde{\mathcal{F}} \circ \mathcal{P}\left(\tilde{b}_1\right) = \tilde{\mathcal{F}}\left(a_1 \vee \mathcal{P}\left(\tilde{b}_1\right)\right);$$

$$\mathcal{P}\left(\tilde{\mathcal{F}}\left(a_1 \vee \mathcal{P}\left(\tilde{b}_1\right)\right)\right) = \mathcal{P} \circ \tilde{\mathcal{F}} \circ \mathcal{P} = \mathcal{P}\left(\tilde{b}_1\right) = a_1 \vee \mathcal{P}\left(\tilde{b}_1\right).$$

那么，$\left(a_1 \vee \mathcal{P}\left(\tilde{b}_1\right), \tilde{\mathcal{F}}\left(a_1 \vee \mathcal{P}\left(\tilde{b}_1\right)\right)\right)$ 是充要模糊信息粒．

（2）类似于（1）得到．得证．

容易看到充要模糊信息粒能够由必要模糊信息粒通过 Case 3 中的这两种学习方法得到．

Case 4：从任意一个充分模糊信息粒中学习充要模糊信息粒．设 $\left(L_1, \tilde{L}_2, \tilde{\mathcal{F}}, \mathcal{P}\right)$ 是模糊数据的双向学习系统，$\mathcal{G}_2$ 是双向学习系统的充分模糊信息粒的集合．如果 $\left(a_1, \tilde{b}_1\right) \in \mathcal{G}_2$，那么

（1）$\left(a_1 \wedge \mathcal{P}\left(\tilde{b}_1\right), \tilde{\mathcal{F}}\left(a_1 \wedge \mathcal{P}\left(\tilde{b}_1\right)\right)\right) \in \mathcal{G}_1 \cap \mathcal{G}_2$；

（2）$\left(\mathcal{P}\left(b_1 \wedge \tilde{\mathcal{F}}\left(a_1\right)\right), \tilde{b}_1 \wedge \tilde{\mathcal{F}}\left(a_1\right)\right) \in \mathcal{G}_1 \cap \mathcal{G}_2$．

证明　（1）由于 $\left(a_1, \tilde{b}_1\right) \in \mathcal{G}_2$，因此 $\tilde{\mathcal{F}}\left(a_1\right) \leqslant \tilde{b}_1$ 和 $\mathcal{P}\left(\tilde{b}_1\right) \leqslant a_1$，从而 $a_1 \wedge \mathcal{P}\left(\tilde{b}_1\right) = \mathcal{P}\left(\tilde{b}_1\right)$，$\tilde{\mathcal{F}}\left(a_1 \wedge \mathcal{P}\left(\tilde{b}_1\right)\right) = \tilde{\mathcal{F}} \circ \mathcal{P}\left(\tilde{b}_1\right)$．从性质 5.2.1 和定义 5.2.2 得到

$$\tilde{\mathcal{F}}\left(a_1 \wedge \mathcal{P}\left(\tilde{b}_1\right)\right) = \tilde{\mathcal{F}} \circ \mathcal{P}\left(\tilde{b}_1\right);$$

$$\mathcal{P}\left(\tilde{\mathcal{F}}\left(a_1 \wedge \mathcal{P}\left(\tilde{b}_1\right)\right)\right) = \mathcal{P} \circ \tilde{\mathcal{F}} \circ \mathcal{P} = \mathcal{P}\left(\tilde{b}_1\right) = a_1 \vee \mathcal{P}\left(\tilde{b}_1\right).$$

那么，$\left(\left(a_1 \wedge \mathcal{P}\left(\tilde{b}_1\right)\right), \tilde{\mathcal{F}}\left(a_1 \wedge \mathcal{P}\left(\tilde{b}_1\right)\right)\right)$ 是充要模糊信息粒．

（2）类似于（1）可得．得证．

容易看到充要模糊信息粒能够由充分模糊信息粒通过 Case 4 中的这两种学习方法得到．

通过以上 Case1—4 中的方法，我们得到如下结论：有六种方法从任意一个模糊信息粒学习得到必要模糊信息粒；有两种方法从任意一个必要模糊信息粒学习

得到充要模糊信息粒；有两种方法从任意一个模糊信息粒学习得到充分模糊信息粒；有两种方法从任意一个充分模糊信息粒学习得到充要模糊信息粒. 所以我们有十六种方法从任意一个模糊信息粒中学习得到充要模糊信息粒. 图 5.3.1 直观展示了双向学习方法.

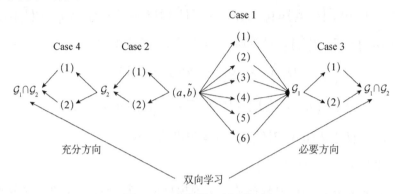

图 5.3.1　双向学习方法的过程

5.4　双向学习算法与实验分析

根据以上提出的理论，我们可以从任意一个模糊信息粒出发学习得到必要、充分、充要模糊信息粒. 在本节中，我们首先给出模糊数据的双向学习算法和一个案例分析，然后再通过 UCI 数据集中的 5 个模糊数据集做出实验评估.

5.4.1　模糊数据的双向学习算法

算法5.4.1　模糊数据的双向学习算法

输入：一个模糊信息表和任意一个模糊信息粒.

输出：必要模糊信息粒、充分模糊信息粒、充要模糊信息粒.

1. 载入模糊信息表，做初始设定，确定出对象和属性的个数.

2. 输入任意的模糊信息粒 $\left(a_1, \tilde{b}_1\right)$，从两个方法中任意选择一个.

3. 如果这个模糊信息粒不是必要模糊信息粒，那么跳到步骤 5. 否则，转到步骤 7.

4. 如果这个模糊信息粒不是充分模糊信息粒，那么跳到步骤 6. 否则转到步骤 8.

5. 选择 Case 1 中的六种方法，从模糊信息粒 $\left(a_2^1, \tilde{b}_2^1\right)$ 中学习得到必要模糊

信息粒 $\left(a_2, \tilde{b}_2\right), \left(a_2^2, \tilde{b}_2^2\right), \cdots, \left(a_2^m, \tilde{b}_2^m\right), m \leqslant 6$.

6. 选择 Case 2 中的两种方法，从模糊信息粒 $\left(a_3^1, \tilde{b}_3^1\right)$ 中学习得到充分模糊信息粒 $\left(a_3, \tilde{b}_3\right), \left(a_3^2, \tilde{b}_3^2\right), \cdots, \left(a_3^n, \tilde{b}_3^n\right), n \leqslant 2$.

7. 选择 Case 3 中的两种方法，从步骤 5 中得到的必要模糊信息粒中学习得到充要模糊信息粒 $\left(a_4^2, \tilde{b}_4^2\right), \cdots, \left(a_4^r, \tilde{b}_4^r\right), r \leqslant 12$.

8. 选择 Case 4 中的方法，从步骤 6 中得到的充分模糊信息粒中学习得到充要模糊信息粒 $\left(a_5^2, \tilde{b}_5^2\right), \cdots, \left(a_5^s, \tilde{b}_5^s\right), s \leqslant 4$.

9. 输出必要模糊信息粒、充分模糊信息粒、充要模糊信息粒.

算法结束.

模糊数据的双向学习算法如算法 5.4.1 所示，流程图如图 5.4.1 所示，该图中的 $N_i(i = 1, 2, 3, 4, 5, 6)$，$S_i(i = 1, 2)$，$C_i(i = 1, 2)$，$D_i(i = 1, 2)$ 分别代表的是 Case 1—Case4 中的方法.

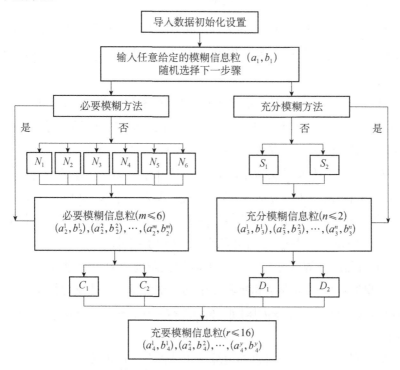

图 5.4.1　模糊数据中基于 FCA 的学习系统的流程图

图 5.4.1 的解释：输入任意一个模糊信息粒（在流程图中用 (a_1, b_1) 表示），我们首先分别选择 Case 1 中的必要模糊方法中的六种方法和 Case 2 中的充分模糊方法中的两种方法来得到相应必要模糊信息粒和充分模糊信息粒．由于不同的转化方法可能得到相同的模糊信息粒，因此获得的新的必要模糊信息粒和充分模糊信息粒的个数分别不大于 6 和 2，在图中表示为 $m \leqslant 6$ 和 $n \leqslant 2$．之后，根据 Case 3 中的 $C_i(i = 1, 2)$ 和 Case 4 中的 $D_i(i = 1, 2)$ 能够得到充要模糊信息粒．从任意一个模糊信息粒 (a_1, b_1) 学习得到的充要模糊信息粒的总个数是 16，由于可能有一些充要模糊信息粒相同，所以得到图中的 $r \leqslant 16$．

5.4.2　时间复杂度分析

设 $(U, A, \tilde{I})$ 是一个模糊形式背景．对象的个数用 $|U|$ 表示．属性的个数用 $|A|$ 表示．任意给定一个模糊信息粒 $(a_1, \tilde{b}_1)$，令 $|a_1| = L$．我们用变量 t_i 表示第 i 步的时间复杂度．接下来，我们逐步分析双向学习算法的时间复杂度．

做最初预处理和输入任意一个模糊信息粒 $(a_1, \tilde{b}_1)$ 的时间为 0，步骤 1 和步骤 2 结束．对于步骤 3 和步骤 4，计算 $\tilde{\mathcal{F}}(a_1)$ 和 $\mathcal{P}(\tilde{b}_1)$ 的时间复杂度用 $t_1 = (L-1) \times |A|$ 和 $t_2 = |U| \times |A|$ 表示．完成步骤 3 和步骤 4 的时间为 $t_4 = t_1 + t_2 + t_3 = |U| \times |A| + L \times |A| + L \times |U| - |U|$．

步骤 1—步骤 4 是为了计算必要模糊信息粒、充分模糊信息粒、充要模糊信息粒而做的准备．接下来的步骤 5 是从任意一个模糊信息粒中学习得到必要模糊信息粒．我们分别讨论这六种方法．对于 N_1, N_2, N_3，时间复杂度均为 $U \times |A| + |A|$．对于方法 N_4，时间复杂度为 $|U| \times |A| + (L-1) \times |A|$．方法 N_5 的时间复杂度为 $(L-1) \times |A| + |U| \times |A| + |A|$．方法 N_6 的时间复杂度为 $2 \times |U| \times |A| + (L-1) \times |A|$．那么步骤 5 总的时间复杂度为 $t_5 = 7 \times |U| \times |A| + 3 \times L \times |A| - |A|$．在步骤 6 中获得充分模糊信息粒的时间复杂度为 $t_6 = 3 \times |U| \times |A| + 2 \times L \times |A| - |A|$．

以上我们已经计算了步骤 7 之前的时间复杂度．对于步骤 5 和步骤 6 的每一个方法，我们分别用步骤 7 和步骤 8 中的方法计算．于是我们得到步骤 7 和步骤 8 的时间复杂度 $t_7 = 12 \times |U| \times |A| + 6 \times |U| \times L + 6 \times |A|$ 和 $t_8 = 2 \times |U| \times |A| + 2 \times L \times |A| + 2 \times |U| \times L$．

通过以上的分析，我们可以知道算法主体部分的时间复杂度（从步骤 1 到步骤 8）为 $t_{\text{main}} = t_4 + t_5 + t_6 + t_7 + t_8 = 25 \times |U| \times |A| + 8 \times L \times |A| + (9 \times L - 1) \times |U| + 4 \times |A|$．

由于 $L(1 \leqslant L \leqslant |U|)$ 是初始对象的基数，算法的时间复杂度为 $O\left(|U|^2 + |U| \times |A|\right)$.

5.4.3　案例分析和实验评估

为了说明双向学习方法，我们构建了一个关于一些国家从联合国贷款的案例研究，然后通过 UCI 中的一些数据集来进行实验分析. 本章的实验是在表 5.4.1 配置的个人计算机上运行的.

表 5.4.1　硬件和软件配置

名称	模型规格	参数
处理器	Intel Core i3-2350M	2.3GHz
内存	Samsung DDR3 SDRAM	2×2GB 1333MHz
硬盘	West Data	500GB
系统	Windows 7	32bit
平台	C++	Leasehold

首先，我们列出一个关于一些国家发展基本情况的模糊数据（见表 5.4.2）. 这个模糊形式背景用 $(U, A, \tilde{I})$ 表示，其中 U 由 125 个国家组成，A 是包含如下 7 个元素的模糊属性集，$x_i (i = 1, 2, \cdots, 125)$ 表示其中的一个国家.

GRP：人口增长率.

UR：城镇化率.

EGI：经济增长指数.

HDI：人类发展指数.

DE：教育程度.

GS：政府支持力度.

FCR：森林覆盖率.

表 5.4.2　一些国家发展基本情况

国家	GRP	UR	EGI	HDI	DE	GS	FCR
x_1	0.03	0.24	0.11	0.40	0.75	0.67	0.15
x_2	0.01	0.45	0.03	0.70	0.84	0.83	0.21
x_3	0.02	0.57	0.07	0.49	0.85	0.89	0.22
x_4	0.01	0.92	0.03	0.80	0.96	0.90	0.31
x_5	0.01	0.73	0.00	0.30	0.92	0.91	0.22
x_6	0.01	0.80	0.02	0.21	0.89	0.87	0.20

国家	GRP	UR	EGI	HDI	DE	GS	FCR
x_7	0.02	0.29	0.61	0.50	0.87	0.86	0.15
x_8	0.01	0.45	0.01	0.80	0.75	0.80	0.25
x_9	0.02	0.45	0.02	0.70	0.80	0.76	0.16
x_{10}	0.02	0.46	0.04	0.40	0.76	0.78	0.30
x_{11}	0.01	0.36	0.10	0.50	0.74	0.78	0.18
x_{12}	0.01	0.66	0.05	0.66	0.80	0.87	0.19
x_{13}	0.01	0.60	0.04	0.63	0.80	0.88	0.20
x_{14}	0.01	0.84	0.06	0.72	0.74	0.90	0.18
x_{15}	0.02	0.75	0.03	0.84	0.89	0.92	0.30
x_{16}	0.03	0.27	0.07	0.33	0.63	0.80	0.22
x_{17}	0.03	0.11	0.04	0.32	0.45	0.68	0.41
x_{18}	0.02	0.20	0.07	0.52	0.49	0.75	0.35
x_{19}	0.02	0.50	0.05	0.48	0.53	0.80	0.34
x_{20}	0.01	0.60	0.05	0.57	0.67	0.78	0.30
x_{21}	0.02	0.39	0.04	0.34	0.61	0.79	0.16
x_{22}	0.00	0.22	0.07	0.33	0.91	0.50	0.32
x_{23}	0.01	0.88	0.05	0.80	0.88	0.80	0.35
x_{24}	0.01	0.52	0.08	0.72	0.84	0.90	0.20
x_{25}	0.01	0.74	0.04	0.75	0.82	0.60	0.30
x_{26}	0.03	0.28	0.03	0.43	0.44	0.78	0.17
x_{27}	0.03	0.20	0.05	0.53	0.44	0.88	0.18
x_{28}	0.01	0.63	0.05	0.74	0.67	0.79	0.24
x_{29}	0.00	0.30	0.00	0.78	0.97	0.94	0.20
x_{30}	0.02	0.77	0.05	0.43	0.86	0.85	0.34
x_{31}	0.02	0.68	0.04	0.69	0.85	0.80	0.22
x_{32}	0.01	0.66	0.04	0.62	0.84	0.82	0.24
x_{33}	0.02	0.44	0.02	0.64	0.76	0.50	0.26
x_{34}	0.02	0.67	0.00	0.67	0.88	0.86	0.40
x_{35}	0.03	0.40	0.06	0.54	0.65	0.78	0.16
x_{36}	0.02	0.17	0.07	0.36	0.54	0.80	0.50
x_{37}	0.01	0.51	0.02	0.69	0.76	0.78	0.30

国家	GRP	UR	EGI	HDI	DE	GS	FCR
x_{38}	0.02	0.85	0.06	0.67	0.89	0.90	0.30
x_{39}	0.03	0.55	0.00	0.42	0.78	0.81	0.25
x_{40}	0.02	0.50	0.00	0.54	0.75	0.82	0.34
x_{41}	0.01	0.39	0.00	0.75	0.69	0.77	0.36
x_{42}	0.02	0.50	0.03	0.57	0.66	0.78	0.19
x_{43}	0.03	0.36	0.05	0.34	0.58	0.77	0.18
x_{44}	0.00	0.28	0.04	0.63	0.93	0.90	0.24
x_{45}	0.03	0.55	0.05	0.45	0.88	0.88	0.35
x_{46}	0.02	0.50	0.04	0.62	0.80	0.80	0.30
x_{47}	0.02	0.32	0.05	0.57	0.79	0.90	0.26
x_{48}	0.01	0.51	0.06	0.61	0.80	0.80	0.28
x_{49}	0.01	0.68	0.00	0.70	0.84	0.88	0.19
x_{50}	0.03	0.67	0.10	0.57	0.65	0.60	0.18
x_{51}	0.00	0.16	0.00	0.34	0.60	0.70	0.25
x_{52}	0.01	0.52	0.01	0.72	0.69	0.80	0.37
x_{53}	0.02	0.82	0.03	0.70	0.83	0.91	0.20
x_{54}	0.03	0.24	0.05	0.51	0.69	0.88	0.20
x_{55}	0.02	0.44	0.03	0.62	0.66	0.78	0.20
x_{56}	0.01	0.60	0.01	0.62	0.70	0.40	0.35
x_{57}	0.01	0.82	0.03	0.90	0.98	0.90	0.20
x_{58}	0.04	0.98	0.06	0.76	0.94	0.88	0.30
x_{59}	0.02	0.35	0.08	0.52	0.67	0.80	0.40
x_{60}	0.01	0.87	0.04	0.63	0.81	0.80	0.20
x_{61}	0.00	0.28	0.04	0.45	0.78	0.78	0.45
x_{62}	0.04	0.49	0.00	0.62	0.80	0.78	0.25
x_{63}	0.02	0.77	0.03	0.48	0.63	0.80	0.18
x_{64}	0.03	0.33	0.02	0.48	0.50	0.78	0.46
x_{65}	0.02	0.16	0.04	0.40	0.54	0.60	0.40
x_{66}	0.02	0.70	0.04	0.76	0.87	0.88	0.30
x_{67}	0.03	0.42	0.04	0.66	0.84	0.88	0.35
x_{68}	0.03	0.36	0.00	0.36	0.70	0.85	0.34
x_{69}	0.03	0.20	0.05	0.53	0.65	0.82	0.40
x_{70}	0.01	0.25	0.03	0.73	0.82	0.84	0.40

国家	GRP	UR	EGI	HDI	DE	GS	FCR
x_{71}	0.01	0.78	0.02	0.77	0.85	0.88	0.25
x_{72}	0.02	0.66	0.13	0.65	0.91	0.50	0.46
x_{73}	0.01	0.56	0.03	0.58	0.76	0.80	0.30
x_{74}	0.02	0.31	0.08	0.32	0.54	0.76	0.30
x_{75}	0.01	0.33	0.06	0.48	0.57	0.78	0.32
x_{76}	0.01	0.39	0.00	0.63	0.71	0.79	0.30
x_{77}	0.02	0.35	0.00	0.40	0.67	0.78	0.25
x_{78}	0.02	0.17	0.05	0.46	0.70	0.78	0.40
x_{79}	0.02	0.57	0.04	0.59	0.74	0.80	0.25
x_{80}	0.03	0.18	0.15	0.46	0.56	0.70	0.30
x_{81}	0.02	0.50	0.07	0.46	0.78	0.80	0.30
x_{82}	0.03	0.73	0.05	0.70	0.80	0.82	0.23
x_{83}	0.02	0.37	0.04	0.50	0.65	0.80	0.25
x_{84}	0.02	0.76	0.09	0.77	0.90	0.90	0.32
x_{85}	0.02	0.13	0.08	0.54	0.68	0.78	0.25
x_{86}	0.02	0.60	0.00	0.67	0.81	0.82	0.23
x_{87}	0.01	0.76	0.06	0.73	0.89	0.85	0.21
x_{88}	0.02	0.49	0.05	0.64	0.86	0.88	0.22
x_{89}	0.02	0.98	0.06	0.83	0.91	0.95	0.15
x_{90}	0.00	0.25	0.00	0.43	0.54	0.79	0.35
x_{91}	0.03	0.40	0.08	0.44	0.60	0.80	0.23
x_{92}	0.00	0.20	0.03	0.69	0.64	0.84	0.30
x_{93}	0.03	0.60	0.05	0.51	0.63	0.80	0.23
x_{94}	0.02	0.82	0.06	0.77	0.87	0.90	0.30
x_{95}	0.03	0.43	0.04	0.52	0.58	0.80	0.22
x_{96}	0.01	0.53	0.03	0.77	0.84	0.84	0.24
x_{97}	0.00	0.40	0.21	0.63	0.79	0.80	0.30
x_{98}	0.01	1.00	0.02	0.87	0.98	0.96	0.50
x_{99}	0.03	0.21	0.07	0.60	0.81	0.79	0.34
x_{100}	0.03	0.38	0.03	0.60	0.74	0.88	0.28
x_{101}	0.01	0.15	0.07	0.63	0.75	0.86	0.35
x_{102}	0.01	0.45	0.03	0.73	0.86	0.85	0.30
x_{103}	0.01	0.17	0.01	0.72	0.80	0.80	0.40

续表

国家	GRP	UR	EGI	HDI	DE	GS	FCR
x_{104}	0.00	0.50	0.01	0.72	0.82	0.90	0.32
x_{105}	0.02	0.33	0.00	0.41	0.60	0.79	0.25
x_{106}	0.01	0.68	0.04	0.68	0.66	0.80	0.30
x_{107}	0.00	0.21	0.00	0.34	0.54	0.76	0.36
x_{108}	0.02	0.31	0.00	0.44	0.56	0.80	0.22
x_{109}	0.00	0.27	0.07	0.59	0.64	0.80	0.24
x_{110}	0.01	0.34	0.06	0.68	0.70	0.89	0.26
x_{111}	0.02	0.39	0.05	0.44	0.68	0.80	0.26
x_{112}	0.02	0.24	0.01	0.70	0.92	0.90	0.26
x_{113}	0.00	0.14	0.01	0.76	0.86	0.80	0.42
x_{114}	0.01	0.66	0.03	0.70	0.88	0.86	0.26
x_{115}	0.02	0.51	0.00	0.49	0.73	0.88	0.22
x_{116}	0.04	0.16	0.04	0.45	0.55	0.86	0.30
x_{117}	0.04	0.83	0.04	0.87	0.97	0.90	0.30
x_{118}	0.01	0.92	0.04	0.78	0.96	0.90	0.20
x_{119}	0.00	0.25	0.00	0.44	0.54	0.88	0.30
x_{120}	0.02	0.93	0.06	0.63	0.82	0.86	0.18
x_{121}	0.01	0.29	0.05	0.59	0.74	0.80	0.31
x_{122}	0.04	0.30	0.00	0.46	0.68	0.78	0.30
x_{123}	0.00	0.20	0.00	0.50	0.60	0.76	0.34
x_{124}	0.02	0.40	0.07	0.43	0.60	0.80	0.21
x_{125}	0.01	0.39	0.05	0.37	0.70	0.90	0.20

资料来源：https://kns.cnki.net/kcms2/article/abstract?v=-YY6Aedvp4bolXH1onKpa8zXgsA6FS7JH6SltZx PhsvmLTt_7c0X9j3LWncXErsZQu5qXViEbEJ2Zil_oL09Lvl1LF3p5cPejvXP__mnWyugQ9-WLA_-V6RP0b9pL Cmyrbkhw11ktWLuewtuGeaGzg==&uniplatform=NZKPT&language=CHS.

　　为了鼓励这些国家发展其经济，现在联合国给那些有需求的国家提供贷款. 一共有 125 个候选国家，联合国必须考虑一些因素保证公平贷款给这些国家，一共有 7 个模糊属性. 本节中提到的学习方法能够被用来挑选合适的国家. 通过几轮的投票和选择，我们得到了初始的模糊信息粒 $\left(X_0, \tilde{B}_0\right)$，$X_0$ 是国家，$\tilde{B}_0$ 是模糊属性. 然而这个结果 $\left(X_0, \tilde{B}_0\right)$ 导致满足条件的国家没有选上，不满足条件的国家却被选上了. 因此，需要根据进一步的充分研究达到选择合适国家的目的. 给定 $X_0 = \{x_1, x_9, x_{15}, x_{31}, x_{38}, x_{46}, x_{55}, x_{82}, x_{88}, x_{99}, x_{100}, x_{117}, x_{125}\}$，$\tilde{B}_0 = \big\{\langle \mathrm{GRP}, 0.01\rangle,$

$\langle \mathrm{EGI}, 0.05 \rangle, \langle \mathrm{HDI}, 0.55 \rangle, \langle \mathrm{DE}, 0.70 \rangle, \langle \mathrm{GS}, 0.75 \rangle \}$. 当资金充足的时候, 联合国能够考虑贷款给更多的国家. 此时充分模糊信息粒是一个好的选择. 我们可以通过 Case 2 从 $\left(X_0, \tilde{B}_0 \right)$ 计算出充分模糊信息粒.

$$\left(\mathcal{P} \circ \tilde{\mathcal{F}}(X_0), \tilde{B}_0 \vee \tilde{\mathcal{F}}(X_0) \right)$$

$$= \big(\{x_1, x_2, x_3, x_4, x_7, x_9, x_{10}, x_{11}, x_{12}, x_{13}, x_{14}, x_{15}, x_{20}, x_{23}, x_{24}, x_{28}, x_{30},$$
$$x_{31}, x_{32}, x_{37}, x_{38}, x_{42}, x_{45}, x_{46}, x_{47}, x_{48}, x_{53}, x_{54}, x_{55}, x_{57}, x_{58}, x_{59}, x_{60},$$
$$x_{66}, x_{67}, x_{70}, x_{71}, x_{73}, x_{79}, x_{81}, x_{82}, x_{84}, x_{87}, x_{88}, x_{89}, x_{94}, x_{96}, x_{98}, x_{99},$$
$$x_{100}, x_{102}, x_{106}, x_{110}, x_{111}, x_{114}, x_{117}, x_{118}, x_{120}, x_{121}, x_{125}\},$$
$$\{\langle \mathrm{GRP}, 0.01 \rangle, \langle \mathrm{UR}, 0.21 \rangle, \langle \mathrm{EGI}, 0.05 \rangle, \langle \mathrm{HDI}, 0.55 \rangle,$$
$$\langle \mathrm{DE}, 0.70 \rangle, \langle \mathrm{GS}, 0.75 \rangle, \langle \mathrm{FCR}, 0.15 \rangle\}\big),$$

$$\left(X_0 \vee \mathcal{P}\left(\tilde{B}_0\right), \tilde{\mathcal{F}} \circ \mathcal{P}\left(\tilde{B}_0\right) \right)$$

$$= \big(\{x_1, x_9, x_{12}, x_4, x_{15}, x_{23}, x_{24}, x_{31}, x_{38}, x_{46}, x_{47}, x_{48}, x_{55}, x_{58}, x_{82},$$
$$x_{87}, x_{88}, x_{89}, x_{94}, x_{99}, x_{100}, x_{101}, x_{110}, x_{117}, x_{120}, x_{121}, x_{125}\},$$
$$\{\langle \mathrm{GRP}, 0.01 \rangle, \langle \mathrm{UR}, 0.15 \rangle, \langle \mathrm{EGI}, 0.05 \rangle, \langle \mathrm{HDI}, 0.57 \rangle,$$
$$\langle \mathrm{DE}, 0.70 \rangle, \langle \mathrm{GS}, 0.79 \rangle, \langle \mathrm{FCR}, 0.15 \rangle\}\big).$$

需要指出的是, 通过我们的方法从同一个初始模糊信息粒可能学习得到相同的充分模糊信息粒. 更深一步, 如果联合国希望选择的国家必须满足给定的模糊属性并且所有满足条件的国家都必须要被选择, 那么充要模糊信息粒是个好的选择. 这样我们能够通过 Case 4 中的学习方法来计算充要模糊信息粒（不同的必要模糊信息粒可以生成相同的充要模糊信息粒）: $(\{x_{12}, x_{14}, x_{23}, x_{24}, x_{38}, x_{47}, x_{48}, x_{58}, x_{82}, x_{84}, x_{87}, x_{88}, x_{89}, x_{94}, x_{99}, x_{110}, x_{120}, x_{121}\}, \{\langle \mathrm{GRP}, 0.01 \rangle, \langle \mathrm{UR}, 0.15 \rangle, \langle \mathrm{EGI}, 0.05 \rangle, \langle \mathrm{HDI}, 0.57 \rangle, \langle \mathrm{DE}, 0.70 \rangle, \langle \mathrm{GS}, 0.79 \rangle, \langle \mathrm{FCR}, 0.15 \rangle\})$.

通过以上的充要模糊信息粒, 我们知道选定的国家 $\{x_{12}, x_{14}, x_{23}, x_{24}, x_{38}, x_{47}, x_{48}, x_{58}, x_{82}, x_{84}, x_{87}, x_{88}, x_{89}, x_{94}, x_{99}, x_{110}, x_{120}, x_{121}\}$ 满足模糊属性 $\{\langle \mathrm{GRP}, 0.01 \rangle, \langle \mathrm{UR}, 0.15 \rangle, \langle \mathrm{EGI}, 0.05 \rangle, \langle \mathrm{HDI}, 0.57 \rangle, \langle \mathrm{DE}, 0.70 \rangle, \langle \mathrm{GS}, 0.79 \rangle, \langle \mathrm{FCR}, 0.15 \rangle\}$, 并且所有满足以上模糊属性的国家都要被选定.

接下来我们在一些公开数据集中测试我们的双向学习方法. 实验中的数据集列在表 5.4.3 中, 这些数据集是从 University of California-Irvine（UCI）机器学习数据集中下载的. 在测试双向学习方法前为了确保数据的模糊性, 我们对每一个相关属性都除以这个属性的最大值.

表 5.4.3　数据集的情况

数据集	样本个数	属性个数
Letter recognition	8084	16
Vehicle	846	18
Whole customers	440	6
Winequality-Red	1599	12
Winequality-White	4898	12

为了测试算法的有效性,同时为了做比较,我们随机选取了模糊数据中对象的 10%, 30%, 60% 和 80% 作为初始 X_0. 对于每一个 10%, 30%, 60% 和 80%,我们分别在每个数据集中任意选取三组对象. 同样,我们选择了 9 种不同的模糊隶属函数作为模糊属性值. 模糊隶属函数分别为:小、中、大 Gauss 隶属函数(SG,MG,LG)、小、中、大 Cauchy 隶属函数(SC,MC,LC),以及小、中、大 Γ 隶属函数(SΓ,MΓ,LΓ). 图 5.4.2 中展示了它们的图像. 产生的模糊概念(充要模糊信息粒)的个数分别在表 5.4.4—表 5.4.8 中列出. 表 5.4.9—表 5.4.13 是每个数据集的运行时间.

表 5.4.4　基于隶属函数的模糊概念的个数(Letter recognition)

Letter recognition		SG	MG	LG	SC	MC	LC	ST	MT	LT
前	10%	2	2	2	3	3	2	3	3	2
	30%	2	2	2	2	2	2	2	2	2
	60%	2	2	2	2	2	2	2	2	2
	80%	2	2	2	2	2	2	2	2	2
中	10%	2	2	2	3	3	2	3	2	2
	30%	2	2	2	2	2	2	2	2	2
	60%	2	2	2	2	2	2	2	2	2
	80%	2	2	2	2	2	2	2	2	2
后	10%	2	2	2	3	3	2	3	2	2
	30%	2	2	2	2	2	2	2	2	2
	60%	2	2	2	2	2	2	2	2	2
	80%	2	2	2	2	2	2	2	2	2

表 5.4.5　基于隶属函数的模糊概念的个数(Vehicle)

Vehicle		SG	MG	LG	SC	MC	LC	ST	MT	LT
前	10%	3	3	4	3	3	3	3	3	3
	30%	3	3	3	3	3	3	3	3	3
	60%	2	2	3	2	3	3	3	3	3
	80%	2	2	2	2	2	2	2	2	2

续表

Vehicle		SG	MG	LG	SC	MC	LC	ST	MT	LT
中	10%	3	3	4	3	3	3	3	3	3
	30%	3	3	4	3	3	3	3	3	3
	60%	3	3	3	3	3	3	3	3	3
	80%	2	2	2	2	2	2	2	2	2
后	10%	2	3	4	2	3	3	3	3	3
	30%	2	3	3	2	3	3	2	3	3
	60%	2	3	3	2	3	3	2	3	3
	80%	2	3	3	2	3	3	2	3	3

表 5.4.6　基于隶属函数的模糊概念的个数（Whole customers）

Whole customers		SG	MG	LG	SC	MC	LC	ST	MT	LT
前	10%	2	2	3	2	2	3	2	2	3
	30%	2	2	3	2	2	3	2	2	3
	60%	2	2	2	2	2	2	2	2	2
	80%	2	2	2	2	2	2	2	2	2
中	10%	2	2	3	2	2	3	2	2	3
	30%	2	2	3	2	2	3	2	2	3
	60%	2	2	2	2	2	2	2	2	2
	80%	2	2	2	2	2	2	2	2	2
后	10%	2	2	3	2	2	3	2	2	3
	30%	2	2	3	2	2	3	2	2	3
	60%	2	2	3	2	2	3	2	2	3
	80%	2	2	2	2	2	2	2	2	2

表 5.4.7　基于隶属函数的模糊概念的个数（Winequality-Red）

Winequality-Red		SG	MG	LG	SC	MC	LC	ST	MT	LT
前	10%	3	3	5	4	3	3	3	3	3
	30%	3	3	5	3	3	3	3	3	3
	60%	3	3	5	3	3	3	3	3	3
	80%	2	2	3	2	2	3	2	2	3
中	10%	3	4	6	3	4	3	3	2	3
	30%	3	2	5	3	4	3	3	3	3
	60%	3	2	5	3	4	3	3	3	3
	80%	3	2	4	3	3	3	3	3	3
后	10%	3	2	6	3	4	3	3	3	2
	30%	3	2	6	3	4	3	3	2	2

续表

Winequality-Red		SG	MG	LG	SC	MC	LC	ST	MT	LT
后	60%	3	2	6	3	4	3	3	2	2
	80%	3	2	5	3	3	2	3	3	3

表 5.4.8　基于隶属函数的模糊概念的个数（Winequality-White）

Winequality-White		SG	MG	LG	SC	MC	LC	ST	MT	LT
前	10%	3	4	7	3	3	3	3	3	4
	30%	3	3	7	3	3	3	3	3	3
	60%	3	3	7	3	3	3	3	3	3
	80%	3	3	4	3	3	3	3	3	3
中	10%	3	3	7	3	4	3	3	3	4
	30%	3	3	5	3	3	3	3	3	3
	60%	3	3	5	3	3	3	3	3	3
	80%	2	2	3	2	2	2	2	2	2
后	10%	3	3	7	3	3	3	3	3	3
	30%	3	2	5	3	3	2	3	3	3
	60%	3	2	5	3	3	2	3	3	3
	80%	2	2	4	2	2	2	2	2	2

表 5.4.9　基于隶属函数的运行时间（Letter recognition）　　　（单位：秒）

Letter recognition		SG	MG	LG	SC	MC	LC	ST	MT	LT
前	10%	1.115	1.104	1.085	1.125	1.094	1.225	1.126	1.124	1.106
	30%	1.078	1.087	1.092	1.078	1.093	1.125	1.103	1.125	1.082
	60%	1.073	1.072	1.093	1.061	1.078	1.108	1.103	1.089	1.112
	80%	1.077	1.103	1.083	1.102	1.079	1.083	1.073	1.078	1.077
中	10%	1.086	1.087	1.061	1.077	1.078	1.092	1.071	1.062	1.076
	30%	1.092	1.088	1.125	1.061	1.078	1.140	1.102	1.093	1.079
	60%	1.092	1.071	1.078	1.061	1.093	1.092	1.118	1.077	1.078
	80%	1.077	1.150	1.098	1.081	1.057	1.060	1.109	1.103	1.112
后	10%	1.046	1.118	1.093	1.061	1.061	1.077	1.128	1.091	1.078
	30%	1.078	1.087	1.077	1.062	1.061	1.094	1.118	1.083	1.080
	60%	1.125	1.087	1.092	1.078	1.077	1.092	1.103	1.089	1.082
	80%	1.083	1.112	1.072	1.088	1.078	1.075	1.087	1.078	1.091

表 5.4.10　基于隶属函数的运行时间（Vehicle）　　　（单位：秒）

Vehicle		SG	MG	LG	SC	MC	LC	ST	MT	LT
前	10%	0.159	0.144	0.175	0.140	0.135	0.205	0.141	0.206	0.189
	30%	0.173	0.135	0.170	0.142	0.144	0.205	0.159	0.160	0.174
	60%	0.155	0.140	0.124	0.156	0.141	0.124	0.125	0.141	0.156
	80%	0.146	0.125	0.122	0.113	0.120	0.127	0.125	0.118	0.123
中	10%	0.109	0.109	0.114	0.123	0.105	0.118	0.143	0.139	0.120
	30%	0.124	0.156	0.129	0.119	0.128	0.123	0.120	0.159	0.114
	60%	0.156	0.147	0.125	0.141	0.158	0.110	0.124	0.109	0.118
	80%	0.126	0.119	0.143	0.137	0.109	0.156	0.157	0.139	0.110
后	10%	0.125	0.141	0.140	0.124	0.172	0.119	0.141	0.140	0.125
	30%	0.113	0.117	0.109	0.113	0.119	0.122	0.110	0.132	0.146
	60%	0.125	0.121	0.108	0.114	0.123	0.159	0.125	0.117	0.127
	80%	0.119	0.122	0.111	0.122	0.112	0.123	0.120	0.112	0.135

表 5.4.11　基于隶属函数的运行时间（Whole customers）　　　（单位：秒）

Whole customers		SG	MG	LG	SC	MC	LC	ST	MT	LT
前	10%	0.093	0.078	0.063	0.109	0.078	0.082	0.063	0.077	0.108
	30%	0.078	0.093	0.094	0.063	0.093	0.110	0.078	0.064	0.094
	60%	0.108	0.109	0.093	0.078	0.094	0.125	0.098	0.093	0.107
	80%	0.078	0.079	0.093	0.098	0.094	0.082	0.063	0.078	0.078
中	10%	0.094	0.093	0.063	0.078	0.094	0.078	0.108	0.094	0.093
	30%	0.066	0.077	0.078	0.079	0.094	0.098	0.078	0.079	0.093
	60%	0.079	0.063	0.078	0.087	0.077	0.078	0.093	0.062	0.078
	80%	0.093	0.109	0.093	0.094	0.089	0.079	0.094	0.093	0.110
后	10%	0.102	0.118	0.087	0.103	0.119	0.088	0.133	0.134	0.133
	30%	0.119	0.134	0.103	0.103	0.087	0.104	0.110	0.094	0.108
	60%	0.093	0.109	0.093	0.110	0.108	0.094	0.110	0.098	0.093
	80%	0.078	0.093	0.098	0.094	0.108	0.098	0.093	0.094	0.078

表 5.4.12　基于隶属函数的运行时间（Winequality-Red）　　　（单位：秒）

Winequality-Red		SG	MG	LG	SC	MC	LC	ST	MT	LT
前	10%	0.218	0.231	0.214	0.221	0.218	0.216	0.220	0.205	0.228
	30%	0.220	0.240	0.218	0.212	0.221	0.237	0.219	0.222	0.237
	60%	0.232	0.221	0.217	0.238	0.226	0.212	0.202	0.227	0.216
	80%	0.227	0.211	0.204	0.213	0.224	0.228	0.232	0.238	0.229

续表

Winequality-Red		SG	MG	LG	SC	MC	LC	ST	MT	LT
中	10%	0.204	0.228	0.219	0.202	0.224	0.214	0.221	0.218	0.212
	30%	0.215	0.212	0.212	0.209	0.211	0.211	0.201	0.228	0.222
	60%	0.216	0.221	0.216	0.228	0.230	0.202	0.219	0.220	0.217
	80%	0.211	0.223	0.228	0.217	0.226	0.203	0.222	0.203	0.228
后	10%	0.227	0.237	0.238	0.211	0.227	0.212	0.229	0.233	0.202
	30%	0.211	0.227	0.203	0.217	0.210	0.228	0.222	0.220	0.211
	60%	0.203	0.221	0.217	0.211	0.222	0.221	0.232	0.228	0.218
	80%	0.238	0.218	0.227	0.207	0.216	0.222	0.203	0.212	0.221

表 5.4.13　基于隶属函数的运行时间（Winequality-White）　　　（单位：秒）

Winequality-White		SG	MG	LG	SC	MC	LC	ST	MT	LT
前	10%	0.761	0.766	0.760	0.793	0.774	0.773	0.742	0.763	0.819
	30%	0.791	0.761	0.776	0.774	0.790	0.774	0.790	0.790	0.790
	60%	0.776	0.793	0.776	0.790	0.797	0.806	0.774	0.821	0.791
	80%	0.807	0.856	0.792	0.791	0.759	0.775	0.793	0.761	0.822
中	10%	0.806	0.763	0.776	0.777	0.790	0.774	0.805	0.775	0.776
	30%	0.807	0.793	0.790	0.791	0.789	0.759	0.837	0.760	0.790
	60%	0.770	0.777	0.791	0.793	0.778	0.801	0.770	0.789	0.774
	80%	0.760	0.777	0.791	0.775	0.806	0.782	0.775	0.790	0.791
后	10%	0.792	0.772	0.775	0.775	0.806	0.824	0.805	0.792	0.790
	30%	0.775	0.762	0.791	0.821	0.790	0.775	0.791	0.775	0.821
	60%	0.760	0.793	0.775	0.758	0.774	0.793	0.812	0.782	0.773
	80%	0.791	0.777	0.792	0.776	0.813	0.790	0.791	0.806	0.790

给定一个模糊数据集，对于任意的一个模糊信息粒，通过双向学习方法，我们可以得到几种充要模糊信息粒（模糊概念），由于不同的方法可能会得到相同的结果，所以个数不会超过理论上 16 个.

基于表 5.4.4—表 5.4.8 中得到的模糊概念的个数，不难得到如下结论：

（1）在一个模糊数据集中，产生的模糊概念的个数与选定的对象和选定的模糊隶属函数相关.

（2）对于同一个模糊隶属函数 $\tilde{b}_1$，如果选定的初始对象集 $a_1' \subseteq a_1''$，则从 a_1' 中得到的模糊概念的个数要比从 a_1'' 中得到的模糊概念的个数多.

比较表 5.4.9—表 5.4.13，我们发现每个模糊数据集的运行时间与选定的对象以及选定的隶属函数无关. 但是运行时间与模糊数据集的总体对象和属性的个数密切相关.

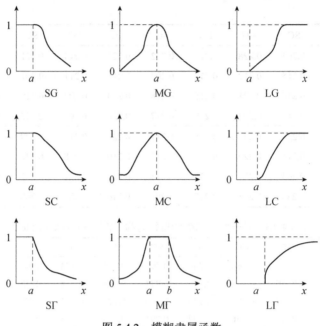

图 5.4.2   模糊隶属函数

5.5 本 章 小 结

　　本章主要讨论了模糊数据背景的概念认知模型，给出了模糊数据中必要、充分和充要三种模糊信息粒之间的内在关系．通过模糊数据的双向学习机制，可以使用多种不同的方法从任意模糊信息粒中获得必要、充分和充要的模糊信息粒．

　　本章提出了双向学习机制的算法，结合具体例子解释与阐述了双向学习机制，并在 UCI 数据集中测试了双向学习算法．在以后的工作中，进一步考虑直觉模糊数据集和邻域模糊数据集中的概念信息粒的转化机理及其概念学习机制是值得研究的问题．

第 6 章　增量概念认知学习

现有的概念系统[32-35]无法融合过去的经验，换句话说，它们不能处理动态数据，因此在实践中对数据分析缺乏灵活性；同时，现有的概念系统公理化背景没有给出解释，这意味着它们过于抽象，难以理解. 但据我们所知，基于认知计算的概念学习在一定程度上可以解决这些问题，因为这种计算方法具有将以往经验融入自身的特点[36]，其背景是模拟大脑的知觉、注意和学习等智力行为.

基于粒计算[37]的概念学习值得从认知计算的角度进行研究，这有助于以概念知识的方式理解和描述人类的认知过程. 本章介绍的内容是概念形成的认知机制，将粒计算融入认知概念结构，建立认知计算系统，实现认知过程. 需要注意的是，这里的认知计算系统不仅可以通过递归思维将过去的经验整合到自身中，还可以根据哲学和认知心理学的原理，提前分析概念形成的认知机制，更易于理解.

6.1　概念认知算子的公理化

本节介绍基于哲学和认知心理学的概念形成认知机制.

令 U 是对象集，A 是属性集，U 和 A 的幂集分别表示为 2^U 和 2^A . 假设 $L:2^U \to 2^A$ 和 $H:2^A \to 2^U$ 是两个集值映射，简记为 L 和 H . 在认知意义上，映射 L 和 H 是从给定的对象-属性关系中诱导概念，它们需要满足什么呢？下面，我们将从哲学和认知心理学原理出发解决这一问题.

从哲学角度出发，概念有两个组成部分：外延 X 和内涵 B，其中 X 是对象的集合，B 是属性的集合. 一般来说，一个概念表示的对象越多，它所包含的属性就越少，反之亦然. 根据这一原则，对给定对象集 X_1 和 X_2，属性集 B_1 和 B_2，可得

$$X_1 \subseteq X_2 \Rightarrow L(X_2) \subseteq L(X_1), \tag{6.1}$$

$$B_1 \subseteq B_2 \Rightarrow H(B_2) \subseteq H(B_1), \tag{6.2}$$

其中，$L(X_1)$ 和 $L(X_2)$ 分别表示 X_1 和 X_2 对应的内涵；$H(B_1)$ 和 $H(B_2)$ 分别表示 B_1 和 B_2 对应的外延.

从认知心理学角度出发，知觉认知思想可以用来约束映射 L，注意认知思想可以用来约束映射 H. 具体描述如下.

根据格式塔心理学[38,39]可知，对整体的知觉不仅仅是各部分知觉之和. 由此

思想可得

$$L(X_1 \cup X_2) \supseteq L(X_1) \cap L(X_2),\qquad(6.3)$$

这里, 右侧属性集的交集表示"各部分知觉之和".

注 6.1.1　等式左右两侧应该使用真包含"⊃"以严格遵循知觉认知原理, 但考虑到当 $X_1 = X_2$ 时, 公式 (6.3) 左边的值等于右边的值, 这里弱化为"⊇".

此外, 根据认知心理学的注意认知思想, Deutsch 的选择模型认为: 所有的信息 (注意到和没注意到的) 都应该进行含义分析, 以选择一些输入实现充分的认识, 而信息是否被选择取决于它的即时相关性. 由此原理, 可以得到

$$H(B) = \{x \in U \mid B \subseteq L(\{x\})\}\qquad(6.4)$$

也就是说, 选择至少与 B 中所有属性相关的信息.

易证公式 (6.2) 可由公式 (6.4) 推出. 因此, 结合哲学及认知心理学中知觉和注意认知思想可知, 公式 (6.1), (6.3), (6.4) 从给定的对象-属性关系中学习概念时满足集值映射 L 和 H.

定义 6.1.1　设 L 和 H 是两个集值映射. 若对任意 $X_1, X_2 \subseteq U$ 和 $B \subseteq A$, 满足

（1）　$X_1 \subseteq X_2 \Rightarrow L(X_2) \subseteq L(X_1)$;

（2）　$L(X_1 \cup X_2) \supseteq L(X_1) \cap L(X_2)$;

（3）　$H(B) = \{x \in U \mid B \subseteq L(\{x\})\}$,

则称 L 和 H 为概念形成的认知算子 (或简称认知算子).

例 6.1.1　表 6.1.1 是描述了四位患有严重急性呼吸综合征 (SARS) 患者的数据集.

表 6.1.1　SARS 数据集

患者	发热	咳嗽	头痛	呼吸困难
1	是	是	否	是
2	否	是	否	是
3	否	否	是	否
4	是	否	是	否

U 是四位患者的集合, A 是四种症状的集合. 简单起见, 我们用 1, 2, 3, 4 分别表示四位患者, a, b, c, d 分别表示四种症状 (发热、咳嗽、头痛、呼吸困难); 即 $U = \{1, 2, 3, 4\}$, $A = \{a, b, c, d\}$. 通过直观的知觉和注意, 可以得到以下集值映射:

L: $\varnothing \mapsto \{a, b, c, d\}, \{1\} \mapsto \{a, b, d\}, \{2\} \mapsto \{b, d\}, \{3\} \mapsto \{c\}, \{4\} \mapsto \{a, c\}, \{1, 2\} \mapsto \{b, d\}, \{1, 3\} \mapsto \varnothing, \{1, 4\} \mapsto \{a\}, \{2, 3\} \mapsto \varnothing, \{2, 4\} \mapsto \varnothing, \{3, 4\} \mapsto \{c\}, \{1, 2, 3\} \mapsto$

$\varnothing$，$\{1,2,4\} \mapsto \varnothing$，$\{1,3,4\} \mapsto \varnothing$，$\{2,3,4\} \mapsto \varnothing$，$\{1,2,3,4\} \mapsto \varnothing$，

$H:$　$\varnothing \mapsto \{1,2,3,4\}$，$\{a\} \mapsto \{1,4\}$，$\{b\} \mapsto \{1,2\}$，$\{c\} \mapsto \{3,4\}$，$\{d\} \mapsto \{1,2\}$，

$\{a,b\} \mapsto \{1\}$，$\{a,c\} \mapsto \{4\}$，$\{a,d\} \mapsto \{1\}$，$\{b,c\} \mapsto \varnothing$，$\{b,d\} \mapsto \{1,2\}$，$\{c,d\} \mapsto \varnothing$，

$\{a,b,c\} \mapsto \varnothing$，$\{a,b,d\} \mapsto \{1\}$，$\{a,c,d\} \mapsto \varnothing$，$\{b,c,d\} \mapsto \varnothing$，$\{a,b,c,d\} \mapsto \varnothing$，

其中，$L(X)=B$ 表示 B 是 X 中所有患者共同拥有的症状集合．$H(B)=X$ 表示 X 是至少拥有 B 中所有症状的患者集合．那么，由定义 6.1.1 易证 L 和 H 是认知算子．

简单起见，下文将 $L(\{x\})(x \in U)$ 记为 $L(x)$，$H(\{a\})(a \in A)$ 记为 $H(a)$．

性质 6.1.1　设 L 和 H 是认知算子．对任意 $X \subseteq U$ 和 $B \subseteq A$，有

$$L(X)=\cap_{x \in X} L(x),\tag{6.5}$$

$$H(B)=\cap_{a \in B} H(a).\tag{6.6}$$

证明　由定义 6.1.1 即可得证．

公式（6.5）可以解释为"对整体的知觉等于其各部分知觉之和"，这一点对于认知算子 L 来说并不奇怪．原因是：一方面公式（6.3）中"对整体的知觉大于其各部分知觉之和"的认知思想被削弱为"对整体的知觉大于或等于其各部分知觉之和"；另一方面，哲学中的概念原则也体现在认知算子 L 上．类似地，公式（6.6）中的等式可以解释为"至少与所考虑的所有属性相关的信息等于至少与其各部分相关的信息之和"．

性质 6.1.2　设 L 和 H 是认知算子．对任意 $X \subseteq U$ 和 $B \subseteq A$，有

$$X \subseteq HL(X),\tag{6.7}$$

$$B \subseteq LH(B),\tag{6.8}$$

其中，$HL(\cdot)$ 和 $LH(\cdot)$ 分别表示 $H(L(\cdot))$ 和 $L(H(\cdot))$．

证明　由定义 6.1.1 即可得证．

公式（6.7）可解释为"其他类似于 X 的对象（如果有的话）可以通过 X 的 HL-认知识别"，公式（6.8）可解释为"其他类似于 B 的属性（如果有的话）可以通过 B 的 LH-认知识别"．

这里主要讨论满足 $X=H(B)$ 且 $B=L(X)$ 的序对 (X,B)，因为在这种情况下 X 和 B 分别达到了关于 HL-认知和 LH-认知的平衡；换言之，同时满足 $X=HL(X)$ 和 $B=LH(B)$．事实上，这样的序对在认知意义上是一种有用的概念知识．

定义 6.1.2　设 L 和 H 是认知算子．对于 $X \subseteq U$ 和 $B \subseteq A$，若 $L(X)=B$ 且 $H(B)=X$，则称序对 (X,B) 是认知算子 L 和 H 下的概念（简称认知概念），X 和 B 分别为认知概念 (X,B) 的外延和内涵．

例 6.1.2   设 L 和 H 为例 6.1.1 所示的认知算子. 由定义 6.1.2 易证 $(\{1,2,3,4\}, \varnothing), (\{1,2\}, \{b,d\}), (\{1,4\}, \{a\}), (\{3,4\}, \{c\}), (\{1\}, \{a,b,d\}), (\{4\}, \{a,c\})$ 和 $(\varnothing, \{a,b,c,d\})$ 是认知概念, 某种程度上它们可以看作在知觉和注意之后的学习结果.

此外, 在现实世界中有必要对认知概念进行相关性分析. 受此启发, 在认知概念之间建立泛化和特化关系, 具体地, 对于认知算子 L 和 H 的两个认知概念 (X_1, B_1) 和 (X_2, B_2), 如果 $X_1 \subseteq X_2$, 那么称 (X_1, B_1) 是 (X_2, B_2) 的子概念, 或称 (X_2, B_2) 是 (X_1, B_1) 的父概念, 记为 $(X_1, B_1) \preceq (X_2, B_2)$. 所有的认知概念和偏序关系 $\preceq$ 组成的集合构成一个完备格, 称为认知概念结构或认知概念格, 记为 $\mathfrak{B}(U, A, L, H)$. 认知概念集 $\{(X_t, B_t) \mid t \in T\}$ （T 是指标集）的下确界（$\wedge$）和上确界（$\vee$）分别定义为

$$\wedge_{t \in T} (X_t, B_t) = \left(\cap_{t \in T} X_t, LH\left(\cap_{t \in T} B_t \right) \right),$$
$$\vee_{t \in T} (X_t, B_t) = \left(HL\left(\cup_{t \in T} X_t \right), \cap_{t \in T} B_t \right). \tag{6.9}$$

6.2   粒概念及其性质

由 6.1 节的讨论可知, 给定认知算子 L 和 H, 理论上可以找到所有的认知概念. 然而, 实际上, 当 U 和 A 的基数很大时, 穷举 L 和 H 的所有元素可能很难实现, 更不用说找到所有的认知概念. 如: 在例 6.1.1 中, L 中 $X_i \mapsto L(X_i)(X_i \subseteq U)$ 和 H 中 $B_j \mapsto H(B_j)(B_j \subseteq A)$ 的总数为 $2^{|U|} + 2^{|A|}$, 这是关于 $|U|$ 和 $|A|$ 的指数. 然而根据公式（6.5）和（6.6）可知, 每个 $L(X_i)$ 可以表示为 $L(x)(x \in X_i)$ 的交集, 每个 $H(B_j)$ 可以表示为 $H(a)(a \in B_j)$ 的交集, 这表明列出映射 L 中的 $\{x\} \mapsto L(x)$ $(x \in U)$ 和映射 H 中的 $\{a\} \mapsto H(a)(a \in A)$ 是足够的; 换言之, 对诱导算子 L 来说 $\{x\} \mapsto L(x)(x \in U)$ 是基本且充分的, 对诱导算子 H 来说 $\{a\} \mapsto H(a)(a \in A)$ 是基本且充分的. 因此, 就知识表示而言, $\{x\} \mapsto L(x)(x \in U)$ 和 $\{a\} \mapsto H(a)(a \in A)$ 可分别视为 L 和 H 的信息粒. 考虑到信息粒是粒计算理论的基本概念, 很自然地将粒计算引入认知概念格中以减少计算时间. 此外, 这种结合也符合人类思维的特点, 即复杂的信息往往被划分为块、类和组.

下面是认知算子的信息粒和粒概念的定义.

定义 6.2.1   设 L 和 H 是认知算子. 称 $L^G = \{\{x\} \mapsto L(x) \mid x \in U\}$ 和 $H^G =$

$\{\{a\}\mapsto H(a)\,|\,a\in A\}$ 分别为 L 和 H 的信息粒.

根据公式（6.5）和（6.6）可知, 信息粒 L^G 和 H^G 可分别形成任意 $X\mapsto L(X)$ 和 $B\mapsto H(B)$: $L(X)=\cap_{x\in X}L^G(x)$, $H(B)=\cap_{a\in B}H^G(a)$.

需要指出当 X 和 B 不是单项集合时, $X\mapsto L(X)$ 和 $B\mapsto H(B)$ 可能不是信息粒. 以例 6.1.1 为例, 当 $X=\{2,4\}$ 时 $L(X)=\varnothing$, 当 $B=\{b,c\}$ 时 $H(B)=\varnothing$, 所以 $X\mapsto L(X)\notin L^G$ 且 $B\mapsto H(B)\notin H^G$.

实际中, 考虑到当 U 和 A 的基数很大时, 穷举 L 和 H 的所有元素是很难实现的, 我们以粒的形式进行存储和记忆 L 和 H 的信息, 即 L^G 和 H^G.

在提出粒概念定义之前, 需要以下性质.

性质 6.2.1　设 L 和 H 是认知算子. 对任意 $X\subseteq U$ 和 $B\subseteq A$, $\big(HL(X),L(X)\big)$ 和 $\big(H(B),LH(B)\big)$ 均为认知概念.

证明　根据定义 6.1.1、定义 6.1.2 和性质 6.1.2 即可得证.

定义 6.2.2　设 L 和 H 是认知算子. 对任意 $x\in U$ 和 $a\in A$, 称 $\big(HL(x),L(x)\big)$ 和 $\big(H(a),LH(a)\big)$ 为粒概念.

容易注意到粒概念是基本的, 且足以诱导其他概念, 可以通过下面的性质来证实这一点.

性质 6.2.2　设 L 和 H 是认知算子, $\mathfrak{B}(U,A,L,H)$ 是认知概念格. 则对任意 $(X,B)\in\mathfrak{B}(U,A,L,H)$, 有

$$(X,B)=\vee_{x\in X}\big(HL(X),L(X)\big)=\wedge_{a\in B}\big(H(a),LH(a)\big). \tag{6.10}$$

证明　由公式（6.5）,（6.6）,（6.9）即可得证.

由于粒概念 $\big(HL(x),L(x)\big)(x\in U)$ 和 $\big(H(a),LH(a)\big)(a\in A)$ 可以诱导 $\mathfrak{B}(U,A,L,H)$, 且考虑到在实际中穷举 L 和 H 下的所有认知概念是十分困难的, 因此我们用粒概念 $\big(HL(x),L(x)\big)(x\in U)$ 和 $\big(H(a),LH(a)\big)(a\in A)$ 的形式储存和记忆概念知识 $\mathfrak{B}(U,A,L,H)$.

注意到, 根据公式（6.10）可知 $\big(HL(x),L(x)\big)(x\in U)$ 或 $\big(H(a),LH(a)\big)(a\in A)$ 足以诱导所有的认知概念. 实际上, 概念学习或集合近似可能从对象集、属性集或对象-属性集序对开始（详见 6.4 节）, 因此我们仍然需要它们两个.

为了便于后续讨论, 记

$$G_{LH}=\big\{(HL(x),L(x))\,|\,x\in U\big\}\cup\big\{(H(a),LH(a))\,|\,a\in A\big\}. \tag{6.11}$$

也就是, G_{LH} 表示认知算子 L 和 H 的所有粒概念的集合.

例 6.2.1 设 L 和 H 为例 6.1.1 所示的认知算子. 由定义 6.2.1 可得 L 和 H 的信息粒分别为 $L^G = \{\{1\} \mapsto \{a, b, d\}, \{2\} \mapsto \{b, d\}, \{3\} \mapsto \{c\}, \{4\} \mapsto \{a, c\}\}$ 和 $H^G = \{\{a\} \mapsto \{1, 4\}, \{b\} \mapsto \{1, 2\}, \{c\} \mapsto \{3, 4\}, \{d\} \mapsto \{1, 2\}\}$. 由这些信息粒可得

$$L(1) = L^G(1) = \{a, b, d\}, \quad HL(1) = H(\{a, b, d\}) = H^G(a) \cap H^G(b) \cap H^G(d) = \{1\},$$

$$L(2) = L^G(2) = \{b, d\}, \quad HL(2) = H(\{b, d\}) = H^G(b) \cap H^G(d) = \{1, 2\},$$

$$L(3) = L^G(3) = \{c\}, \quad HL(3) = H(c) = H^G(c) = \{3, 4\},$$

$$L(4) = L^G(4) = \{a, c\}, \quad HL(4) = H(\{a, c\}) = H^G(a) \cap H^G(c) = \{4\},$$

$$H(a) = H^G(a) = \{1, 4\}, \quad LH(a) = L(\{1, 4\}) = L^G(1) \cap L^G(4) = \{a\},$$

$$H(b) = H^G(b) = \{1, 2\}, \quad LH(b) = L(\{1, 2\}) = L^G(1) \cap L^G(2) = \{b, d\},$$

$$H(c) = H^G(c) = \{3, 4\}, \quad LH(c) = L(\{3, 4\}) = L^G(3) \cap L^G(4) = \{c\},$$

$$H(d) = H^G(d) = \{1, 2\}, \quad LH(d) = L(\{1, 2\}) = L^G(1) \cap L^G(2) = \{b, d\}.$$

根据定义 6.2.2 可得

$$(\{1\}, \{a, b, d\}), (\{1, 2\}, \{b, d\}), (\{3, 4\}, \{c\}), (\{4\}, \{a, c\}) \text{和} (\{1, 4\}, \{a\})$$

是粒概念, 即

$$G_{LH} = \{(\{1\}, \{a, b, d\}), (\{1, 2\}, \{b, d\}), (\{3, 4\}, \{c\}), (\{4\}, \{a, c\}), (\{1, 4\}, \{a\})\}.$$

6.3 概念认知系统的增量设计

6.2 节讨论了如何由认知算子 L 和 H 诱导粒概念. 现实世界中, 对象集 U 和属性集 A 随时间流逝不断更新, 这意味着得到的粒概念也需要相应的更新. 比如, 例 6.1.1 中与 SARS 相关的四个症状（发热、咳嗽、头痛、呼吸困难）是从现有的四位患者中发现的, 随着时间的推移会有更多的患者出现额外症状（如腹泻、肌肉疼痛、恶心和呕吐）（详见例 6.3.1）. 因此, 有必要更新例 6.2.1 中得到的粒概念.

下面, 我们提出了认知计算系统的定义, 它可以看作随着新信息的输入更新当前的粒概念来学习复合概念的初始环境.

方便起见, 下文中 $\{U_t\}^\uparrow$ 表示非降对象集序列 $U_1, U_2, \cdots, U_n (U_1 \subseteq U_2 \subseteq \cdots \subseteq U_n)$, 类似地, $\{A_t\}^\uparrow$ 表示非降属性集序列 $A_1, A_2, \cdots, A_n (A_1 \subseteq A_2 \subseteq \cdots \subseteq A_n)$.

定义 6.3.1 设 U_{i-1}, U_i 为 $\{U_t\}^\uparrow$ 的两个对象集, A_{i-1}, A_i 为 $\{A_t\}^\uparrow$ 的两个属性集. 记 $\Delta U_{i-1} = U_i - U_{i-1}$ 且 $\Delta A_{i-1} = A_i - A_{i-1}$. 假设

（1）$L_{i-1}: 2^{U_{i-1}} \to 2^{A_{i-1}}$, $\qquad\qquad H_{i-1}: 2^{A_{i-1}} \to 2^{U_{i-1}}$;

（2）$L_{\Delta U_{i-1}}: 2^{\Delta U_{i-1}} \to 2^{A_{i-1}}$, $\qquad$ $H_{\Delta U_{i-1}}: 2^{A_{i-1}} \to 2^{\Delta U_{i-1}}$;

（3）$L_{\Delta A_{i-1}}: 2^{U_i} \to 2^{\Delta A_{i-1}}$, $\qquad$ $H_{\Delta A_{i-1}}: 2^{\Delta A_{i-1}} \to 2^{U_i}$;

（4）$L_i: 2^{U_i} \to 2^{A_i}$, $\qquad$ $H_i: 2^{A_i} \to 2^{U_i}$,

是 4 对认知算子，若它们的信息粒：① L_{i-1}^G, H_{i-1}^G；② $L_{\Delta U_{i-1}}^G, H_{\Delta U_{i-1}}^G$；③ $L_{\Delta A_{i-1}}^G, H_{\Delta A_{i-1}}^G$ 和 ④ L_i^G, H_i^G 满足下列性质

$$L_i^G(x) = \begin{cases} L_{i-1}^G(x) \cup L_{\Delta A_{i-1}}^G(x), & \text{如果} x \in U_{i-1}, \\ L_{\Delta U_{i-1}}^G(x) \cup L_{\Delta A_{i-1}}^G(x), & \text{其他,} \end{cases} \qquad (6.12)$$

$$H_i^G(a) = \begin{cases} H_{i-1}^G(a) \cup H_{\Delta U_{i-1}}^G(a), & \text{如果} a \in A_{i-1}, \\ H_{\Delta A_{i-1}}^G(a), & \text{其他,} \end{cases} \qquad (6.13)$$

其中，当 $\Delta U_{i-1} = \varnothing$ 时，$L_{\Delta U_{i-1}}^G(x)$ 和 $H_{\Delta U_{i-1}}^G(a)$ 为空；当 $\Delta A_{i-1} = \varnothing$ 时，$L_{\Delta A_{i-1}}^G(x)$ 和 $H_{\Delta A_{i-1}}^G(a)$ 为空. 那么，随着新信息 $L_{\Delta U_{i-1}}, H_{\Delta U_{i-1}}$ 和 $L_{\Delta A_{i-1}}, H_{\Delta A_{i-1}}$ 的输入，称 L_i 和 H_i 是 L_{i-1} 和 H_{i-1} 的扩展认知算子.

至于扩展认知算子的背景，L_{i-1} 和 H_{i-1} 可看作知识表示的最后状态；L_i 和 H_i 可看作当前的知识表示状态，它是随着新信息 $L_{\Delta U_{i-1}}, H_{\Delta U_{i-1}}$ 和 $L_{\Delta A_{i-1}}, H_{\Delta A_{i-1}}$ 的输入，在 L_{i-1} 和 H_{i-1} 基础上的更新结果. 在此背景下，从最后状态到当前状态，粒概念需要更新一次.

定义 6.3.2 设 U_{i-1}, U_i 为 $\{U_t\}^{\uparrow}$ 的两个对象集，A_{i-1}, A_i 为 $\{A_t\}^{\uparrow}$ 的两个属性集，$\Delta U_{i-1} = U_i - U_{i-1}$，$\Delta A_{i-1} = A_i - A_{i-1}$，且① L_{i-1}, H_{i-1}，② $L_{\Delta U_{i-1}}, H_{\Delta U_{i-1}}$，③ $L_{\Delta A_{i-1}}, H_{\Delta A_{i-1}}$ 和④ L_i, H_i 是 4 对认知算子. 若 L_i 和 H_i 是随着新信息 $L_{\Delta U_{i-1}}, H_{\Delta U_{i-1}}$ 和 $L_{\Delta A_{i-1}}, H_{\Delta A_{i-1}}$ 的输入后 L_{i-1} 和 H_{i-1} 的扩展认知算子，则称 $S_{L_i H_i} = \left(G_{L_{i-1} H_{i-1}}, L_{\Delta U_{i-1}}, H_{\Delta U_{i-1}}, L_{\Delta A_{i-1}}, H_{\Delta A_{i-1}} \right)$ 为一个认知计算状态，其中 $G_{L_{i-1} H_{i-1}}$ 表示认知算子 L_{i-1} 和 H_{i-1} 的所有粒概念的集合. 此外，由 $S = \cup_{i=2}^n \left\{ S_{L_i H_i} \right\}$ 表示的一系列认知计算状态称为认知计算系统.

对于认知计算系统的背景，每一个认知计算状态均可看作对所考虑信息更新一次的结果，一组认知计算可看作一系列信息连续更新的结果.

基于初始粒概念 $G_{L_1 H_1}$ 和一系列新信息 " $L_{\Delta U_1}, H_{\Delta U_1}, L_{\Delta A_1}, H_{\Delta A_1}$ "，" $L_{\Delta U_2}, H_{\Delta U_2}, L_{\Delta A_2}, H_{\Delta A_2}$ "，$\cdots$，" $L_{\Delta U_{i-1}}, H_{\Delta U_{i-1}}, L_{\Delta A_{i-1}}, H_{\Delta A_{i-1}}$ " 的输入，计算认知计算系统 $S = \cup_{i=2}^n \left\{ S_{L_i H_i} \right\}$ 的最终粒概念 $G_{L_n H_n}$ 是十分重要的. 上述问题在粒计算理论中称为信息粒的转换，并且采用递归方法足以解决由 $G_{L_{i-1} H_{i-1}}, L_{\Delta U_{i-1}}, H_{\Delta U_{i-1}}, L_{\Delta A_{i-1}}, H_{\Delta A_{i-1}}$ 确定 $G_{L_i H_i}$ 的子问题；换言之，我们只需讨论认知计算状态 $S_{L_i H_i} = \left(G_{L_{i-1} H_{i-1}}, L_{\Delta U_{i-1}}, H_{\Delta U_{i-1}}, \right.$

$L_{\Delta A_{i-1}}, H_{\Delta A_{i-1}}$）．为了解决此类问题，进一步提出面向对象认知计算状态和面向属性认知计算状态的概念．

定义 6.3.3 设 U_{i-1}, U_i 为 $\{U_t\}^{\uparrow}$ 的两个对象集，A_{i-1} 为属性集，$\Delta U_{i-1} = U_i - U_{i-1}$，且① $L_{i-1}: 2^{U_{i-1}} \to 2^{A_{i-1}}$，$H_{i-1}: 2^{A_{i-1}} \to 2^{U_{i-1}}$，② $L_{\Delta U_{i-1}}: 2^{\Delta U_{i-1}} \to 2^{A_{i-1}}$，$H_{\Delta U_{i-1}}: 2^{A_{i-1}} \to 2^{\Delta U_{i-1}}$，③ $L_0: 2^{U_i} \to 2^{A_{i-1}}$，$H_0: 2^{A_{i-1}} \to 2^{U_i}$ 是三对认知算子．若随着新信息 $L_{\Delta U_{i-1}}$ 和 $H_{\Delta U_{i-1}}$ 的输入，L_0 和 H_0 是 L_{i-1} 和 H_{i-1} 的扩展认知算子（即只有对象信息更新），则 $OS_{L_0 H_0} = \left(G_{L_{i-1} H_{i-1}}, L_{\Delta U_{i-1}}, H_{\Delta U_{i-1}} \right)$ 称为面向对象认知计算状态．

性质 6.3.1 设 $OS_{L_0 H_0} = \left(G_{L_{i-1} H_{i-1}}, L_{\Delta U_{i-1}}, H_{\Delta U_{i-1}} \right)$ 为面向对象认知计算状态．下列表述成立：

（1）对任意 $x \in U_i$，如果 $x \in U_{i-1}$，有

$$\left(H_0 L_0 (x), L_0 (x) \right) = \left(H_{i-1} L_{i-1}(x) \cup H_{\Delta U_{i-1}} L_{i-1}(x), L_{i-1}(x) \right); \tag{6.14}$$

否则，

$$\left(H_0 L_0 (x), L_0 (x) \right) = \left(H_{i-1} L_{\Delta U_{i-1}}(x) \cup H_{\Delta U_{i-1}} L_{\Delta U_{i-1}}(x), L_{\Delta U_{i-1}}(x) \right). \tag{6.15}$$

（2）对任意 $a \in A_{i-1}$，有

$$\left(H_0 (a), L_0 H_0 (a) \right) = \left(H_{i-1}(a) \cup H_{\Delta U_{i-1}}(a), L_{i-1} H_{i-1}(a) \cap L_{\Delta U_{i-1}} H_{\Delta U_{i-1}}(a) \right). \tag{6.16}$$

证明 （1）如果 $x \in U_{i-1}$，由定义 6.3.1 可知：当 $L_{\Delta A_{i-1}}(x) = \varnothing$ 时 $L_0(x) = L_{i-1}(x)$．根据公式（6.6）和（6.13）可得

$$H_0 (\{a_1, a_2\}) = H_0^G (a_1) \cap H_0^G (a_2)$$
$$= \left(H_{i-1}^G (a_1) \cup H_{\Delta U_{i-1}}^G (a_1) \right) \cap \left(H_{i-1}^G (a_2) \cup H_{\Delta U_{i-1}}^G (a_2) \right)$$
$$= \left(H_{i-1}^G (a_1) \cap H_{i-1}^G (a_2) \right) \cup \left(\cup H_{\Delta U_{i-1}}^G (a_1) \cap H_{i-1}^G (a_2) \right)$$
$$\quad \cup \left(H_{i-1}^G (a_1) \cap H_{\Delta U_{i-1}}^G (a_2) \right) \cup \left(H_{\Delta U_{i-1}}^G (a_1) \cap H_{\Delta U_{i-1}}^G (a_2) \right)$$
$$= \left(H_{i-1}^G (a_1) \cap H_{i-1}^G (a_2) \right) \cup \left(H_{\Delta U_{i-1}}^G (a_1) \cap H_{\Delta U_{i-1}}^G (a_2) \right)$$
$$= H_{i-1} (\{a_1, a_2\}) \cup H_{\Delta U_{i-1}} (\{a_1, a_2\}).$$

进一步，用递归法可得 $H_0 L_0 (x) = H_0 L_{i-1}(x) H_{i-1} L_{i-1}(x) \cup H_{\Delta U_{i-1}} L_{i-1}(x)$．综上所述，满足 $\left(H_0 L_0 (x), L_0 (x) \right) = \left(H_{i-1} L_{i-1}(x) \cup H_{\Delta U_{i-1}} L_{i-1}(x), L_{i-1}(x) \right)$．

类似地，如果 $x \in U_{i-1}$，可以证明 $\left(H_0 L_0 (x), L_0 (x) \right) = \left(H_{i-1} L_{\Delta U_{i-1}}(x) \cup H_{\Delta U_{i-1}} L_{\Delta U_{i-1}}(x), L_{\Delta U_{i-1}}(x) \right)$．

（2）对任意 $a \in A_{i-1}$，根据定义 6.3.1 可得 $H_0(a) = H_{i-1}(a) \cup H_{\Delta U_{i-1}}(a)$．进一步，

由公式（6.5）和（6.12）可得

$$L_0\big(H_0(a)\big)=L_0\big(H_{i-1}(a)\cup H_{\Delta U_{i-1}}(a)\big)=L_0\big(H_{i-1}(a)\big)\cap L_0\big(H_{\Delta U_{i-1}}(a)\big)$$

$$=\Big(\cap_{x\in H_{i-1}(a)}L_0^G(x)\Big)\cap\Big(\cap_{x\in H_{\Delta U_{i-1}}(a)}L_0^G(x)\Big)$$

$$=\Big(\cap_{x\in H_{i-1}(a)}L_{i-1}^G(x)\Big)\cap\Big(\cap_{x\in H_{\Delta U_{i-1}}(a)}L_{\Delta U_{i-1}}^G(x)\Big)$$

$$=L_{i-1}H_{i-1}(a)\cap L_{\Delta U_{i-1}}H_{\Delta U_{i-1}}(a).$$

因此，可以得到

$$\big(H_0(a),L_0H_0(a)\big)=\big(H_{i-1}(a)\cup H_{\Delta U_{i-1}}(a),L_{i-1}H_{i-1}(a)\cap L_{\Delta U_{i-1}}H_{\Delta U_{i-1}}(a)\big).$$

下面是面向属性认知计算状态的定义.

定义 6.3.4　设 U_{i-1} 为对象集，A_{i-1},A_i 为 $\{A_i\}^{\uparrow}$ 的两个属性集，且① $L_0:2^{U_i}\to 2^{A_{i-1}},H_0:2^{A_{i-1}}\to 2^{U_i}$，② $L_{\Delta A_{i-1}}:2^{U_i}\to 2^{\Delta A_{i-1}},H_{\Delta A_{i-1}}:2^{\Delta A_{i-1}}\to 2^{U_i}$，③ $L_i:2^{U_i}\to 2^{A_i},H_i:2^{A_i}\to 2^{U_i}$ 是三对认知算子. 若随着新信息 $L_{\Delta A_{i-1}}$ 和 $H_{\Delta A_{i-1}}$ 的输入，L_i 和 H_i 是 L_0 和 H_0 的扩展认知算子（即只有属性信息更新），则 $AS_{L_iH_i}=\big(G_{L_0H_0},L_{\Delta A_{i-1}},H_{\Delta A_{i-1}}\big)$ 称为面向属性认知计算状态.

性质 6.3.2　设 $AS_{L_iH_i}=\big(G_{L_0H_0},L_{\Delta A_{i-1}},H_{\Delta A_{i-1}}\big)$ 为面向属性认知计算状态. 下列表述成立：

（1）对任意 $a\in A_i$，如果 $a\in A_{i-1}$，那么

$$\big(H_i(a),L_iH_i(a)\big)=\big(H_0(a),L_0H_0(a)\cup L_{\Delta A_{i-1}}H_0(a)\big);\qquad(6.17)$$

否则，

$$\big(H_i(a),L_iH_i(a)\big)=\big(H_{\Delta A_{i-1}}(a),L_0H_{\Delta A_{i-1}}(a)\cup L_{\Delta A_{i-1}}H_{\Delta A_{i-1}}(a)\big).\qquad(6.18)$$

（2）对任意 $x\in U_i$，有

$$\big(H_iL_i(x),L_i(x)\big)=\big(H_0L_0(x)\cap H_{\Delta A_{i-1}}L_{\Delta A_{i-1}}(x),L_0(x)\cup L_{\Delta A_{i-1}}(x)\big).\qquad(6.19)$$

证明　与性质 6.3.1 证明方法类似.

结合定义 6.3.3、定义 6.3.4、性质 6.3.1 和性质 6.3.2 可知，认知计算状态 $S_{L_iH_i}=\big(G_{L_{i-1}H_{i-1}},L_{\Delta U_{i-1}},H_{\Delta U_{i-1}},L_{\Delta A_{i-1}},H_{\Delta A_{i-1}}\big)$ 可以分解成面向对象概念认知状态 $OS_{L_0H_0}=\big(G_{L_{i-1}H_{i-1}},L_{\Delta U_{i-1}},H_{\Delta U_{i-1}}\big)$ 和面向属性概念认知状态 $AS_{L_iH_i}=\big(G_{L_0H_0},L_{\Delta A_{i-1}},H_{\Delta A_{i-1}}\big)$，这样分解有利于粒概念 $G_{L_iH_i}$ 的计算. 具体地，①首先将 $S_{L_iH_i}$ 分解为 $OS_{L_0H_0}$ 和 $AS_{L_iH_i}$；②进一步利用性质 6.3.1 计算粒概念 $G_{L_0H_0}$；③最后通过性质 6.3.2 计算 $G_{L_iH_i}$. 具体结果见下面的性质.

性质 6.3.3　设 $S_{L_iH_i} = \left(G_{L_{i-1}H_{i-1}}, L_{\Delta U_{i-1}}, H_{\Delta U_{i-1}}, L_{\Delta A_{i-1}}, H_{\Delta A_{i-1}}\right)$ 为认知计算状态. 下列表述成立:

（1）对任意 $x \in U_i$，如果 $x \in U_{i-1}$，那么

$$\left(H_i L_i(x), L_i(x)\right) = \left(\left(H_{i-1}L_{i-1}(x) \cup H_{\Delta U_{i-1}}L_{i-1}(x)\right)\right.$$
$$\left.\cap H_{\Delta A_{i-1}}L_{\Delta A_{i-1}}(x), L_{i-1}(x) \cup L_{\Delta A_{i-1}}(x)\right); \quad (6.20)$$

否则，

$$\left(H_i L_i(x), L_i(x)\right) = \left(\left(H_{i-1}L_{\Delta U_{i-1}}(x) \cup H_{\Delta U_{i-1}}L_{\Delta U_{i-1}}(x)\right)\right.$$
$$\left.\cap H_{\Delta A_{i-1}}L_{\Delta A_{i-1}}(x), L_{\Delta U_{i-1}}(x) \cup L_{\Delta A_{i-1}}(x)\right). \quad (6.21)$$

（2）对任意 $a \in A_i$，如果 $a \in A_{i-1}$，那么

$$\left(H_i(a), L_iH_i(a)\right) = \left(H_{i-1}(a) \cup H_{\Delta U_{i-1}}(a), \left(L_{i-1}H_{i-1}(a)\right.\right.$$
$$\left.\left.\cap L_{\Delta U_{i-1}}H_{\Delta U_{i-1}}(a)\right) \cup \left(L_{\Delta A_{i-1}}H_{i-1}(a) \cap L_{\Delta A_{i-1}}H_{\Delta U_{i-1}}(a)\right)\right); \quad (6.22)$$

否则，

$$\left(H_i(a), L_iH_i(a)\right) = \left(H_{\Delta A_{i-1}}(a), \left(L_{i-1}\left(H_{\Delta A_{i-1}}(a) \cap U_{i-1}\right)\right.\right.$$
$$\left.\left.\cap L_{\Delta U_{i-1}}\left(H_{\Delta A_{i-1}}(a) \cap \Delta U_{i-1}\right)\right) \cup L_{\Delta A_{i-1}}H_{\Delta A_{i-1}}(a)\right). \quad (6.23)$$

性质 6.3.3 给出了随着新信息 $L_{\Delta U_{i-1}}$，$H_{\Delta U_{i-1}}$ 和 $L_{\Delta A_{i-1}}$，$H_{\Delta A_{i-1}}$ 的输入，信息粒从 $G_{L_{i-1}H_{i-1}}$ 到 $G_{L_iH_i}$ 的一种简单的转换方式.

基于以上讨论，下面算法 6.3.1 为认知计算系统 $S = \cup_{i=2}^{n} \left\{S_{L_iH_i}\right\}$ 粒概念 $G_{L_nH_n}$ 的计算，其中每个 $S_{L_iH_i} = \left(G_{L_{i-1}H_{i-1}}, L_{\Delta U_{i-1}}, H_{\Delta U_{i-1}}, L_{\Delta A_{i-1}}, H_{\Delta A_{i-1}}\right)$ 表示一个认知计算状态.

算法 6.3.1　认知计算系统粒概念的计算

输入：$S = \cup_{i=2}^{n}\left\{S_{L_iH_i}\right\}$，$S_{L_iH_i} = \left(G_{L_{i-1}H_{i-1}}, L_{\Delta U_{i-1}}, H_{\Delta U_{i-1}}, L_{\Delta A_{i-1}}, H_{\Delta A_{i-1}}\right)$ 代表一个认知计算状态.

输出：S 的粒概念 $G_{L_nH_n}$.

1. 初始化 $G_{L_1H_1} = \left\{\left(H_1 L_1(x), L_1(x)\right) \mid x \in U_1\right\} \cup \left\{\left(H_1(a), L_1H_1(a)\right) \mid a \in A_1\right\}$ 且 $i = 2$；

2. While $i \leqslant n$

3. $OS_{L_0H_0}$ 表示面向对象认知计算状态 $\left(G_{L_{i-1}H_{i-1}}, L_{\Delta U_{i-1}}, H_{\Delta U_{i-1}}\right)$；

4. For $\forall x \in U_i$

5. If $x \in U_{i-1}$

6. 令 $L_0(x) = L_{i-1}(x)$，$H_{\Delta U_{i-1}} L_{i-1}(x) = \cap_{a \in L_{i-1}(x)} H_{\Delta U_{i-1}}(a)$，且
$$H_0 L_0(x) = H_{i-1} L_{i-1}(x) \cup H_{\Delta U_{i-1}} L_{i-1}(x);$$

7. Else

8. 令 $L_0(x) = I_{\Delta U_{i-1}}(x)$，$H_{i-1} L_{\Delta U_{i-1}}(x) = \cap_{a \in L_{\Delta U_{i-1}}} H_{i-1}(a)$，且
$$H_0 L_0(x) = H_{i-1} L_{\Delta U_{i-1}}(x) \cup H_{\Delta U_{i-1}} L_{\Delta U_{i-1}}(x);$$

9. End If

10. End For

11. For $\forall a \in A_{i-1}$

12. $H_0(a) = H_{i-1}(a) \cup H_{\Delta U_{i-1}}(a)$ 且 $L_0 H_0(a) = L_{i-1} H_{i-1}(a) \cap L_{\Delta U_{i-1}} H_{\Delta U_{i-1}}(a)$；

13. End For

14. $AS_{L_i H_i}$ 表示面向属性认知计算状态 $\left(G_{L_0 H_0}, L_{\Delta A_{i-1}}, H_{\Delta A_{i-1}} \right)$；

15. For $\forall a \in A_i$

16. If $a \in A_{i-1}$

17. 令 $H_i(a) = H_0(a)$，$L_{\Delta A_{i-1}} H_0(a) = \cap_{x \in H_0(a)} L_{\Delta A_{i-1}}(x)$，且
$$L_i H_i(a) = L_0 H_0(a) \cup L_{\Delta A_{i-1}} H_0(a);$$

18. Else

19. 令 $H_i(a) = H_{\Delta A_{i-1}}(a)$，$L_0 H_{\Delta A_{i-1}}(a) = \cap_{x \in H_{\Delta A_{i-1}}(a)} L_0(x)$，且
$$L_i H_i(a) = L_0 H_{\Delta A_{i-1}}(a) \cup L_{\Delta A_{i-1}} H_{\Delta A_{i-1}}(a);$$

20. End If

21. End For

22. For $\forall x \in U_i$

23. 令 $L_i(x) = L_0(x) \cup L_{\Delta A_{i-1}}(x)$ 且 $H_i L_i(x) = H_0 L_0(x) \cap H_{\Delta A_{i-1}} L_{\Delta A_{i-1}}(x)$；

24. End For

25. 令 $G_{L_i H_i} = \left\{ (H_i L_i(x), L_i(x)) \mid x \in U_i \right\} \cup \left\{ (H_i(a), L_i H_i(a)) \mid a \in A_i \right\}$；

26. $i \leftarrow i+1$；

27. End While

28. 返回 $G_{L_i H_i}$.

根据性质 6.3.1 和性质 6.3.2 可知，步骤 3—步骤 13 是计算面向对象认知计算状态 $OS_{L_0 H_0}$ 的粒概念，步骤 14—步骤 24 是计算面向属性认知计算状态 $AS_{L_i H_i}$ 的粒

概念；由性质 6.3.3 可知，步骤 25 得到的 $G_{L_iH_i}$ 是认知计算状态 $S_{L_iH_i}$ 的粒概念. 因此，算法 6.3.1 输出的 $G_{L_nH_n}$ 是输入的认知计算系统 $S=\bigcup_{i=2}^{n}\{S_{L_iH_i}\}$ 的粒概念. 从粒度计算的角度出发，算法 6.3.1 实际上可看作一种通过递归方法从信息粒 $G_{L_1H_1}$ 到 $G_{L_nH_n}$ 的转换方式.

现在分析算法 6.3.1 的时间复杂度. 假设 $S=\bigcup_{i=2}^{n}\{S_{L_iH_i}\}$ 是输入认知计算系统，然后基于 6.1 节的讨论，步骤 1 的时间复杂度为 $O\big((|U_1|+|A_1|)|U_1||A_1|\big)$；进一步，步骤 3—步骤 13 和步骤 14—步骤 24 的时间复杂度均为 $O\big((|U_i|+|A_i|)|U_i||A_i|\big)$. 因此步骤 2—步骤 26 的时间复杂度为 $O\big(n(|U_n|+|A_n|)|U_n||A_n|\big)$，其中 n 是认知计算状态的个数. 综上所述，算法 6.3.1 的时间复杂度为多项式时间复杂度 $O\big(n(|U_n|+|A_n|)|U_n||A_n|\big)$.

例 6.3.1 沿用例 6.1.1 从四位患者中发现的与 SARS 相关的四个症状（发热、咳嗽、头痛、呼吸困难）. 随着时间的推移，会有更多的患者（如患者 5，6，7，8 和 9）出现额外的症状（如腹泻、肌肉疼痛、恶心和呕吐）被观察到. 假设患者和症状的信息更新如表 6.3.1 所示. 注意，表格中患者 1，2，3，4 在新症状腹泻、肌肉疼痛、恶心和呕吐下的值为"否"是一个非常特殊的假设，并不能适用于所有情况，因为出现最初四种症状的四个患者可能已经去世，无法联系，即有时没有机会从他们那里获得新症状的值.

表 6.3.1 患者和症状信息更新的 SARS 数据集

患者	发热	咳嗽	头痛	呼吸困难	腹泻	肌肉疼痛	恶心和呕吐
1	是	是	否	是	否	否	否
2	否	是	否	是	否	否	否
3	否	否	是	否	否	否	否
4	是	否	是	否	否	否	否
5	是	否	是	否	是	否	否
6	否	是	否	否	否	是	否
7	是	否	否	否	是	否	是
8	否	是	否	否	否	是	是
9	否	否	是	否	否	否	否

现在更新例 6.2.1 中得到的粒概念. $U_1=\{1,2,3,4\}$ 表示表 6.1.1 中的初始患者，他们的初始症状由 $A_1=\{a,b,c,d\}$ 表示，且 L_1 和 H_1 表示 $2^{|U_1|}$ 与 $2^{|A_1|}$ 之间的认知

算子（详见例 6.1.1）. L_1 和 H_1 的信息粒和其对应的粒概念 $G_{L_1H_1}$ 见例 6.2.1 所示.

此外, $5, 6, 7, 8$ 表示新患者, e, f, g 表示新症状. 令 $U_2 = \{1, 2, 3, 4, 5, 6, 7, 8, 9\}$, $A_2 = \{a, b, c, d, e, f, g\}$, $\Delta U_1 = U_2 - U_1 = \{5, 6, 7, 8, 9\}$, $\Delta A_1 = A_2 - A_1 = \{e, f, g\}$. 与 例 6.1.1 类似, 通过直观的知觉和注意, 可以得到认知算子 $L_{\Delta U_1} : 2^{\Delta U_1} \to 2^{A_1}$, $H_{\Delta U_1} : 2^{A_1} \to 2^{\Delta U_1}$ 和 $L_{\Delta A_1} : 2^{U_2} \to 2^{\Delta A_1}$, $H_{\Delta A_1} : 2^{\Delta A_1} \to 2^{U_2}$. $L_{\Delta U_1}$ 和 $H_{\Delta U_1}$ 的信息粒为

$$L_{\Delta U_1}^G = \{\{5\} \mapsto \{a, c\}, \{6\} \mapsto \{b\}, \{7\} \mapsto \{a, d\}, \{8\} \mapsto \{b\}, \{9\} \mapsto \{c\}\},$$

$$H_{\Delta U_1}^G = \{\{a\} \mapsto \{5, 7\}, \{b\} \mapsto \{6, 8\}, \{c\} \mapsto \{5, 9\}, \{d\} \mapsto \{7\}\},$$

$L_{\Delta A_1}$ 和 $H_{\Delta A_1}$ 的信息粒为

$$L_{\Delta A_1}^G = \{\{1\} \mapsto \varnothing, \{2\} \mapsto \varnothing, \{3\} \mapsto \varnothing, \{4\} \mapsto \varnothing, \{5\} \mapsto \{e\}, \{6\} \mapsto \{f\},$$
$$\{7\} \mapsto \{g\}, \{8\} \mapsto \{f, g\}, \{9\} \mapsto \{e\}\},$$

$$H_{\Delta A_1}^G = \{\{e\} \mapsto \{5, 9\}, \{f\} \mapsto \{6, 8\}, \{g\} \mapsto \{7, 8\}\}.$$

随着新信息 $L_{\Delta U_1}$, $H_{\Delta U_1}$ 和 $L_{\Delta A_1}$, $H_{\Delta A_1}$ 的输入, 我们用 L_2 和 H_2 表示 L_1 和 H_1 的扩 展认知算子（L_2 和 H_2 的构建见公式（6.12）和（6.13）), 那么 $S_{L_2H_2} = \big(G_{L_1H_1}, L_{\Delta U_1},$ $H_{\Delta U_1}, L_{\Delta A_1}, H_{\Delta A_1}\big)$ 是认知计算系统 S 当 $n = 2$ 时的认知计算状态.

由算法 6.3.1 得到认知计算系统 S 的粒概念 $G_{L_2H_2}$ 如下：

$(\{1\}, \{a, b, d\})$, 　$(\{1, 2\}, \{b, d\})$, 　$(\{3, 4, 5, 9\}, \{c\})$, 　$(\{4, 5\}, \{a, c\})$, 　$(\{5\},$ $\{a, c, e\})$, 　$(\{6, 8\}, \{b, f\})$, 　$(\{7\}, \{a, d, g\})$, 　$(\{8\}, \{b, f, g\})$, 　$(\{5, 9\}, \{c, e\})$, $(\{1, 4, 5, 7\}, \{a\})$, 　$(\{1, 2, 6, 8\}, \{b\})$, 　$(\{1, 2, 7\}, \{d\})$, 　$(\{7, 8\}, \{g\})$.

6.4　基于上下逼近思想的概念认知过程

现实世界中, 当对象集、属性集或对象集和属性集都被赋予额外的信息时, 在现有概念的基础上学习认知概念是十分重要的, 解决这个问题通常称为认知过 程. 例如沿用例 6.3.1, 假设患者 3, 4 和 5 是患 SARS 的儿童, 那么这些孩子在 SARS 中有哪些症状呢? 然而, 例 6.3.1 中列出的当前粒概念 $G_{L_2H_2}$ 没有外延是 $X_1 = \{3, 4, 5\}$ 的情况, 因此无法回答这个问题. 为了解决上述问题, 我们需要通过 给定的对象集 $X_1 = \{3, 4, 5\}$ 基于已知粒概念 $G_{L_2H_2}$ 学习额外的认知概念. 类似地, 当属性集或对象-属性集序对被赋予新的信息时, 也有必要学习额外的认知概念.

本节我们使用集合近似讨论基于认知计算系统的粒概念 $G_{L_nH_n}$ 从给定的对象

集、属性集或对象-属性集序对学习一个精确或两个近似认知概念的认知过程. 在讨论这个问题之前, 先介绍一些与粗糙集理论有关的基本概念（例如, 上下近似、粗糙集等）, 以明确地说明集合近似概念的来源.

序对 $I = \langle U, AT \rangle$ 可被视为一个信息系统, 其中：

U 是非空有限对象集, 称为论域；

AT 是非空有限属性集, 对任意 $a \in AT$, V_a 是属性 a 的域.

对任意 $x \in U$, 我们用 $a(x)$ 表示属性 $a \in AT$ 在 x 下的取值. 给定 $A \in AT$, 定义不可辨识关系 $IND(A)$ 为

$$IND(A) = \{(x, y) \in U \times U \mid a(x) = a(y), \forall a \in A\}.$$

易证 $IND(A)$ 满足自反性、对称性和可传递性；换言之, $IND(A)$ 形成了一个可以将对象 U 划分成等价类 $[x]_A = \{y \in U \mid (x, y) \in IND(A)\}$ 的等价关系. 我们用 $U / IND(A)$ 表示 U 的划分, 即 $U / IND(A) = \{[x]_A \mid x \in U\}$. 那么任意子集 $X \subseteq U$ 的上下近似定义如下：

$$\underline{A}(X) = \cup_{Y \in U / IND(A), Y \subseteq X} Y,$$
$$\overline{A}(X) = \cup_{Y \in U / IND(A), Y \cap X \neq \varnothing} Y.$$

在粗糙集理论中, 序对 $\left[\underline{A}(X), \overline{A}(X)\right]$ 是 X 相对于属性集 A 的粗糙集.

需要注意的是, 粗糙集理论[40]上下近似的思想由 Saquer 和 Deogun[41], Yao 和 Chen[42], 以及 Zhang 和 Qiu[43]进一步扩展到 Wille 概念格中, 由 Shao 等[44]进一步推广到模糊概念格中.

6.4.1　基于对象集的概念学习

本小节讨论通过集合近似从一个给定的对象集中学习一个精确或两个近似认知概念的问题. 首先, 提出了一种逼近对象集方法.

令 $G_{L_n H_n}$ 是认知计算系统 $S = \cup_{i=2}^n \{S_{L_i H_i}\}$ 的粒概念, $\mathfrak{B}(U_n, A_n, L_n, H_n)$ 是对应的认知概念格, 那么基于 6.2 节的讨论可知, $G_{L_n H_n}$ 是 $\mathfrak{B}(U_n, A_n, L_n, H_n)$ 基本信息粒的集合.

基于已有的集合近似思想, 定义了对象集 X_0 在认知概念格中的下近似和上近似, 分别如下：

$$\underline{Apr}(X_0) = extent\left(\vee_{(X,B) \in \mathfrak{B}(U_n, A_n, L_n, H_n), X \subseteq X_0} (X, B)\right),$$
$$\overline{Apr}(X_0) = extent\left(\wedge_{(X,B) \in \mathfrak{B}(U_n, A_n, L_n, H_n), X_0 \subseteq X} (X, B)\right),$$

（6.24）

其中 $extent(\cdot)$ 表示认知概念的外延.

也就是说，下近似 $\underline{Apr}(X_0)$ 是特化认知概念 $(H_nL_n(X_0), L_n(X_0))$ 的上确界外延，上近似 $\overline{Apr}(X_0)$ 是泛化认知概念 $(H_nL_n(X_0), L_n(X_0))$ 的下确界外延.

根据公式（6.9）和（6.24），X_0 的上下近似可表示为

$$\underline{Apr}(X_0) = H_nL_n\left(\bigcup_{(X,B)\in\mathfrak{B}(U_n,A_n,L_n,H_n), X\subseteq X_0} X\right),$$
$$\overline{Apr}(X_0) - \bigcap_{(X,B)\in\mathfrak{B}(U_n,A_n,L_n,H_n), X_0\subseteq X} X. \tag{6.25}$$

注意到

$$H_nL_n\left(\bigcup_{(X,B)\in\mathfrak{B}(U_n,A_n,L_n,H_n), X\subseteq X_0} X\right) \subseteq H_nL_n(X_0) \subseteq \bigcap_{(X,B)\in\mathfrak{B}(U_n,A_n,L_n,H_n), X_0\subseteq X} X,$$

那么

$$\left(\underline{Apr}(X_0), L_n\left(\underline{Apr}(X_0)\right)\right) \preceq \left(H_n^{\bullet}L_n(X_0), L_n(X_0)\right)$$
$$\preceq \left(\overline{Apr}(X_0), L_n\left(\overline{Apr}(X_0)\right)\right). \tag{6.26}$$

因此，我们认为 $\left(\underline{Apr}(X_0), L_n\left(\underline{Apr}(X_0)\right)\right)$ 和 $\left(\overline{Apr}(X_0), L_n\left(\overline{Apr}(X_0)\right)\right)$ 是通过集合近似从给定对象集 X_0 学习认知概念的结果，并且定义（概念）学习精度为

$$\alpha(X_0) = 1 - \frac{\left|\overline{Apr}(X_0)\right| - \left|\underline{Apr}(X_0)\right|}{|U_n|}, \tag{6.27}$$

$\alpha(X_0)$ 用来衡量从 X_0 学习认知概念的精度. 显然，$\alpha(X_0) = 1$ 当且仅当 $\left|\overline{Apr}(X_0)\right| = \left|\underline{Apr}(X_0)\right|$.

通过算法 6.3.1 只能获得认知计算系统 $S = \bigcup_{i=2}^{n}\left\{S_{L_iH_i}\right\}$ 的粒概念 $G_{L_nH_n}$. 虽然通过公式（6.10）可以利用 $G_{L_nH_n}$ 诱导所有的认知概念 $\mathfrak{B}(U_n, A_n, L_n, H_n)$，实际上由于 $\mathfrak{B}(U_n, A_n, L_n, H_n)$ 的节点在最坏情况下呈指数分布，因此通常很难实现. 为了解决这个问题，我们需要以下性质.

为了简便，记

$$G_{L_nH_n}^{*} = \begin{cases} G_{L_nH_n} \cup \left\{(U_n, \varnothing)\right\}, & \text{如果} (U_n, \varnothing) \in \mathfrak{B}(U_n, A_n, L_n, H_n), \\ G_{L_nH_n}, & \text{其他；} \end{cases}$$

$$G_{L_nH_n}^{\#} = \begin{cases} G_{L_nH_n} \cup \left\{(\varnothing, A_n)\right\}, & \text{如果} (\varnothing, A_n) \in \mathfrak{B}(U_n, A_n, L_n, H_n), \\ G_{L_nH_n}, & \text{其他.} \end{cases}$$

性质 6.4.1　设 $\mathfrak{B}(U_n, A_n, L_n, H_n)$ 是认知算子 L_n 和 H_n 的认知概念格，$G_{L_nH_n}$ 是对应的粒概念. 那么对任意 $X_0 \subseteq U$，有

$$\underline{Apr}(X_0) = extent\left(\bigvee\nolimits_{(X,B)\in G_{L_nH_n}^{\#},\,X\subseteq X_0}(X,B)\right),$$

$$\overline{Apr}(X_0) = extent\left(\bigwedge\nolimits_{(X,B)\in G_{L_nH_n}^{*},\,X_0\subseteq X}(X,B)\right). \tag{6.28}$$

证明 令 $G_{L_nH_n}^{\#T}$ 表示与 $\mathfrak{B}(U_n,A_n,L_n,H_n)$ 对应的 $G_{L_nH_n}^{\#}$ 的补集，$G_{L_nH_n}^{*T}$ 表示与 $\mathfrak{B}(U_n,A_n,L_n,H_n)$ 对应的 $G_{L_nH_n}^{*}$ 的补集，即 $G_{L_nH_n}^{\#T} = \mathfrak{B}(U_n,A_n,L_n,H_n) - G_{L_nH_n}^{\#}$，$G_{L_nH_n}^{*T} = \mathfrak{B}(U_n,A_n,L_n,H_n) - G_{L_nH_n}^{*}$. 然后由公式（6.10）可得

$$\bigvee\nolimits_{(X,B)\in\mathfrak{B}(U_n,A_n,L_n,H_n),\,X\subseteq X_0}(X,B)$$

$$=\left(\bigvee\nolimits_{(X,B)\in G_{L_nH_n}^{\#},\,X\subseteq X_0}(X,B)\right)\vee\left(\bigvee\nolimits_{(X,B)\in G_{L_nH_n}^{\#T},\,X\subseteq X_0}(X,B)\right)$$

$$=\left(\bigvee\nolimits_{(X,B)\in G_{L_nH_n}^{\#},\,X\subseteq X_0}(X,B)\right)\vee\left(\bigvee\nolimits_{(X,B)\in G_{L_nH_n}^{\#T},\,X\subseteq X_0}\left(\bigvee\nolimits_{x\in X}(H_nL_n(x),L_n(x))\right)\right)$$

$$=\left(\bigvee\nolimits_{(X,B)\in G_{L_nH_n}^{\#},\,X\subseteq X_0}(X,B)\right),$$

$$\bigwedge\nolimits_{(X,B)\in\mathfrak{B}(U_n,A_n,L_n,H_n),\,X_0\subseteq X}(X,B)$$

$$=\left(\bigwedge\nolimits_{(X,B)\in G_{L_nH_n}^{*},\,X_0\subseteq X}(X,B)\right)\wedge\left(\bigwedge\nolimits_{(X,B)\in G_{L_nH_n}^{*T},\,X_0\subseteq X}(X,B)\right)$$

$$=\left(\bigwedge\nolimits_{(X,B)\in G_{L_nH_n}^{*},\,X_0\subseteq X}(X,B)\right)\wedge\left(\bigwedge\nolimits_{(X,B)\in G_{L_nH_n}^{*T},\,X_0\subseteq X}\left(\bigwedge\nolimits_{a\in B}(H_n(A),L_nH_n(a))\right)\right)$$

$$=\left(\bigwedge\nolimits_{(X,B)\in G_{L_nH_n}^{*},\,X_0\subseteq X}(X,B)\right).$$

因此，公式（6.28）成立.

性质 6.4.1 表明通过算法 6.3.1 从一个信息系统中很容易得到粒概念 $G_{L_nH_n}$（具体是 $G_{L_nH_n}^{*}$ 和 $G_{L_nH_n}^{\#}$），从对象集 X_0 逼近的结果和 $\mathfrak{B}(U_n,A_n,L_n,H_n)$ 一样. 具体地，

$$\underline{Apr}(X_0) = H_nL_n\left(\bigcup\nolimits_{(X,B)\in G_{L_nH_n}^{\#},\,X\subseteq X_0}X\right),$$

$$\overline{Apr}(X_0) = \bigcap\nolimits_{(X,B)\in G_{L_nH_n}^{*},\,X_0\subseteq X}X. \tag{6.29}$$

这允许我们能够用粒概念 $G_{L_nH_n}$ 代替认知概念格 $\mathfrak{B}(U_n,A_n,L_n,H_n)$ 从对象集 X_0 学习认知概念.

性质 6.4.2 设 $\left(\underline{Apr}(X_0),L_n\left(\underline{Apr}(X_0)\right)\right)$ 和 $\left(\overline{Apr}(X_0),L_n\left(\overline{Apr}(X_0)\right)\right)$ 是基于 $G_{L_nH_n}$ 由对象集 X_0 学习得到的认知概念. 如果 $\underline{Apr}(X_0) = \overline{Apr}(X_0)$，那么由 X_0 学习到的认知概念只有一个，即 $\left(H_nL_n(X_0),L_n(X_0)\right)$.

证明 根据公式（6.26）即可得证.

总之，对于给定的对象集 X_0，如果 $\underline{Apr}(X_0) = \overline{Apr}(X_0)$，可以得到一个精确

认知概念 $\left(H_nL_n\left(X_0\right),L_n\left(X_0\right)\right)$ 且学习精度为 $\alpha\left(X_0\right)=1$；否则，只能得到学习精度为

$$\alpha\left(X_0\right)=1-\frac{\left|\overline{Apr}\left(X_0\right)\right|-\left|\underline{Apr}\left(X_0\right)\right|}{\left|U_n\right|}$$ 的两个近似认知概念 $\left(\underline{Apr}\left(X_0\right),L_n\left(\underline{Apr}\left(X_0\right)\right)\right)$

和 $\left(\overline{Apr}\left(X_0\right),L_n\left(\overline{Apr}\left(X_0\right)\right)\right)$，算法 6.4.1 表明如何计算它们.

算法 6.4.1　基于对象集的概念学习

输入：认知计算系统 $S=\cup_{i=2}^{n}\left\{S_{L_iH_i}\right\}$ 的粒概念 $G_{L_nH_n}$ 及对象集 X_0.

输出：关于 X_0 的一个精确或者两个近似认知概念和学习精度.

1. 初始化 $\Pi_x=\varnothing,\Pi_a=\varnothing,\Omega_x=\varnothing,\Omega_a=\varnothing,\alpha\left(X_0\right)=1,m=1$ 且记 $G_{L_nH_n}$ 的元

素为

$$\left(H_nL_n\left(x_1\right),L_n\left(x_1\right)\right),\left(H_nL_n\left(x_2\right),L_n\left(x_2\right)\right),\cdots,\left(H_nL_n\left(x_s\right),L_n\left(x_s\right)\right),$$
$$\left(H_n\left(a_1\right),L_nH_n\left(a_1\right)\right),\left(H_n\left(a_2\right),L_nH_n\left(a_2\right)\right),\cdots,\left(H_n\left(a_t\right),L_nH_n\left(a_t\right)\right);$$

2. For $\forall i\in\left\{1,2,\cdots,s\right\}$

3. If $H_nL_n\left(x_i\right)\subseteq X_0$

4. $\Pi_x\leftarrow\Pi_x\cup\left\{\left(H_nL_n\left(x_i\right),L_n\left(x_i\right)\right)\right\}$；

5. End If

6. If $X_0\subseteq H_nL_n\left(x_i\right)$

7. $\Omega_x\leftarrow\Omega_x\cup\left\{\left(H_nL_n\left(x_i\right),L_n\left(x_i\right)\right)\right\}$；

8. End If

9. End For

10. For $\forall j\in\left\{1,2,\cdots,t\right\}$

11. If $H_n\left(a_j\right)\subseteq X_0$

12. $\Pi_a\leftarrow\Pi_a\cup\left\{H_n\left(a_j\right),L_nH_n\left(a_j\right)\right\}$；

13. End If

14. If $X_0\subseteq H_n\left(a_j\right)$

15. $\Omega_a\leftarrow\Omega_a\cup\left\{H_n\left(a_j\right),L_nH_n\left(a_j\right)\right\}$；

16. End If

17. End For

18. 令 $\Pi=\Pi_x\cup\Pi_a,\Omega=\Omega_x\cup\Omega_a$，当 $\left(\varnothing,A_n\right)$ 是认知概念时将 $\left(\varnothing,A_n\right)$ 添加到

Π，当 $(U_n, \varnothing)$ 是认知概念时将 $(U_n, \varnothing)$ 添加到 Ω，并计算

$$\underline{Apr}(X_0) = H_n L_n \left(\cup_{(X, B) \in \Pi} X \right) \text{ 和 } \overline{Apr}(X_0) = \cap_{(X, B) \in \Omega} X ;$$

19. If $\underline{Apr}(X_0) = \overline{Apr}(X_0)$

20. $B_0 = \cap_{x \in \underline{Apr}(X_0)} L_n(x)$；

21. Else

22. 重置 $m = 2$ 并计算 $\underline{B}_0 = \cap_{x \in \underline{Apr}(X_0)} L_n(x)$，$\overline{B}_0 = \cap_{x \in \overline{Apr}(X_0)} L_n(x)$ 和 $\alpha(X_0) =$

$$1 - \frac{\left| \overline{Apr}(X_0) \right| - \left| \underline{Apr}(X_0) \right|}{|U_n|}.$$

23. End If

24. 当 $m = 1$ 时返回 $\left(\underline{Apr}(X_0), B_0 \right)$ 和 $\alpha(X_0)$；否则返回 $\left(\underline{Apr}(X_0), \underline{B}_0 \right)$，$\left(\overline{Apr}(X_0), \overline{B}_0 \right)$ 和 $\alpha(X_0)$.

根据公式（6.29）可知，算法 6.4.1 中步骤 2—步骤 18 计算对象集 X_0 的上下近似，步骤 19—步骤 24 寻找关于 X_0 的一个精确或两个近似认知概念和学习精度 $\alpha(X_0)$. 并且，容易验证算法 6.4.1 的时间复杂度为 $O\left(|U_n|^2 + |U_n||A_n| + |A_n|^2 \right)$.

例 6.4.1　沿用例 6.3.1，假设患者 3，4，5 是患 SARS 的儿童，患者 5，9 是患 SARS 的老人，那么，这些儿童（老人）究竟有哪些 SARS 症状呢？为了回答这个问题，我们需要基于例 6.3.1 中得到的粒概念 $G_{L_2 H_2}$ 从给定的对象集 $X_1 = \{3, 4, 5\}$ 和 $X_2 = \{5, 9\}$ 中学习认知概念. 根据公式（6.29）可得

$$\underline{Apr}(X_1) = H_2 L_2 \left(\cup_{(X, B) \in G_{L_2 H_2}^\#, X \subseteq X_1} X \right) = H_2 L_2 \left(\varnothing \cup \{5\} \cup \{4, 5\} \right) = \{4, 5\},$$

$$\overline{Apr}(X_1) = \cap_{(X, B) \in G_{L_2 H_2}^\bullet, X_1 \subseteq X} X = \{3, 4, 5, 9\} \cap U_2 = \{3, 4, 5, 9\},$$

$$\underline{Apr}(X_2) = H_2 L_2 \left(\cup_{(X, B) \in G_{L_2 H_2}^\#, X \subseteq X_2} X \right) = H_2 L_2 \left(\varnothing \cup \{5\} \cup \{5, 9\} \right) = \{5, 9\},$$

$$\overline{Apr}(X_2) = \cap_{(X, B) \in G_{L_2 H_2}^\bullet, X_2 \subseteq X} X = \{5, 9\} \cap \{3, 4, 5, 9\} \cap U_2 = \{5, 9\}.$$

因此，由 X_1 得到两个近似认知概念 $(\{4, 5\}, \{a, c\})$ 和 $(\{3, 4, 5, 9\}, \{c\})$ 且学习精度为 $\alpha(X_0) = \dfrac{7}{9}$，进而可知这些儿童并不存在确切的 SARS 症状，但是发热和头痛可以大致描述它们. 此外，由 X_2 学习到一个精确概念 $(\{5, 9\}, \{c, e\})$，这意味着头痛和腹泻可以准确地描述老年人患 SARS 的特征.

6.4.2　基于属性集的概念学习

本小节介绍用集合近似的方法从给定的属性集中学习一个精确或两个近似认知概念的问题. 与 6.4.1 节的情况类似, 我们首先提出一种逼近属性集方法为概念学习做准备.

$\mathfrak{B}(U_n, A_n, L_n, H_n)$ 中属性集 B_0 的上下近似定义如下:

$$\underline{Apr}(B_0) = intent\left(\bigvee_{(X,B)\in\mathfrak{B}(U_n,A_n,L_n,H_n),B_0\subseteq B}(X,B)\right),$$
$$\overline{Apr}(B_0) = intent\left(\bigwedge_{(X,B)\in\mathfrak{B}(U_n,A_n,L_n,H_n),B\subseteq B_0}(X,B)\right), \tag{6.30}$$

其中 $intent(\cdot)$ 表示认知概念的内涵.

也就是说, 下近似 $\underline{Apr}(X_0)$ 是特化认知概念 $(H_n(B_0), L_nH_n(B_0))$ 的上确界内涵, 上近似 $\overline{Apr}(X_0)$ 是泛化认知概念 $(H_n(B_0), L_nH_n(B_0))$ 的下确界内涵.

根据公式 (6.9) 和 (6.30), B_0 的上下近似可表示为

$$\underline{Apr}(B_0) = \bigcap_{(X,B)\in\mathfrak{B}(U_n,A_n,L_n,H_n),B_0\subseteq B}B,$$
$$\overline{Apr}(B_0) = L_nH_n\left(\bigcup_{(X,B)\in\mathfrak{B}(U_n,A_n,L_n,H_n),B\subseteq B_0}B\right). \tag{6.31}$$

注意到

$$L_nH_n\left(\bigcup_{(X,B)\in\mathfrak{B}(U_n,A_n,L_n,H_n),B\subseteq B_0}B\right) \subseteq L_nH_n(B_0) \subseteq \bigcap_{(X,B)\in\mathfrak{B}(U_n,A_n,L_n,H_n),B_0\subseteq B}B.$$

那么

$$\left(H_n\left(\underline{Apr}(B_0)\right), \underline{Apr}(B_0)\right) \preceq \left(H_n(B_0), L_nH_n(B_0)\right)$$
$$\preceq \left(H_n\left(\overline{Apr}(B_0)\right), \overline{Apr}(B_0)\right). \tag{6.32}$$

因此, 我们认为 $\left(H_n\left(\underline{Apr}(B_0)\right), \underline{Apr}(B_0)\right)$ 和 $\left(H_n\left(\overline{Apr}(B_0)\right), \overline{Apr}(B_0)\right)$ 是通过集合近似从给定属性集 B_0 学习认知概念的结果, 且定义 (概念) 学习精度为

$$\beta(B_0) = 1 - \frac{\left|\overline{Apr}(B_0)\right| - \left|\underline{Apr}(B_0)\right|}{|A_n|}, \tag{6.33}$$

$\beta(B_0)$ 用来衡量由 B_0 学习认知概念的精度. 显然, $\beta(B_0) = 1$ 当且仅当 $\left|\overline{Apr}(B_0)\right| = \left|\underline{Apr}(B_0)\right|$.

类似地, 认知计算系统的粒概念 $G_{L_nH_n}$ 可以逼近和认知概念格结果一样的属性集. 具体地, 有以下性质.

性质 6.4.3　设 $\mathfrak{B}(U_n, A_n, L_n, H_n)$ 是认知算子 L_n 和 H_n 的认知概念格, $G_{L_nH_n}$ 是

对应的粒概念. 对任意 $B_0 \subseteq A$，有

$$\underline{Apr}(B_0) = intent\left(\bigvee_{(X,B)\in G_{L_nH_n}^{\#},\, B_0 \subseteq B}(X,B)\right),$$

$$\overline{Apr}(B_0) = intent\left(\bigwedge_{(X,B)\in G_{L_nH_n}^{*},\, B \subseteq B_0}(X,B)\right), \tag{6.34}$$

即

$$\underline{Apr}(B_0) = \bigcap_{(X,B)\in G_{L_nH_n}^{\#},\, B_0 \subseteq B} B,$$

$$\overline{Apr}(B_0) = L_nH_n\left(\bigcup_{(X,B)\in G_{L_nH_n}^{*},\, B \subseteq B_0} B\right). \tag{6.35}$$

性质 6.4.4　设 $\left(H_n\left(\underline{Apr}(B_0)\right), \underline{Apr}(B_0)\right)$ 和 $\left(H_n\left(\overline{Apr}(B_0)\right), \overline{Apr}(B_0)\right)$ 是基于 $G_{L_nH_n}$ 由属性集 B_0 学习得到的认知概念. 如果 $\underline{Apr}(B_0) = \overline{Apr}(B_0)$，那么由 B_0 学习得到的认知概念只有一个，为 $\left(H_n(B_0), L_nH_n(B_0)\right)$.

证明　根据公式（6.32）即可得证.

总之，对给定属性集 B_0，如果 $\underline{Apr}(B_0) = \overline{Apr}(B_0)$，可以得到一个精确认知概念 $\left(H_n(B_0), L_nH_n(B_0)\right)$ 且学习精度为 $\beta(B_0) = 1$；否则，只能得到学习精度为

$$\beta(B_0) = 1 - \frac{\left|\underline{Apr}(B_0)\right| - \left|\overline{Apr}(B_0)\right|}{|A_n|}$$ 的两个近似认知概念 $\left(H_n\left(\underline{Apr}(B_0)\right), \underline{Apr}(B_0)\right)$ 和 $\left(H_n\left(\overline{Apr}(B_0)\right), \overline{Apr}(B_0)\right)$，算法 6.4.2 表明如何计算它们.

算法 6.4.2　基于属性集的概念学习

输入：认知计算系统 $S = \bigcup_{i=2}^{n}\{S_{L_iH_i}\}$ 的粒概念 $G_{L_nH_n}$ 及属性集 B_0.

输出：关于 B_0 的一个精确或者两个近似认知概念和学习精度.

1. 初始化 $\Pi_x = \varnothing, \Pi_a = \varnothing, \Omega_x = \varnothing, \Omega_a = \varnothing, \beta(B_0) = 1, m = 1$ 且记 $G_{L_nH_n}$ 的元素为 $\left(H_nL_n(x_1), L_n(x_1)\right), \left(H_nL_n(x_2), L_n(x_2)\right), \cdots, \left(H_nL_n(x_s), L_n(x_s)\right)$, $\left(H_n(a_1), L_nH_n(a_1)\right), \left(H_n(a_2), L_nH_n(a_2)\right), \cdots, \left(H_n(a_t), L_nH_n(a_t)\right)$;

2. For $\forall i \in \{1, 2, \cdots, s\}$

3. If $B_0 \subseteq L_n(x_i)$

4. $\Pi_x \leftarrow \Pi_x \cup \left\{\left(H_nL_n(x_i), L_n(x_i)\right)\right\}$;

5. End If

6. If $L_n(x_i) \subseteq B_0$

7. $\Omega_x \leftarrow \Omega_x \cup \left\{\left(H_nL_n(x_i), L_n(x_i)\right)\right\}$;

---

8. End If

9. End For

10. For　$\forall j \in \{1, 2, \cdots, t\}$

11. If　$B_0 \subseteq L_n H_n(a_j)$

12. $\Pi_n \leftarrow \Pi_x \cup \{H_n(a_j), L_n H_n(a_j)\}$;

13. End If

14. If　$L_n H_n(a_j) \subseteq B_0$

15. $\Omega_a \leftarrow \Omega_a \cup \{H_n(a_j), L_n H_n(a_j)\}$;

16. End If

17. End For

18. 令 $\Pi = \Pi_a \cup \Pi_x, \Omega = \Omega_a \cup \Omega_x$，当 $(\varnothing, A_n)$ 是认知概念时将 $(\varnothing, A_n)$ 添加到 Π，当 $(U_n, \varnothing)$ 是认知概念时将 $(U_n, \varnothing)$ 添加到 Ω，并计算 $\underline{Apr}(B_0) = \cap_{(X,B)\in\Pi} B$ 和 $\overline{Apr}(X_0) = L_n H_n(\cup_{(X,B)\in\Omega} B)$；

19. If　$\underline{Apr}(B_0) = \overline{Apr}(B_0)$

20. $X_0 = \cap_{a\in\underline{Apr}(B_0)} H_n(a)$;

21. Else

22. 重置 $m=2$ 并计算 $\underline{X}_0 = \cap_{a\in\underline{Apr}(B_0)} H_n(a), \overline{X}_0 = \cap_{a\in\overline{Apr}(X_0)} H_n(a)$ 及 $\beta(B_0) =$
$1 - \dfrac{\left|\underline{Apr}(B_0)\right| - \left|\overline{Apr}(B_0)\right|}{|A_n|}$.

23. End If

24. 当 $m=1$ 时返回 $(X_0, \underline{Apr}(B_0))$ 和 $\beta(B_0)$；否则返回 $(\underline{X}_0, \underline{Apr}(B_0))$，$(\overline{X}_0, \overline{Apr}(B_0))$ 和 $\beta(B_0)$.

根据公式（6.35）可知算法 6.4.2 中步骤 2—步骤 18 计算属性集 B_0 的上下近似，步骤 19—步骤 24 是从 B_0 学习一个精确或两个近似认知概念和学习精度 $\beta(B_0)$. 而且，容易验证算法 6.4.2 的时间复杂度为 $O\left(|U_n|^2 + |U_n||A_n| + |A_n|^2\right)$.

例 6.4.2　沿用例 6.3.1，假设发热、腹泻以及腹泻、头痛应该得到医生更多关注，那么，哪些患者全部只出现发热和腹泻（头痛和腹泻）？为了回答这个问题，我们需要基于例 6.3.1 中得到的粒概念 $G_{L_2 H_2}$ 从给定的属性集 $B_1 = \{a, e\}$ 和 $B_2 = \{c, e\}$ 中

学习认知概念. 根据公式（6.35）可得

$$\underline{Apr}(B_1) = \bigcap_{(X,B) \in G^{\#}_{L_2H_2}, B_1 \subseteq B} B = \{a,c,e\} \cap A_2 = \{a,c,e\},$$

$$\overline{Apr}(B_1) = L_2H_2\left(\bigcup_{(X,B) \in G^{*}_{L_2H_2}, B \subseteq B_1} B\right) = L_2H_2(\varnothing \cup \{a\}) = \{a\},$$

$$\underline{Apr}(B_2) = \bigcap_{(X,B) \in G^{\#}_{L_2H_2}, B_2 \subseteq B} B = \{c,e\} \cap \{a,c,e\} \cap A_2 = \{c,e\},$$

$$\overline{Apr}(B_2) = L_2H_2\left(\bigcup_{(X,B) \in G^{*}_{L_2H_2}, B \subseteq B_2} B\right) = L_2H_2(\{c\} \cup \{c,e\}) = \{c,e\}.$$

因此，我们从 B_1 中得到两个近似认知概念 $(\{5\},\{a,c,e\})$ 和 $(\{1,4,5,7\},\{a\})$ 且学习精度为 $\alpha(X_0) = \dfrac{5}{7}$，进而可知不存在患者同时出现发热和腹泻的情况，但患者 5 出现发热、头痛和腹泻，患者 1，4，5，7 整体出现发热. 同时从 B_2 中学习到一个精确概念 $(\{5,9\},\{c,e\})$，这意味着患者 5，9 全都患有且仅患有头痛和腹泻.

6.4.3 基于对象-属性集序对的概念学习

本小节介绍用集合近似的方法从对象-属性集序对中学习一个精确或两个近似认知概念的问题.

基于给定的对象-属性集序对 (X_0, B_0) 的概念学习，不同于基于对象集 X_0 或属性集 B_0 的概念学习. 具体来说，给定对象集 X_0，我们考虑 $(X_0, L_n(X_0))$，其内涵 $L_n(X_0)$ 由 X_0 诱导出；同样地，给定属性集 B_0，我们考虑 $(H_n(B_0), B_0)$，其外延 $H_n(B_0)$ 由 B_0 诱导出. 然而，给定对象-属性集序对 (X_0, B_0)，B_0 是否为与 X_0 相关的内涵或者 X_0 是否为与 B_0 相关的外延，这是未知的；甚至有时候就外延-内涵关系而言，X_0 和 B_0 彼此之间的关联较少，也就是说在这种情况下，(X_0, B_0) 的认知概念学习可能并不合理. 受此启发，我们提出了对象-属性集序对的概念可诱导定义.

定义 6.4.1 设 $\mathfrak{B}(U_n, A_n, L_n, H_n)$ 是认知算子 L_n 和 H_n 的认知概念格，$G_{L_nH_n}$ 是对应的粒概念. 对任意 $X_0 \subseteq U_n$ 和 $B_0 \subseteq A_n$，如果 $\underline{Apr}(X_0) \subseteq H_n(B_0) \subseteq \overline{Apr}(X_0)$ 且 $\overline{Apr}(B_0) \subseteq L_n(X_0) \subseteq \underline{Apr}(B_0)$，那么称 (X_0, B_0) 为可诱导概念；否则，为不可诱导概念.

例 6.4.3 沿用例 6.3.1、例 6.4.1 和例 6.4.2. 由于 $\underline{Apr}(\{3,4,5\}) = \{4,5\}$，$H_n(\{a,e\}) = \{5\}$ 且 $\overline{Apr}(\{3,4,5\}) = \{3,4,5,9\}$，可知 $\underline{Apr}(\{3,4,5\}) \subseteq H_n(\{a,e\}) \subseteq \overline{Apr}(\{3,4,5\})$ 不成立，根据定义 6.4.1 可知序对 $(\{3,4,5\},\{a,e\})$ 是不可诱导概念.

由于不可诱导概念对意味着对象集 X_0 和属性集 B_0 在外延-内涵关系下相互联

系较少，下文中我们只关注概念学习中的可诱导概念对.

性质 6.4.5 设 $\mathfrak{B}(U_n, A_n, L_n, H_n)$ 是认知算子 L_n 和 H_n 的认知概念格，$G_{L_n H_n}$ 是对应的粒概念. 对任意 $X_0 \subseteq U_n$ 和 $B_0 \subseteq A_n$，$(X_0, L_n(X_0))$ 和 $(H_n(B_0), B_0)$ 是可诱导概念对.

证明 首先，证明序对 $(X_0, L_n(X_0))$ 是可诱导概念.

一方面，根据公式（6.26）可知 $\underline{Apr}(X_0) \subseteq H_n(L_n(X_0)) \subseteq \overline{Apr}(X_0)$. 另一方面，由公式（6.31）可得

$$\underline{Apr}(L_n(X_0)) = \bigcap_{(X,B)\in\mathfrak{B}(U_n, A_n, L_n, H_n), L_n(X_0)\subseteq B} B,$$

$$\overline{Apr}(L_n(X_0)) = L_n H_n\left(\bigcup_{(X,B)\in\mathfrak{B}(U_n, A_n, L_n, H_n), B\subseteq L_n(X_0)} B\right).$$

注意到

$$L_n H_n\left(\bigcup_{(X,B)\in\mathfrak{B}(U_n, A_n, L_n, H_n), B\subseteq L_n(X_0)} B\right) \subseteq L_n(X_0) \subseteq \bigcap_{(X,B)\in\mathfrak{B}(U_n, A_n, L_n, H_n), L_n(X_0)\subseteq B} B.$$

因此满足 $\underline{Apr}(L_n(X_0)) \subseteq L_n(X_0) \subseteq \overline{Apr}(L_n(X_0))$. 综上所述，$(X_0, L_n(X_0))$ 是可诱导概念.

利用类似方法可证 $(H_n(B_0), B_0)$ 是可诱导概念.

结合性质 6.4.5 和 6.4.3 节前面的讨论，我们知道对象集或属性集是可诱导概念，这就是为什么我们在 6.4.1 节和 6.4.2 节中可以直接实现概念学习.

接下来讨论如何从一对可诱导概念的对象-属性集序对学习认知概念.

性质 6.4.6 对于可诱导概念序对 (X_0, B_0)，令 $\left(\underline{Apr}(X_0), L_n\left(\underline{Apr}(X_0)\right)\right)$ 和 $\left(\overline{Apr}(X_0), L_n\left(\overline{Apr}(X_0)\right)\right)$ 为学习 X_0 得到的认知概念，$\left(H_n\left(\underline{Apr}(B_0)\right), \underline{Apr}(B_0)\right)$ 和 $\left(H_n\left(\overline{Apr}(B)\right), \overline{Apr}(B_0)\right)$ 为学习 B_0 得到的认知概念. 那么

$$\left(H_n\left(\underline{Apr}(B_0)\right), \underline{Apr}(B_0)\right) \preceq \lambda(X_0) \preceq \left(H_n\left(\overline{Apr}(B_0)\right), \overline{Apr}(B_0)\right), \quad (6.36)$$

$$\left(\underline{Apr}(X_0), L_n\left(\underline{Apr}(X_0)\right)\right) \preceq \mu(B_0) \preceq \left(\overline{Apr}(X_0), L_n\left(\overline{Apr}(X_0)\right)\right), \quad (6.37)$$

其中，$\lambda(X_0) = (H_n L_n(X_0), L_n(X_0))$，$\mu(B_0) = (H_n(B_0), L_n H_n(B_0))$.

证明 由定义 6.4.1 即可得证.

根据公式（6.26），（6.32），（6.36），（6.37），有下面性质成立.

性质 6.4.7 对于可诱导概念序对 (X_0, B_0)，令 $\left(\underline{Apr}(X_0), L_n\left(\underline{Apr}(X_0)\right)\right)$ 和 $\left(\overline{Apr}(X_0), L_n\left(\overline{Apr}(X_0)\right)\right)$ 为学习 X_0 得到的认知概念，$\left(H_n\left(\underline{Apr}(B_0)\right), \underline{Apr}(B_0)\right)$ 和

$\left(H_n\left(\overline{Apr}(B)\right),\overline{Apr}(B_0)\right)$ 为学习 B_0 得到的认知概念. 那么

$$\left(\underline{Apr}(X_0),L_n\left(\underline{Apr}(X_0)\right)\right)\vee\left(H_n\left(\underline{Apr}(B_0)\right),\underline{Apr}(B_0)\right)\preceq\lambda(X_0)$$

$$\preceq\left(\overline{Apr}(X_0),L_n\left(\overline{Apr}(X_0)\right)\right)\wedge\left(H_n\left(\overline{Apr}(B_0)\right),\overline{Apr}(B_0)\right),\quad(6.38)$$

$$\left(\underline{Apr}(X_0),L_n\left(\underline{Apr}(X_0)\right)\right)\vee\left(H_n\left(\underline{Apr}(B_0)\right),\underline{Apr}(B_0)\right)\preceq\mu(B_0)$$

$$\preceq\left(\overline{Apr}(X_0),L_n\left(\overline{Apr}(X_0)\right)\right)\wedge\left(H_n\left(\overline{Apr}(B_0)\right),\overline{Apr}(B_0)\right),\quad(6.39)$$

其中, $\lambda(X_0)=\left(H_nL_n(X_0),L_n(X_0)\right)$, $\mu(B_0)=\left(H_n(B_0),L_nH_n(B_0)\right)$.

基于上述讨论, 如果序对 (X_0,B_0) 是可诱导概念, 我们将

$$\left(\underline{Apr}(X_0),L_n\left(\underline{Apr}(X_0)\right)\right)\vee\left(H_n\left(\underline{Apr}(B_0)\right),\underline{Apr}(B_0)\right)\quad(6.40)$$

和

$$\left(\overline{Apr}(X_0),L_n\left(\overline{Apr}(X_0)\right)\right)\wedge\left(H_n\left(\overline{Apr}(B_0)\right),\overline{Apr}(B_0)\right)\quad(6.41)$$

作为从 (X_0,B_0) 中利用集合近似学习到的认知概念. 注意, 公式 (6.40) 和 (6.41) 分别与 $\left(H_n\left(\underline{Apr}(B_0)\right),\underline{Apr}(B_0)\right)$ 和 $\left(\overline{Apr}(X_0),L_n\left(\overline{Apr}(X_0)\right)\right)$ 相等. 因此, 定义 (概念) 学习精度用于衡量 (X_0,B_0) 的学习认知概念的精确度, 具体形式如下:

$$\gamma(X_0,B_0)=1-\left(\frac{\left|\overline{Apr}(X_0)\right|-\left|H_n\left(\underline{Apr}(B_0)\right)\right|}{2|U_n|}+\frac{\left|\overline{Apr}(B_0)\right|-\left|L_n\left(\overline{Apr}(X_0)\right)\right|}{2|A_n|}\right).\quad(6.42)$$

显然, 学习精度 $\gamma(X_0,B_0)=1$ 当且仅当 $\left|\overline{Apr}(X_0)\right|=\left|H_n\left(\underline{Apr}(B_0)\right)\right|$ 且 $\left|\overline{Apr}(B_0)\right|=\left|L_n\left(\overline{Apr}(X_0)\right)\right|$.

性质 6.4.8　对于可诱导概念序对 (X_0,B_0), 令 $\left(\underline{Apr}(X_0),L_n\left(\underline{Apr}(X_0)\right)\right)$ 和 $\left(\overline{Apr}(X_0),L_n\left(\overline{Apr}(X_0)\right)\right)$ 为学习 X_0 得到的认知概念, $\left(H_n\left(\underline{Apr}(B_0)\right),\underline{Apr}(B_0)\right)$ 和 $\left(H_n\left(\overline{Apr}(B)\right),\overline{Apr}(B_0)\right)$ 为学习 B_0 得到的认知概念. 如果 $\overline{Apr}(X_0)=H_n\left(\underline{Apr}(B_0)\right)$ 且 $\underline{Apr}(B_0)=L_n\left(\overline{Apr}(X_0)\right)$, 那么学习 (X_0,B_0) 得到的认知概念只有一个, 为 $\left(H_n(B_0),L_n(X_0)\right)$.

证明　根据公式 (6.38) 和 (6.39) 即可得证.

特别地, 如果可诱导概念对 (X_0,B_0) 是认知概念, 易证其学习认知概念是其本身.

综上所述，对于给定的可诱导概念序对 (X_0, B_0)，如果 $\overline{Apr}(X_0) = H_n(\underline{Apr}(B_0))$ 且 $\underline{Apr}(B_0) = L_n(\overline{Apr}(X_0))$，可以得到一个精确的学习认知概念 $(H_n(B_0), L_n(X_0))$，且学习精度 $\gamma(X_0, B_0) = 1$；否则，只能得到两个近似学习认知概念（具体见公式（6.40）和（6.41））且学习精度 $\gamma(X_0, B_0) < 1$.

算法 6.4.3　基于对象-属性集序对的概念学习

输入：认知计算系统 $S = \cup_{i=2}^{n} \{S_{L_iH_i}\}$ 的粒概念 $G_{L_nH_n}$ 及序对 (X_0, B_0).

输出：关于可诱导概念对 (X_0, B_0) 的一个精确或者两个近似学习认知概念和精度.

1. 初始化 $m = 0$；

2. 调用算法 6.4.1 从 X_0 中学习认知概念 $\left(\underline{Apr}(X_0), L_n(\underline{Apr}(X_0))\right)$ 和 $\left(\overline{Apr}(X_0), L_n(\overline{Apr}(X_0))\right)$，且调用算法 6.4.2 从 B_0 中学习认知概念 $\left(H_n(\underline{Apr}(B_0)), \underline{Apr}(B_0)\right)$ 和 $\left(H_n(\overline{Apr}(B)), \overline{Apr}(B_0)\right)$；

3. If $\underline{Apr}(X_0) \subseteq \cap_{a \in B_0} H_n(a) \subseteq \overline{Apr}(X_0)$ 或 $\overline{Apr}(B_0) \subseteq \cap_{a \in B_0} H_n(a)$ 不成立

4. 返回可诱导概念对 (X_0, B_0)；

5. Else

6. If $\overline{Apr}(X_0) = H_n(\underline{Apr}(B_0))$ 且 $\underline{Apr}(B_0) = L_n(\overline{Apr}(X_0))$

7. 返回 $(H_n(B_0), L_n(X_0))$ 和 $\gamma(X_0, B_0) = 1$；

8. Else

9. $(X_1, B_1) \leftarrow \left(\underline{Apr}(X_0), L_n(\underline{Apr}(X_0))\right) \vee \left(H_n(\underline{Apr}(B_0)), \underline{Apr}(B_0)\right)$

$(X_2, B_2) \leftarrow \left(\overline{Apr}(X_0), L_n(\overline{Apr}(X_0))\right) \wedge \left(H_n(\overline{Apr}(B_0)), \overline{Apr}(B_0)\right)$

$$\gamma(X_0, B_0) = 1 - \left(\frac{\left|\overline{Apr}(X_0)\right| - \left|H_n(\underline{Apr}(B_0))\right|}{2|U_n|} + \frac{\left|\underline{Apr}(B_0)\right| - \left|L_n(\overline{Apr}(X_0))\right|}{2|A_n|}\right)$$

返回 (X_1, B_1)，(X_2, B_2) 和 $\gamma(X_0, B_0)$；

10. End If

11. End If

通过定义 6.4.1 和公式（6.40），（6.41）可知，算法 6.4.3 旨在从对象-属性集序对中学习一个精确或两个近似认知概念（如果有的话），易证算法 6.4.3 的时间复

杂度为 $O\left(\left|U_n\right|^2 + \left|U_n\right|\left|A_n\right| + \left|A_n\right|^2\right)$.

例 6.4.4　沿用例 6.4.1，患者 3，4，5 是患 SARS 的儿童. 此外，从表 6.3.1 可以看出，这些患儿有共同症状：头痛. 那么，这些孩子和头痛症状是否可以作为 SARS 的典型特征呢？为了回答这个问题，我们需要基于例 6.3.1 中得到的粒概念 $G_{L_2 H_2}$ 从给定的序对 $X_0 = \{3,4,5\}$ 和 $B_0 = \{c\}$ 中学习认知概念.

容易发现，$\underline{Apr}\left(X_0\right) \subseteq H_2\left(B_0\right) \subseteq \overline{Apr}\left(X_0\right)$ 且 $\overline{Apr}\left(B_0\right) \subseteq L_2\left(X_0\right) \subseteq \underline{Apr}\left(B_0\right)$ 同时成立，由定义 6.4.1 可知 $\left(X_0, B_0\right)$ 是可诱导概念. 并且通过算法 6.4.3，我们学习 $\left(X_0, B_0\right)$ 得到一个精确认知概念 $\left(\{3,4,5,9\}, \{c\}\right)$ 且学习精度为 $\gamma\left(X_0, B_0\right) = 1$. 因此，儿童（即患者 3，4，5）和头痛症状不能在 SARS 患者中相互描述，但患者 3，4，5，9 只有头痛症状，同时头痛症状恰好是患者 3，4，5，9 的特征.

6.5　本 章 小 结

本章方法与现有方法[32-35]之间的区别主要体现在认知机制、认知计算系统和认知过程三个方面.

现有的文献主要侧重于通过公理化方式建立的概念系统进行概念学习，与认知机制的分析无关. 而本章根据哲学和认知心理学原理，具体分析了概念形成的认知机制，自然地找到了能更好地模拟大脑知觉、注意和学习等智力行为的认知算子.

现有工作通过不同的公理化方法提出了认知计算系统，这些系统无法将过去的经验整合到自身中来处理动态数据. 而本章的由一系列认知计算状态组成的认知计算系统，能够通过递归思想将过去的经验整合到自身中. 此外，粒计算也应用于此认知计算系统中以减少计算时间.

现有的认知过程研究主要是由给定对象集和属性集序对通过迭代算法[32,33]进行概念学习，而不管给定的对象集和属性集是否为可诱导概念，更不用说概念学习的精度. 而本章提出了对象-属性集对为可诱导概念的定义，以及通过集合近似由可诱导概念对学习概念的简单方法，并讨论了如何衡量概念学习的精度.

本章方法与现有方法之间的联系主要体现在认知计算和应用两个方面.

现有的工作在某种程度上显示了在研究概念学习中的认知计算思想，例如，文献[32]中提到了将认知观点应用于概念学习的重要性. 通过迭代算法从给定的对象集和属性集中学习概念认知是认知的自然反映. 受这些工作影响，我们明确将认知计算的思想应用于基于粒计算的概念学习，包括认知机制、认知计算系统和认知过程的详细讨论.

本章方法与现有的方法都允许用户指定认知计算系统中的算子. 换句话说，用户可以在认知计算系统学习概念之前，根据数据分析的具体要求重新构造算子.

最后，对本章的一些结果做出解释.

关于认知算子 L 和 H 的一些基本性质（如性质 6.1.1、性质 6.1.2、性质 6.2.1和性质 6.2.2）与文献[33—35]在形式概念分析中提出的性质相似，因为 L 和 H 也满足 Galois 连接. 不同的是，定义 6.1.1 中认知算子的公理化来源于哲学和认知心理学原理.

由于算法 6.3.1、算法 6.4.1—算法 6.4.3 的时间复杂度分别为 $O\big(n\big(|U_n|+|A_n|\big)$ $|U_n||A_n|\big)$, $O\big(|U_n|^2+|U_n||A_n|+|A_n|^2\big)$, $O\big(|U_n|^2+|U_n||A_n|+|A_n|^2\big)$ 和 $O\big(|U_n|^2+|U_n||A_n|+|A_n|^2\big)$，即概念学习方法可以在多项式时间内完成；而文献[15]中的经典算法在最坏情况下需要指数时间进行概念学习. 因此，将粒计算引入认知概念格中确实可以提高概念学习的效率.

第 7 章　多注意力概念认知学习

在认知科学中，由于信息处理的瓶颈，人类会有选择地关注部分信息，而忽略一些不重要的细节，使有限的信息处理资源分配合理化. 例如，当人们阅读时，只有少数几个关键的单词会受到注意. 注意力是所有感知和认知过程的核心，已经渗透到认知研究的各个方面. 为了有效地将有限的处理能力集中在最重要的信息上，注意力机制应运而生. 然而，在概念认知学习中，学者们提出的一些概念学习系统并没有对注意力予以重视.

本章介绍了一种新的概念学习方法，即多注意力概念认知学习模型（multi-attention concept-cognitive learning model，MA-CLM）. 该模型的目标是在提高分类效率的同时生成合适的伪概念. 具体地，首先通过属性注意力为每个决策类学习一个概念注意力空间，在此概念空间的基础上，提出了一种基于图注意力的概念聚类和概念生成方法，最后用聚类后的概念空间进行概念识别与泛化.

7.1　概念注意力空间

在概念认知学习过程中，根据决策属性这一线索，人们会将注意力集中到某些条件属性上. 因此在不同的概念空间中，对条件属性的注意力程度也不同. 在认知过程中，与决策属性相似度高的条件属性更容易被注意到，同时内积是衡量两个向量相似度的一种方式. 所以我们计算所有条件属性向量 $\{c_1, c_2, \cdots, c_{n_1}\}$ 与决策属性向量 $d_k\,(k = 1, 2, \cdots, n_2)$ 的点积，并应用 softmax 函数得到对属性的注意力程度.

例 7.1.1　表 7.1.1 是超市的购物记录，其中集合 $\{1, 2, \cdots, 9\}$ 代表 9 个顾客，集合 $\{c_1, c_2, \cdots, c_9\}$ 和 $\{d_1, d_2\}$ 代表 11 种商品，1 表示对应的客户已经购买了对应的商品. 表 7.1.1 可以看作一个规则决策形式背景，其中 $U = \{1, 2, \cdots, 9\}$，$C = \{c_1, c_2, \cdots, c_9\}$ 和 $D = \{d_1, d_2\}$.

表 7.1.1　规则决策形式背景

U	c_1	c_2	c_3	c_4	c_5	c_6	c_7	c_8	c_9	d_1	d_2
1	1	1	1	0	1	1	1	1	1	1	0

U	c_1	c_2	c_3	c_4	c_5	c_6	c_7	c_8	c_9	d_1	d_2
2	1	1	0	0	0	0	0	0	0	1	0
3	1	0	1	0	0	0	0	0	0	1	0
4	0	0	0	1	1	0	0	1	0	1	0
5	0	0	0	1	1	0	1	0	0	1	0
6	1	0	1	0	0	1	1	0	1	0	1
7	1	1	1	0	0	0	1	0	1	0	1
8	0	1	1	0	1	1	0	1	0	0	1
9	0	1	1	1	0	0	0	0	1	0	1

对于决策类 d_1，条件属性 c_1 的注意力程度计算如下：

$$softmax\left(\left(\vec{c_1}\cdot\vec{d_1}, \vec{c_2}\cdot\vec{d_1}, \cdots, \vec{c_9}\cdot\vec{d_1}\right)\right)_1 = \frac{\exp\left(\vec{c_1}\cdot\vec{d_1}\right)}{\sum_{j=1}^{9}\exp\left(\vec{c_j}\cdot\vec{d_j}\right)}$$

$$= \frac{e^3}{e^3+e^2+e^2+e^2+e^3+e^1+e^2+e^2+e^1}$$

$$= 0.2433.$$

通常，我们会同时计算对一组决策属性的注意力，将它们打包成一个矩阵 $D=\left(d_1,\cdots,d_{n_2}\right)$，条件属性也被打包成矩阵 $C=\left(c_1,c_2,\cdots,c_{n_1}\right)$. 我们计算在决策属性 d_j 线索下对条件属性 c_i 的注意力程度为

$$A_{ij} = Attention\left(C|D\right) = softmax\left(D^{\mathrm{T}}C\right). \tag{7.1}$$

在认知科学中，对属性的不同程度注意会导致对概念空间中某些概念的额外注意，就像我们更有可能注意到红色物体而不是蓝色物体一样. 当我们着眼于一个概念空间时，必然会着眼于一般性问题而忽略细节. 受此启发，我们将概念注意力空间作为概念认知学习的概念存储机制. 接下来首先定义概念的注意力程度.

定义 7.1.1　在决策类 d_k 中，令 (X,B) 为粒概念，$Attention\left(C|d_k\right)=A_k$ 为属性注意力程度向量，则 (X,B) 的注意力程度定义如下：

$$Attention\left((X,B)\right) = \vec{b}\,Attention\left(C|d_k\right)^{\mathrm{T}}, \tag{7.2}$$

其中 $\vec{b}=\left(b_1,b_2,\cdots,b_{n_1}\right)$, $b_i=\begin{cases}1, & c_i\in B, \\ 0, & c_i\notin B.\end{cases}$

概念 $\left\{\left(\{5\},\{c_4,c_5,c_7\}\right)\right\}$ 的注意力程度运算如图 7.1.1 所示.

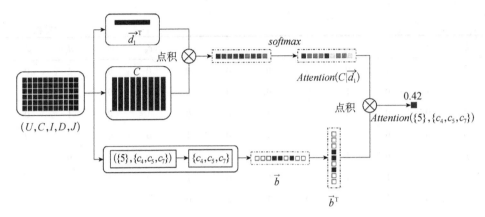

图 7.1.1　注意力运算的图示

基于定义 7.1.1 进一步给出概念注意力空间（conceptual attention space，CAS）的定义，它是由注意力程度超过给定阈值 $cast\left(cast \in [0,1)\right)$ 的粒概念及其注意力程度组成的二元对的集合，即

$$\mathcal{CAS}^{cast}$$
$$= \left\{ \left(\left(\mathcal{HL}(x), \mathcal{L}(x) \right), Attention\left(\mathcal{HL}(x), \mathcal{L}(x) \right) \right) \middle| x \in U, Attention\left(\mathcal{HL}(x), \mathcal{L}(x) \right) \geqslant cast \right\}$$
$$\cup \left\{ \left(\left(\mathcal{H}(a), \mathcal{LH}(a) \right), Attention\left(\mathcal{H}(a), \mathcal{LH}(a) \right) \right) \middle| a \in AT, Attention\left(\mathcal{H}(a), \mathcal{LH}(a) \right) \geqslant cast \right\}.$$

例 7.1.2　续例 7.1.1，令 $cast = 0.2$，对于 d_1 类，其对应的条件概念注意力空间 $\mathcal{CAS}_{d_1}^{cast}$ 可以表示为

$$\mathcal{CAS}_{d_1}^{cast}$$
$$= \left\{ \left(\left(\{1\}, \{c_1, c_2, c_3, c_5, c_6, c_7, c_8, c_9\} \right), 0.91 \right), \left(\left(\{1, 2\}, \{c_1, c_2\} \right), 0.33 \right), \left(\left(\{1, 3\}, \{c_1, c_3\} \right), 0.33 \right),$$
$$\left(\left(\{1, 2, 3\}, \{c_1\} \right), 0.24 \right), \left(\left(\{1, 4\}, \{c_5, c_8\} \right), 0.33 \right), \left(\left(\{4\}, \{c_4, c_5, c_8\} \right), 0.42 \right), \left(\left(\{1, 5\}, \{c_5, c_7\} \right),$$
$$0.33 \right), \left(\left(\{5\}, \{c_4, c_5, c_7\} \right), 0.42 \right), \left(\left(\{4, 5\}, \{c_4, c_5\} \right), 0.33 \right), \left(\left(\{1, 4, 5\}, \{c_5\} \right), 0.24 \right) \right\}.$$

基于以上讨论，构造 CAS 的算法在算法 7.1.1 中给出.

算法 7.1.1　构建 CAS

输入：形式背景 (U, AT, I) 和概念注意力空间阈值 $cast$.

输出：概念注意力空间 $\mathcal{CAS}^{cast}$.

1. 初始化 $\mathcal{CAS}^{cast} = \varnothing$；

2. For　$\forall x \in U$

---

3. 构造一个粒概念 $\left(\mathcal{HL}(x),\mathcal{L}(x)\right)$；

4. 通过定义 7.1.1 计算 $\left(\mathcal{HL}(x),\mathcal{L}(x)\right)$ 的注意力程度；

5. If $Attention\left(\mathcal{HL}(x),\mathcal{L}(x)\right)\geqslant cast$

6. $CAS^{cast}\leftarrow\left(\left(\mathcal{HL}(x),\mathcal{L}(x)\right),Attention\left(\mathcal{HL}(x),\mathcal{L}(x)\right)\right)$；

7. End If

8. End For

9. For $\forall a\in AT$

10. 构造一个粒概念 $\left(\mathcal{H}(a),\mathcal{LH}(a)\right)$；

11. 通过定义 7.1.1 计算 $\left(\mathcal{H}(a),\mathcal{LH}(a)\right)$ 的注意力程度.

12. If $Attention\left(\mathcal{H}(a),\mathcal{LH}(a)\right)\geqslant cast$

13. $CAS^{cast}\leftarrow\left(\left(\mathcal{H}(a),\mathcal{LH}(a)\right),Attention\left(\mathcal{H}(a),\mathcal{LH}(a)\right)\right)$；

14. End If

15. End For

16. 返回 CAS^{cast}.

7.2　基于图注意力的概念聚类

Rosch[45]建立了以典型样本为认知参考点的原型范畴理论. 根据原型理论, 类别是由一些经常聚集在一起的属性组成的概念. 这些属性不是定义类别的充要条件. 从认知的角度来看, 所有类别都处于彼此的边缘, 相互交叉, 没有明确的界限. 形式概念的原始内涵是在充分必要条件下确立的, 这与原型理论的思想不符. 在此基础上, 我们引入概念聚类的思想, 进一步研究形式概念. 人们在建立或理解一个类别时, 往往以原型为基准或认知参考点. Ungerer 和 Schmid[46]称抽象原型不是特定的样本, 而是基于类别成员的一般表示, 它是该类别中最典型的成员. 原型是该类别的典型成员, 它比其他成员享有更多的共有属性. 因此, 我们将概念注意力空间中的核心概念定义如下.

定义 7.2.1　给定一个子集 $\mathcal{D}\subseteq CAS^{cast}$，我们定义 $\mathcal{D}$ 的核心概念 $\left((X,B),\right.$ $\left.Attention(X,B)\right)$ 如下：

$$\forall\left((X_i,B_i),Attention(X_i,B_i)\right)\in\mathcal{D},\quad Attention(X_i,B_i)\leqslant Attention(X,B).$$

核心概念符合原型的特征. 基于核心概念, 我们将某些与核心概念具有相似性的概念称为邻接概念.

定义 7.2.2 对于 $\left((X,B), Attention(X,B)\right) \in CAS^{cast}$, 若

$$\left((X_1,B_1), Attention\,(X_1,B_1)\right) \in CAS^{cast} \text{ 且 } X_1 \cap X \neq \varnothing,$$

则 $\left((X_1,B_1), Attention(X_1,B_1)\right)$ 称为 $\left((X,B),\ Attention(X,B)\right)$ 的邻接概念.

概念聚类的价值将在于它有利于缩小概念空间的大小, 使概念认知学习更加高效, 并且可以作为分类任务和新概念生成的起点.

在特定的概念空间中进行识别时, 我们通常会更加关注某些概念. 受图注意力的启发, 在接下来的聚类机制中, 特别关注 CAS 中注意力值最突出的概念, 将其与相邻的概念聚类在一起, 生成伪概念, 并持续这个过程, 直到无法聚类. 为了获得足够的表达能力需将概念转化为更广义的伪概念, 至少需要进行一次概念聚类变换. 在描述概念聚类过程之前先给出概念间注意力的刻画方式, 概念间的注意力一部分是由其内涵相似度决定的, 下面给出内涵注意力系数的定义.

定义 7.2.3 若 $\left((X,B), Attention(X,B)\right)$ 为粒概念, $\left((X_1,B_1), Attention(X_1,B_1)\right)$ 是它的邻接概念, $Attention\left(C|d_k\right)$ 是属性注意力向量, 那么内涵注意力系数定义如下:

$$e^{IN}\left(B,B_1\right) = \frac{\vec{u}\,Attention\left(C|d_k\right)^{\mathrm{T}}}{\vec{v}\,Attention\left(C|d_k\right)^{\mathrm{T}}}.\tag{7.3}$$

其中

$$\vec{u} = \left(u_1, u_2, \cdots, u_{n_1}\right),\quad u_i = \begin{cases} 1, & c_i \in B \cap B_1, \\ 0, & c_i \notin B \cap B_1, \end{cases}$$

$$\vec{v} = \left(v_1, v_2, \cdots, v_{n_1}\right),\quad v_i = \begin{cases} 1, & c_i \in B \cup B_1, \\ 0, & c_i \notin B \cup B_1. \end{cases}$$

此外, 一些标准的概念聚类方法主要关注属性信息, 而忽略对象信息对提高聚类分析和概念分类能力也很重要. 据此给出外延注意力的定义.

定义 7.2.4 若 $\left((X,B), Attention(X,B)\right)$ 为粒概念, $\left((X_1,B_1), Attention(X_1,B_1)\right)$ 为其邻接概念, 则外延注意力系数定义如下:

$$e^{EX}\left(X,X_1\right) = \frac{\left|X \cap X_1\right|}{\left|X \cup X_1\right|}.\tag{7.4}$$

然后计算注意力系数为

$$e\big((X,B),(X_1,B_1)\big)=iaw\cdot e^{IN}+eaw\cdot e^{EX}+(1-iaw-eaw),\qquad(7.5)$$

其中 iaw, eaw 分别是内涵注意力系数和外延注意力系数在最终注意力系数中的权重. 该模型允许注意力系数大于 cst 的邻接概念参与 (X,B) 的聚类.

接下来将引入概念集群的定义，并使用一个伪概念来描述一个概念集群. 具体地，以核心概念为起点，根据概念间的注意力有选择地将邻接概念作为概念集群中的元素，然后进行概念聚类，也就是说核心概念和部分邻接概念表征了概念集群的结构. 定义

$$AC^{cst}=\Big\{\big((X_1,B_1),Attention(X_1,B_1)\big),\big((X_2,B_2),Attention(X_2,B_2)\big),\cdots,$$
$$\big((X_k,B_k),Attention(X_k,B_k)\big)\Big\}$$

为注意力系数大于 $cst(X,B)$ 的邻接概念，根据上述核心概念和邻接概念的定义，我们将概念集群表示如下.

定义 7.2.5　给定一个概念子集 $\mathcal{D}\subseteq CAS^{cast}$，我们定义一个注意力概念集群 C^{cst} 如下：

$$C^{cst}=\Big\{\big((X,B),Attention(X,B)\big)\Big\}\cup AC^{cst},$$

其中 (X,B) 是 $\mathcal{D}$ 的核心概念，AC^{cst} 是概念集 $\mathcal{D}\subseteq CAS^{cast}$ 中与核心概念 (X,B) 的注意力大于或等于 cst 的邻接概念.

为了使核心概念与概念集群里其他概念的注意力系数和为 1，我们使用 softmax 函数将核心概念与概念集群里其余概念的注意力系数进行归一化：

$$softmax_j\big(e_j\big)=\frac{\exp\big(e_j\big)}{\sum_{j=1}^{k}\exp\big(e_j\big)}\quad(j=1,2,\cdots,k).\qquad(7.6)$$

例 7.2.1　续例 7.1.2，令 $cst=0.5$，对于 d_1 类，其对应的基于图注意力的概念聚类 $CAS_{d_1}^{cast}$，如图 7.2.1 所示. 概念注意力空间可以看作一个加权有向图，其中权重是概念之间的注意力. 需要指出的是，概念之间的注意力是定向的. 从公式(7.5)可以发现，$e\big((X,B),(X_1,B_1)\big)$ 与 $e\big((X_1,B_1),(X,B)\big)$ 不同. 为简洁起见，我们将例7.1.2 中的概念注意力空间记为 $CAS_{d_1}^{cast}=\{c_1,c_2,c_3,c_4,c_5,c_6,c_7,c_8,c_9,c_{10}\}$.

注意力的优势之一是能够处理具有冗余信息的概念空间，专注于最相关的部分. 受此启发，我们提出了一种基于注意力的概念聚类方法. 这个想法是通过关注其邻接概念，基于注意力机制，计算由概念空间形成的核心概念的隐性表示. 注意力架构有几个特性：①对分类任务很有效，因为它压缩了概念空间中的概念数

量；②直接适用于概念归纳学习问题，包括概念认知学习模型泛化的任务．接下来给出了基于注意力的伪概念生成的定义．

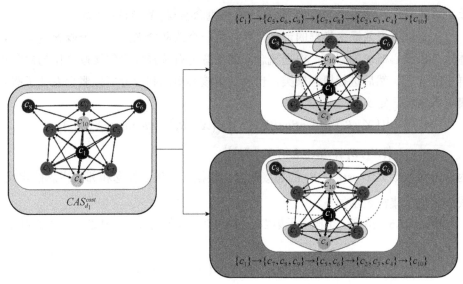

图 7.2.1　基于图注意力的概念聚类过程

定义 7.2.6　对于 $\mathcal{C}^{cst}$，令 $XP^{pcat} = X \cup \left(\bigcup_{i=1}^{k} X_k \right)$ 和 $BP^{pcat} = B \cup \left\{ c_i \in C \middle| b_i^s \geqslant pcat \right\}$，其中，

$$\vec{b}^s = \left(b_1^s, b_2^s, \cdots, b_{n_1}^s \right) = \sum_{j=1}^{k} softmax_j \left(e_j \right) \vec{b}_j ,$$

$$\vec{b}_j = \left(b_{j1}, b_{j2}, \cdots, b_{jn_1} \right), \quad b_{ji} = \begin{cases} 1, & c_i \in B_j, \\ 0, & c_i \notin B_j. \end{cases}$$

在概念簇的邻接概念中，如果某个属性的注意力加权和大于阈值 $pcat$，则该属性更能代表概念簇，属于伪概念内涵．我们定义二元对 $\left(XP^{pcat}, BP^{pcat} \right)$ 为 $\mathcal{C}^{cst}$ 诱导的伪概念，伪概念 $\left(XP^{pcat}, BP^{pcat} \right)$ 被称为 $\mathcal{C}^{cst}$ 的代表．伪概念也可以理解为一对内涵和外延．从统计学上讲，生成的伪概念可以表征一个新的概念，但该概念的内涵并不是定义外延的充要条件．内涵中的属性由外延中的一些对象共享，外延中的对象共享内涵中一些属性，内涵代表外延的程度受阈值 $pcat$ 的影响．生成新的伪概念的过程称为伪概念生成．在聚类过程中，第三个概念簇生成后，剩下的概念集为 $\mathcal{D} = \left\{ c_2, c_3, c_4, c_{10} \right\}$．根据定义 7.2.1，$c_2$ 是核心概念．伪概念生成过程的基本机制如图 7.2.2 所示．

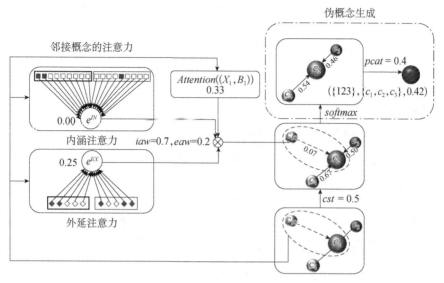

图 7.2.2　伪概念生成过程图示

基于定义 7.2.6，在算法 7.2.1 中总结了伪概念生成的过程.

算法 7.2.1　伪概念生成

输入：一个概念注意力空间 $\mathcal{CAS}^{cast}$，核心概念 $\left((X,B),Attention(X,B)\right)$，注意力阈值 cst，伪概念生成阈值 $pcat$.

输出：伪概念 $\left(XP^{pcat},BP^{pcat}\right)$.

1. 初始化 $AC^{cst}=\varnothing$；

2. For $\left((X_i,B_i),Attention(X_i,B_i)\right)\in\mathcal{CAS}^{cast}$

3. 构造一个粒概念 $\left(\mathcal{HL}(x),\mathcal{L}(x)\right)$；

4. 通过定义 7.1.1 计算 $\left(\mathcal{HL}(x),\mathcal{L}(x)\right)$ 的注意力；

5. If $Attention\left(\mathcal{HL}(x),\mathcal{L}(x)\right)\geqslant cast$

6. $\mathcal{CAS}^{cast}\leftarrow\left(\left(\mathcal{HL}(x),\mathcal{L}(x)\right),Attention\left(\mathcal{HL}(x),\mathcal{L}(x)\right)\right)$；

7. End If

8. End For

9. For $\forall a\in AT$

10. If $X_i\cap X\neq\varnothing$

11. 通过定义 7.2.3、定义 7.2.4 和公式（7.5）计算 (X,B) 对 (X_i,B_i) 的注意力系数 e_i；

12. If $e\big((X,B),(X_i,B_i)\big) > cst$

13. $AC^{cst} \leftarrow \big((X_i,B_i), Attention(X_i,B_i)\big)$;

14. End If

15. End If

16. End For

17. 由公式（7.6）得到 $softmax_i(e_i)$ ；

18. 按定义 7.2.6 构造一个伪概念 $\big(XP^{pcat}, BP^{pcat}\big)$ ；

19. 返回 $\big(XP^{pcat}, BP^{pcat}\big)$.

基于上述理论，在算法 7.2.2 中给出了 CAS 中基于图注意力的概念聚类过程.

算法 7.2.2　基于图注意力的概念聚类

输入：一个概念注意力空间 $\mathcal{CAS}^{cast}$，注意阈值 cst，伪概念生成阈值 $pcat$.
输出：伪概念空间 $\mathcal{PC}$.

1. 初始化 $\mathcal{D} = \mathcal{CAS}^{cast}$

2. While $|\mathcal{D}| > 0$ do

3. $\mathcal{C} = \varnothing$ ；

4. 找到 $\mathcal{D}$ 的核心概念 $\big((X,B), Attention(X,B)\big)$ ；

5. 由算法 7.2.1 得出概念子集 $\mathcal{D}$ 中 $\big((X,B), Attention(X,B)\big)$ 的注意力概念集族 $\mathcal{C}^{cst}$ 和伪概念 $\big(XP^{pcat}, BP^{pcat}\big)$.

6. $\mathcal{D} = \mathcal{CAS}^{cast} \setminus \mathcal{C}$ ；

7. $\mathcal{PC} \leftarrow \big(XP^{pcat}, BP^{pcat}\big)$.

8. End

9. 返回 $\mathcal{PC}$.

7.3　多注意力概念预测

在 CAS 中完成概念聚类后，我们可以得到一个伪概念空间. 一般来说，不同的概念空间对属性的关注程度不同，这可以通过不同属性在不同类别的伪概念空间中的分布来体现. 假设一个属性经常出现在伪概念空间中，而很少出现在其他概念空间中. 在这种情况下，它被认为是概念空间的独特属性，具有良好的分类

能力, 适合分类任务. 伪概念空间属性注意力由下式计算:

$$PA_{ij} = \frac{n_{ij}}{|\mathcal{PC}_i|} \log_2 \frac{\sum_i |\mathcal{PC}_i|}{\sum_i n_{ij}}, \quad (7.7)$$

其中, n_{ij} 是属性 c_j 在 d_i 概念空间中出现的次数, $|\mathcal{PC}_i|$ 表示概念空间 d_i 中伪概念的总数. 根据类别重新计算每个属性值的注意力, 类属性注意力矩阵可以表示为

$$PA = \begin{array}{c} \\ d_1 \\ \vdots \\ d_{n_2} \end{array} \begin{array}{c} c_1 \quad\cdots\quad c_{n_1} \\ \begin{pmatrix} a_{11} & \cdots & a_{1n_1} \\ \vdots & \ddots & \vdots \\ a_{n_21} & \cdots & a_{n_2n_1} \end{pmatrix} \end{array}. \quad (7.8)$$

在公式 (7.8) 中, 矩阵的每个 a_{ij} 值代表了同一类别伪概念空间中各个属性的注意力值, 代表了属性在整体信息分布中的重要性.

对于任何新的输入样本 x_i, 将其视为一个概念 $(x_i, \mathcal{L}(x_i))$. 为了满足预测大量未标记数据的需要, 适当的相似性度量对学习效果起着重要作用. 对于概念类别识别中类别相似度的定义, Shi 等[48]考虑了概念相似度中的认知权重. 此外, Mi 等[49]将特征差异对相似度的影响引入到概念相似度中, 考虑概念空间中的最大概念相似度和平均相似度. 然而, 现有的新概念类别相似度的定义只考虑了新概念与概念空间中概念的相似度, 而忽略了概念空间的类别区分度属性可能为新概念的类别相似度提供部分信息. 针对上述问题, 基于伪概念空间属性注意力, 提出一种综合考虑了概念空间全局信息和最相似概念信息的相似性度量:

$$Sim\big((x, \mathcal{L}(x)), \mathcal{PC}_i\big)$$
$$= (1 - ga) \max_{(XP, BP) \in \mathcal{PC}_i} \left\{ \frac{\vec{u}^{\mathrm{T}} \overrightarrow{PA_i}^{\mathrm{T}}}{\left(\vec{u}^{\mathrm{T}} + 2cdw \cdot \vec{v}^{\mathrm{T}} + 2(1-cdw)\cdot \vec{w}^{\mathrm{T}}\right)\overrightarrow{PA_i}^{\mathrm{T}}} \right\} + ga\overrightarrow{\mathcal{L}(x)}, \quad (7.9)$$

其中 ga 表示全局相似度的权重, $\overrightarrow{\mathcal{L}(x)} = (b_1, b_2, \cdots, b_{n_1})$, $b_i = \begin{cases} 1, & c_i \in \mathcal{L}(x), \\ 0, & c_i \notin \mathcal{L}(x), \end{cases}$

$$\vec{u} = (u_1, u_2, \cdots, u_{n_1}), \quad u_i = \begin{cases} 1, & c_i \in \mathcal{L}(x) \cap BP, \\ 0, & c_i \notin \mathcal{L}(x) \cap BP, \end{cases}$$

$$\vec{v} = (v_1, v_2, \cdots, v_{n_1}), \quad v_i = \begin{cases} 1, & c_i \in \mathcal{L}(x) \setminus BP, \\ 0, & c_i \notin \mathcal{L}(x) \setminus BP, \end{cases}$$

$$\vec{w} = \left(w_1, w_2, \cdots, w_{n_1} \right), \quad w_i = \begin{cases} 1, & c_i \in BP \setminus \mathcal{L}(x), \\ 0, & c_i \notin BP \setminus \mathcal{L}(x). \end{cases}$$

7.4　多注意力概念学习整体框架

如图 7.4.1 所示，MA-CLM 的过程由三个主要部分组成：①构建概念注意力空间；②构建伪概念空间；③概念分类. 为了在不失一般性的情况下简化框架图，我们的框架图只考虑了一个包含三个决策类的数据集. 在第一部分中，基于概念认知算子和属性注意力构造了一个概念注意力空间. 第二部分是根据算法 7.2.2 对构建的注意力空间进行概念聚类，形成伪概念空间. 第三部分，给定任意一个测试实例 x，根据概念认知算子得到二元对 $(x, \mathcal{L}(x))$，该实例与每个概念空间的相似度都会根据公式（7.9）生成. 然后，将三类向量聚合完成最终的预测向量，输出最大值的类.

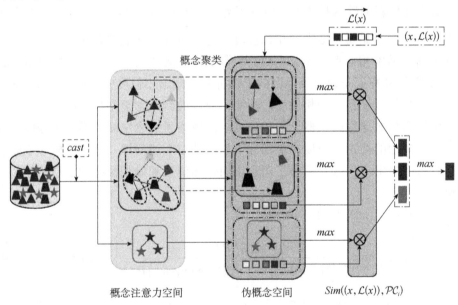

图 7.4.1　MA-CLM 过程示意图

令 n, m 分别表示一个数据集中的实例数和属性数. 构造一个概念和计算注意力度的时间复杂度分别为 $O(t_1)$ 和 $O(t_2)$. 我们必须识别所有对象和属性来构造 CAS，时间复杂度为 $O\big((n+m)(t_1+t_2)\big)$. 另外，假设计算注意力系数和构造伪概念的时间复杂度为 $O(t_3)$ 和 $O(t_4)$，那么算法 7.2.1 在最坏的情况下的时间复杂度

为 $O(t_3|CAS|+t_4)$．设找到核心概念的时间复杂度为 $O(t_5)$．算法 7.2.2 运行的时间复杂度在最坏情况下为 $O\big((t_3|CAS|+t_4+t_5)|CAS|\big)$．在概念预测阶段，我们不需要计算与概念空间中所有概念的相似度，而只需要计算与伪概念空间中的那些伪概念的相似度．这意味着当 $O(t)$ 是计算概念相似度的时间时，概念识别在大多数情况下需要的时间少于 $O(t|CAS|)$．

我们用 $U=\{x_1,x_2,\cdots,x_n\}$ 表示一组实例，$K=\{1,2,\cdots,n_2\}$ 为标签集．假设 Y 是一个 $n\times k$ 矩阵，$Y_{ij}=1$ 意味着第 i 个实例被分配给第 j 个决策类．对于不同的参数 $p=(cast,cst,pcat,eaw,iaw,cdw,ga)$，我们得到预测分数 $\widehat{Y}_{ij}=Sim\big((x_i,\mathcal{L}(x_i)),\mathcal{PC}_j\big)$，使用交叉熵分类损失训练整个模型：

$$L=-\sum_i Y_i \log_2\left\{s(\widehat{Y_i})^{\mathrm{T}}\right\}$$

其中 $s(\cdot)$ 是 softmax 函数．

由于本章模型难以得到预测函数的清晰解析形式，且数值优化方法不适用，本章采用量子粒子群优化算法对模型的超参数进行优化．

7.5　数值实验与分析

在本节中，我们进行了一些实验来评估 MA-CLM．所有实验均在 Intel(R) Core(TM) i5-5200U CPU @ 2. 20GHz 处理器、4 GB RAM 和 Window10 操作系统的计算机上执行．算法是使用带有 Eclipse-4.7.0 软件环境 JDK 8.0.1310. 实现的．在实验中，共有 9 个选自 UCI① 数据库的数据集．表 7.5.1 总结了每个实验数据集的特征，包括样本数、特征数、各类别的样本数、属性类型．表 7.5.1 中的数据集不是形式背景，因此需要在实验前对数据集进行预处理．本章使用文献[48]中的方法将数据集转化为形式背景的形式．不同数据集中模型 MA-CLM 的参数选择如表 7.5.2 所示．

表 7.5.1　实验数据集描述

数据集	样本数	特征数	各类别数量	属性类型
Chemical	88	19	{44，44}	连续
Zoo	101	17	{41，20，5，13，4，8，10}	离散

---

① 来源：http://archive.ics.uci.edu/ml/datasets.html.

续表

数据集	样本数	特征数	各类别数量	属性类型
Iris	150	4	{50，50，50}	连续
Wine	178	13	{59，71，48}	离散，连续
Breast Cancer	286	9	{201，85}	离散
Diabetes	768	9	{500，268}	连续
Credit	1000	21	{300，700}	离散，连续
Hypothyroid	3772	30	{194，3481，95，2}	连续
Mushroom	8124	22	{4208，3916}	离散

表 7.5.2　在数据集中 MA-CLM 模型的参数值（保留两位小数）

数据集	cast	cst	pcat	eaw	iaw	cdw	ga
Chemical	0.30	0.98	0.57	0.29	0.32	0.15	0.00
Zoo	0.28	0.98	0.29	0.84	0.74	0.53	0.00
Iris	0.28	0.88	0.61	0.35	0.36	0.69	0.90
Wine	0.00	0.72	0.59	0.27	0.22	0.39	0.60
Breast Cancer	0.30	0.33	0.64	0.51	0.37	0.54	0.10
Diabetes	0.30	0.61	0.61	0.52	0.45	0.56	0.59
Credit	0.97	0.77	0.68	0.62	0.20	0.54	0.73
Hypothyroid	0.26	0.61	0.44	0.27	0.28	0.32	0.04
Mushroom	0.53	0.41	0.66	0.28	0.21	0.13	0.07

7.5.1　与 S2CL^a 和其他经典分类算法对比测试模型的性能

为了分析 MA-CLM 中基于图注意力的概念聚类效果，将 MA-CLM 与没有未标记数据、没有概念聚类阶段的 $S2CL^{a[49]}$ 模型进行了比较. 除此之外，为了进一步证明 MA-CLM 的有效性，我们还将 MA-CLM 与几种经典分类算法进行了比较评估，将 MA-CLM 的性能与以下 3 种分类算法（C4.5 决策树算法（C4.5）、K-最近邻（KNN）、局部加权学习（LWL））进行比较，对每种算法都使用 Weka[①] 的默认参数. 首先将数据集按照 6：2：2 的分类比例随机分为训练集、验证集和测试集，并保持数据集本身的类别比例. 对于同一训练集，使用相同的训练集训练分类器，并用相同的测试集计算分类精度. 为了避免实验结果的偶然性，实验独立重复了 20 次. 表 7.5.3 显示了不同算法中不同数据集的测试精度和标准差. MA-

① 来源：https://www.cs.waikato.ac.nz/ml/weka/.

CLM 在多数数据集上达到了最高的测试精度.

表 7.5.3　与其他算法的精度（平均值±标准差）比较　　　　　（单位：%）

数据集	MA-CLM	S2CL	C4.5	KNN	LWL
Chemical	100.00±0.00	100.00±0.00	100.00±0.00	100.00±0.00	94.97±0.12
Zoo	94.09±2.59	92.72±4.27	92.72±4.27	94.54±3.16	88.27±1.86
Iris	95.83±3.72	94.66±3.48	94.66±4.24	94.58±3.54	88.50±3.52
Wine	96.89±2.52	90.67±4.76	93.37±3.21	96.28±1.8	91.72±1.11
Breast Cancer	75.60±3.80	74.48±2.13	70.68±4.87	71.20±3.94	71.70±2.99
Diabetes	79.31±3.71	68.86±1.27	77.49±3.01	75.81±2.86	75.16±2.53
Credit	75.84±1.96	70.60±2.55	70.60±2.55	70.60±2.55	72.15±1.46
Hypothyroid	97.83±0.37	94.49±1.62	99.32±0.23	98.77±0.26	97.75±0.23
Mushroom	93.72±1.45	97.41±0.43	92.71±0.56	93.61±0.51	88.54±0.42

7.5.2　模型参数的影响

在本节中，将分析 MA-CLM 中的参数对模型分类准确性的影响. 除待分析参数外，MA-CLM 的所有其他参数均使用表 7.5.2 中的值，对于要分析的参数，每个数据集参数的学习步长设置为 0.1，即 $(0.0, 0.1, \cdots, 1.0)$. 然后，对于相同的参数，在不同的训练集和测试集上独立进行 20 次测试，计算平均精度.

参数 $cast$ 对 CAS 中的概念数量起着决定性的作用. 它可以在一定程度上反映概念在概念空间中的概括程度. 一般而言 $cast$ 越大，概念空间中概念的内涵越具体，泛化度越小. 不同的数据集对概念泛化程度有不同的要求. 因此，有必要分析参数 $cast$ 对 MA-CLM 模型分类性能的影响. 图 7.5.1 显示了随参数 $cast$ 变化MA-CLM 模型的平均精度趋势. 从图中可以看出，当参数 $cast$ 在[0.2, 0.3]内时，MA-CLM 在大多数数据集上表现良好. 此外，对于大多数数据集，也可以观察到MA-CLM 的精度变化缓慢. 在这种情况下，为了提高模型的效率，可以在保证准确性的同时提高阈值 $cast$. 因此，可以合理地推断，系统需要为每个数据集选择合适的参数，并且在区间[0.2, 0.3]内的参数值得更多关注.

参数 cst 和 $pcat$ 影响概念空间的聚类程度和伪概念属性集的表示. 图 7.5.2 显示了 MA-CLM 模型平均精度随参数 $cst, pact$ 变化的趋势. 从图中可以看出，当参数 $pcat$ 在[0.1, 1]时，MA-CLM 在大部分数据集上表现良好. 此外，对于大多数数据集，还可以观察到，当 $pcat$ 在[0, 0.1]内和 cst 在[0, 0.6]内时，MA-CLM 的准确性较低. 因此，在选择参数时可以避开上述两个区间.

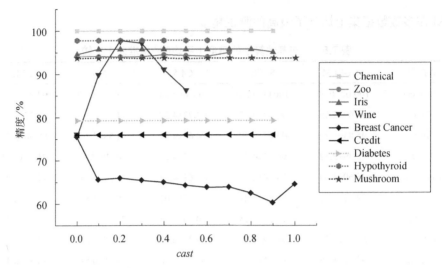

图 7.5.1　MA-CLM 在不同数据集上精度随参数 *cast* 变化图

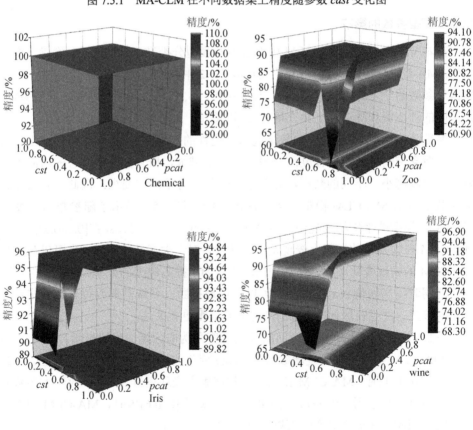

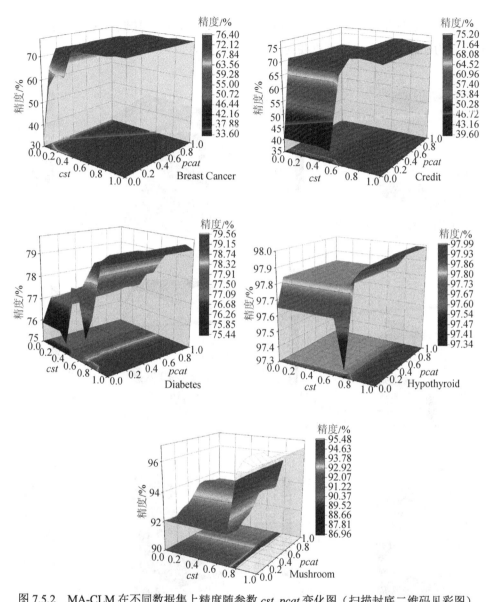

图 7.5.2　MA-CLM 在不同数据集上精度随参数 $cst, pcat$ 变化图（扫描封底二维码见彩图）

　　参数 iaw 和 eaw 分别代表了内涵注意力和外延注意力在最终注意力中的权重. 在不同的情况下，我们对两者的关注程度不同. 图 7.5.3 显示了 MA-CLM 模型的平均精度随参数 iaw 和 eaw 变化的趋势. 从图 7.5.3 可以看出，不同的数据集对内涵和外延的敏感程度不同. 例如，对于数据集 Credit，外延权重越大，精度越高，而对于数据集 Wine，当内涵和外延权重较小时，精度较低，这说明内涵和外延注意力在注意力上是非常重要的.

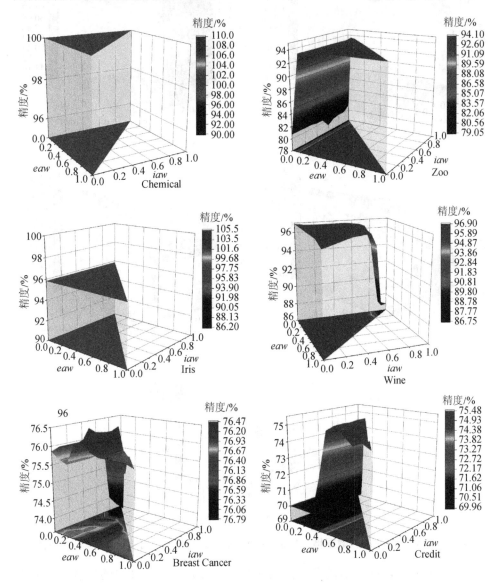

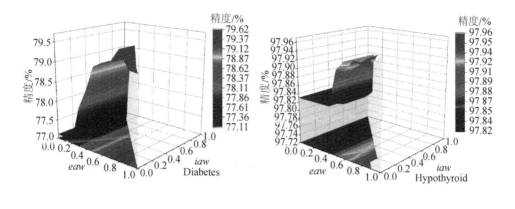

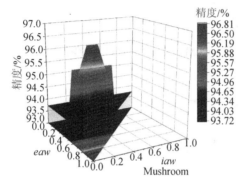

图 7.5.3　MA-CLM 在不同数据集上精度随参数 *iaw*，*eaw* 变化图（扫描封底二维码见彩图）

　　参数 *cdw* 表示目标概念和伪概念属性之间的差异 $\mathcal{L}(x) \setminus BP$ 和 $BP \setminus \mathcal{L}(x)$ 对整体相似性的影响程度比例．图 7.5.4 显示了 MA-CLM 模型平均精度随参数 *cdw* 变化的趋势．从图中可以看出，当参数 *cdw* 在[0.2, 0.8]时，MA-CLM 在大部分数据集上表现良好．此外，当参数 *cdw* 位于[0, 0.1]和[0.8, 1]时，某些数据集的准确性会发生剧烈变化．我们在调整参数时可以注意这两个阈值．

　　参数 *ga* 表示伪概念空间的类别区分属性对整体相似度的影响．图 7.5.5 显示了 MA-CLM 的平均精度随参数 *ga* 变化的趋势．从图中可以看出，数据集 Wine，Diabetes 和 Credit 的精度随着参数的增加而增加，说明类别区分度属性为概念预测提供了有用的信息．相比之下，Zoo，Iris 和 Hypoyhroid 呈现下降趋势．这表明这些数据集更加关注最大的概念相似度．当参数 *ga* 在[0.2, 1]时，大多数数据集的精度都很高．

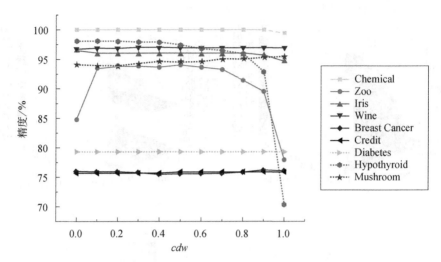

图 7.5.4　MA-CLM 在不同数据集上精度随参数 *cdw* 变化图

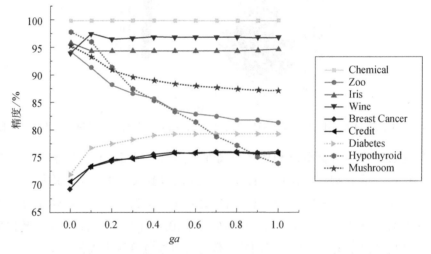

图 7.5.5　MA-CLM 在不同数据集上精度随参数 *ga* 变化图（扫描封底二维码见彩图）

7.5.3　MNIST 数据集上的概念生成

　　为了进一步验证 MA-CLM 在概念生成中的作用，选取 MNIST[①]数据集进行阈值为 255 的二值化处理. 从数据集中选择 10 个数字 3 的样本，用于概念聚类和伪概念生成. 模型参数为 $cast = 0.07$, $cst = 0.4$, $pcat = 0.001$, $eaw = 0.5$, $iaw = 0.5$. 概念生成效果如图 7.5.6 所示.

---

① https://yann.lecun.com/exdb/mnist.

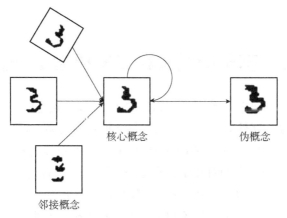

图 7.5.6   MNIST 数据集上的概念生成

7.6 本 章 小 结

本章提出了一种多注意力概念认知模型,将内涵注意力、外延注意力和由属性引起的注意力引入现有的概念认知学习模型中. 此外,考虑到具有较好区分能力的属性对概念与概念空间相似度的影响,我们给出了一种新的概念和概念空间相似度的定义方法. 我们利用注意力的模型实现了概念聚类和概念生成,实验表明 MA-CLM 模型在分类任务中表现良好. 未来可进一步考虑 MA-CLM 的改进和扩展,例如,如何实现增量模型学习,如何实现持续学习,以及如何基于模糊形式背景进行多注意力概念认知学习.

第8章 基于渐进模糊三支概念的增量学习

概念通过内涵与外延反映同类事物的本质特征,为概念学习提供了数学基础.经典概念中,对象与属性之间是一种拥有与被拥有的关系,即对象拥有(不拥有)某个属性,某个属性被对象拥有(不拥有).因此,经典概念只能精确处理离散型数据.另外,经典概念中的对象是具有相同属性的个体的集合,但是具有相同属性并不一定就是同一类事物,因此个案之间特性的差异性,即共同不具有的属性,仍需要被进一步考虑.受上述讨论启发,本章提出模糊数据背景下概念的渐进学习理论与方法,主要包括三部分内容:①定义模糊三支概念,从正负两方面刻画对象;②考虑到个体认知和认知环境的局限性,提出渐进概念的学习机制;③在动态环境下,研究渐进模糊三支概念的增量学习机制.

8.1 渐进模糊三支概念的学习过程

本节着重讨论概念的渐进式学习过程,在模糊数据背景中引入正负学习算子构建模糊三支概念,并结合人类认知规律进行渐进式学习,所学得的渐进式概念空间是增量学习机制的基础.

定义 8.1.1[47] 给定模糊形式背景 $(U, A, \tilde{I})$,定义 L^A 为 A 上的所有模糊集的集合.在本章中 $\tilde{B} \in L^A$ 可以解释为属性被对象的拥有关系,每个 $\tilde{B}(a_j)$ 表示属性 a_j 被对象拥有的程度.对于 $\forall X \in P(X)$ 和 $\tilde{B} \in L^A$,对象学习算子 $\tilde{G}: P(X) \to L^A$ 与属性学习算子 $\tilde{H}: L^A \to P(X)$ 分别定义如下:

$$\tilde{L}(X)(a_j) = \wedge_{x \in X}\left(\tilde{I}(x, a_j)\right), \quad a_j \in A,$$
$$\tilde{H}(\tilde{B}) = \left\{x \in U | \tilde{I}(x, a_j) \geqslant B(a_j), j = 1, 2, \cdots, m\right\}.$$

若 $\tilde{H}(\tilde{B}) = X, \tilde{L}(X) = \tilde{B}$,则 $(X, \tilde{B})$ 称为模糊概念. X 和 $\tilde{B}$ 分别被称为模糊概念的外延和内涵.与三支概念相似,$\tilde{L}$ 和 $\tilde{H}$ 描述了对象对属性的隶属程度,反映了正向信息,故可以称之为正学习算子.

为了详细刻画对象与属性之间的关系,进一步引入负对象学习算子 $\tilde{L}^-: P(U) \to L^A$ 与负属性学习算子 $\tilde{H}^-: L^A \to P(U)$,分别定义如下:

$$\tilde{L}^-(X)(a_j)=\wedge_{x\in X}\left(\tilde{I}^c(x,a_j)\right),\quad a_j\in A,$$

$$\tilde{H}^-(\tilde{B})=\left\{x\in U\,|\,\tilde{I}^c(x,a_j)\geqslant\tilde{B}(a_j),j=1,2,\cdots,m\right\},$$

其中，$\tilde{I}^c(x,a_j)=1-\tilde{I}(x,a_j)$，负对象算子 $\tilde{L}^-(X)(a_j)$ 反映了 X 中所有对象对属性 a_j 的最小隶属度，负属性学习算子 $\tilde{H}^-$ 是为了寻找 U 中满足 $\tilde{I}^c(x,a_j)\geqslant\tilde{B},j=1,2,\cdots,m$ 的所有对象.

性质 8.1.1 在模糊形式背景中，给定 $X,X_1,X_2\subseteq U,\tilde{B},\tilde{B}_1,\tilde{B}_2\in L^A$，正学习算子有下列性质：

（1）若 $X_1\subseteq X_2$，则 $\tilde{L}(X_2)\subseteq\tilde{L}(X_1)$；若 $\tilde{B}_1\subseteq\tilde{B}_2$，则 $\tilde{H}(\tilde{B}_2)\subseteq\tilde{H}(\tilde{B}_1)$.

（2）$X\subseteq\tilde{H}\tilde{L}(X),\tilde{B}\subseteq\tilde{L}\tilde{H}(\tilde{B})$.

（3）$\tilde{L}(X)=\tilde{L}\tilde{H}\tilde{L}(X),\tilde{H}(\tilde{B})=\tilde{H}\tilde{L}\tilde{H}(\tilde{B})$.

（4）$X\subseteq\tilde{H}(\tilde{B})\Leftrightarrow\tilde{B}\subseteq\tilde{L}(X)$.

（5）$\tilde{L}(X_1\cup X_2)=\tilde{L}(X_1)\cap\tilde{L}(X_2),\tilde{H}(\tilde{B}_1\cup\tilde{B}_2)=\tilde{H}(\tilde{B}_1)\cap\tilde{H}(\tilde{B}_2)$.

（6）$\tilde{L}(X_1)\cup\tilde{L}(X_2)\subseteq\tilde{L}(X_1\cap X_2),\tilde{H}(\tilde{B}_1)\cup\tilde{H}(\tilde{B}_2)\subseteq\tilde{H}(\tilde{B}_1\cap\tilde{B}_2)$.

证明（1）由正学习算子定义可知，$\tilde{L}(X_1)(a_j)=\wedge_{x\in X_1}\tilde{I}(x,a_j),\tilde{L}(X_2)(a_j)=\wedge_{x\in X_2}\tilde{I}(x,a_j)$. 因为 $X_1\subseteq X_2$，所以 $\wedge_{x\in X_2}\tilde{I}(x,a_j)\leqslant\wedge_{x\in X_1}\tilde{I}(x,a_j)$，故 $\tilde{L}(X_2)\subseteq\tilde{L}(X_1)$ 成立. 另外，由定义知 $\tilde{H}(\tilde{B}_1)=\left\{x\in U\,|\,\tilde{I}(x,a_j)\geqslant\tilde{B}_1(a_j),j=1,2,\cdots,m\right\}$，$\tilde{H}(\tilde{B}_2)=\left\{x\in U\,|\,\tilde{I}(x,a_j)\geqslant\tilde{B}_2(a_j),j=1,2,\cdots,m\right\}$. 因为 $\tilde{B}_1\subseteq\tilde{B}_2$，所以 $\tilde{B}_1(a_j)\leqslant\tilde{B}_2(a_j)$ $(j=1,2,\cdots,m)$，故 $\tilde{H}(\tilde{B}_2)\subseteq\tilde{H}(\tilde{B}_1)$ 成立.

（2）若 $X\subseteq U$，则 $\tilde{H}\tilde{L}(X)=\left\{x\in U\,|\,\tilde{I}(x,a_j)\geqslant\tilde{L}(X)(a_j),j=1,2,\cdots,m\right\}$. $\tilde{B}\subseteq\tilde{L}\tilde{H}(\tilde{B})$ 类似可证.

（3）根据性质（2）易证.

（4）根据性质（1）可知，若 $X\subseteq\tilde{H}(\tilde{B})$，则 $\tilde{L}\tilde{H}(\tilde{B})\subseteq\tilde{L}(X)$. 由（2）知，$\tilde{L}\tilde{H}(\tilde{B})\supseteq\tilde{B}$，所以 $\tilde{B}\subseteq\tilde{L}(X)$. 另外，若 $\tilde{B}\subseteq\tilde{L}(X)$，则 $\tilde{B}(a_j)\leqslant\tilde{H}(X)(a_j)=\wedge_{x\in X}\tilde{I}(x,a_j)(a_j\in A)$. 根据 $\tilde{H}(\tilde{B})=\left\{x\in U\,|\,I(x,a_j)\geqslant\tilde{B}(a_j),j=1,2,\cdots,m\right\}$，$\tilde{B}(a_j)\leqslant\wedge_{x\in X}\tilde{I}(x,a_j)\leqslant\wedge_{x\in U}\tilde{I}(x,a_j)(j=1,2,\cdots,m)$ 可知 $X\subseteq\tilde{H}(\tilde{B})$.

（5）由定义可知 $\tilde{L}(X_1\cup X_2)(a_j)=\wedge_{x\in X_1\cup X_2}\tilde{I}(x,a_j)=\left(\wedge_{x\in X_1}\tilde{I}(x,a_j)\right)\wedge\left(\wedge_{x\in X_2}\tilde{I}(x,a_j)\right)=\tilde{L}(X_1)(a_j)\wedge\tilde{L}(X_2)(a_j)$，$\tilde{H}(\tilde{B}_1\cup\tilde{B}_2)=\left\{x\in U\,|\,\tilde{I}(x,a_j)\geqslant(\tilde{B}_1\cup\right.$

$\tilde{B}_2)(a_j), a_j \in A\} = \{x \in U \mid \tilde{I}(x, a_j) \geqslant \tilde{B}_1(a_j), a_j \in A\} \cap \{x \in U \mid \tilde{I}(x, a_j) \geqslant \tilde{B}_2(a_j), a_j \in A\}$
$= \tilde{H}(\tilde{B}_1) \cap \tilde{H}(\tilde{B}_2)$.

（6）由定义可知 $(\tilde{L}(X_1) \cup \tilde{L}(X_2))(a_j) = (\wedge_{x \in X_1}\tilde{I}(x, a_j)) \vee (\wedge_{x \in X_2}\tilde{I}(x, a_j)) \leqslant$
$\wedge_{x \in X_i}\tilde{I}(x, a_j)(i=1,2) \leqslant \wedge_{x \in X_1 \cap X_2}\tilde{I}(x, a_j) = \tilde{L}(X_1 \cap X_2)(a_j)$. 另外，$\tilde{H}(\tilde{B}_1) \cup \tilde{H}(\tilde{B}_2) =$
$\{x \in U \mid \tilde{I}(x, a_j) \geqslant \tilde{B}_1(a_j), a_j \in A\} \cup \{x \in U \mid \tilde{I}(x, a_j) \geqslant \tilde{B}_2(a_j), a_j \in A\} = \{x \in U \mid \tilde{I}(x, a_j)$
$\geqslant \tilde{B}_1(a_j) \wedge \tilde{B}_2(a_j), a_j \in A\} = \tilde{H}(\tilde{B}_1 \cap \tilde{B}_2)$. 故 $\tilde{L}(X_1) \cup \tilde{L}(X_2) \subseteq \tilde{L}(X_1 \cap X_2)$ 和 $\tilde{H}(\tilde{B}_1)$
$\cup \tilde{H}(\tilde{B}_2) \subseteq \tilde{H}(\tilde{B}_1 \cup \tilde{B}_2)$ 成立.

同样地，给定 $X, X_1, X_2 \subseteq U, \tilde{B}, \tilde{B}_1, \tilde{B}_2 \in L^A$，负学习算子具有下列性质：

（1）若 $X_1 \subseteq X_2$，则 $\tilde{L}^-(X_2) \subseteq \tilde{L}^-(X_1)$；若 $\tilde{B}_1 \subseteq \tilde{B}_2$，则 $\tilde{H}^-(\tilde{B}_2) \subseteq \tilde{H}^-(\tilde{B}_1)$.

（2）$X \subseteq \tilde{H}^-\tilde{L}^-(X), \tilde{B} \subseteq \tilde{L}^-\tilde{H}^-(\tilde{B})$.

（3）$\tilde{L}^-(X) = \tilde{L}^-\tilde{H}^-\tilde{L}^-(X), \tilde{H}^-(\tilde{B}) = \tilde{H}^-\tilde{L}^-\tilde{H}^-(\tilde{B})$.

（4）$X \subseteq \tilde{H}^-(\tilde{B}) \Leftrightarrow \tilde{B} \subseteq \tilde{L}^-(X)$.

（5）$\tilde{L}^-(X_1 \cup X_2) = \tilde{L}^-(X_1) \cap \tilde{L}^-(X_2), \tilde{H}^-(\tilde{B}_1 \cup \tilde{B}_2) = \tilde{H}^-(\tilde{B}_1) \cap \tilde{H}^-(\tilde{B}_2)$.

（6）$\tilde{L}^-(X_1) \cup \tilde{L}^-(X_2) \subseteq \tilde{L}^-(X_1 \cap X_2), \tilde{H}^-(\tilde{B}_1) \cup \tilde{H}^-(\tilde{B}_2) \subseteq \tilde{H}^-(\tilde{B}_1 \cap \tilde{B}_2)$.

上述有关负学习算子的性质可以根据正学习算子的性质类似证明.

定义 8.1.2　设 $(U, A, \tilde{I})$ 为模糊形式背景，对象学习算子定义为 $\triangleleft: P(U) \to BP(L^A)$，属性学习算子定义为 $\triangleright: BP(L^A) \to P(U)$. $\forall X \subseteq U, \tilde{B}_1, \tilde{B}_2 \in L^A, X^\triangleleft = (\tilde{L}(X), \tilde{L}^-(X)), (\tilde{B}_1, \tilde{B}_2)^\triangleright = \tilde{H}(\tilde{B}_1) \cap \tilde{H}(\tilde{B}_2)$. 我们称 $(X, (\tilde{B}_1, \tilde{B}_2))$ 是一个模糊三支概念当

$$X^\triangleleft = (\tilde{B}_1, \tilde{B}_2), \quad (\tilde{B}_1, \tilde{B}_2)^\triangleright = X.$$

模糊三支概念可以从隶属度与非隶属度两个角度更详细地描述对象与属性之间的关系. 若 $X_1 \subseteq X_2((\tilde{B}_1, \tilde{B}_2) \geqslant (\tilde{B}_3, \tilde{B}_4))$，则称 $(X_1, (\tilde{B}_1, \tilde{B}_2))$ 是 $(X_2, (\tilde{B}_3, \tilde{B}_4))$ 的子概念，表示为 $(X_1, (\tilde{B}_1, \tilde{B}_2)) \leqslant (X_2, (\tilde{B}_3, \tilde{B}_4))$.

在模糊形式的背景下，根据对象和属性学习算子的性质，我们可以从任意一对象集出发学得一个模糊三支概念，该过程描述如下.

性质 8.1.2　设 $(U, A, \tilde{I})$ 是一个模糊形式背景. 对任意的 $X \subseteq U$，

$$(\tilde{H}\tilde{L}(X) \cap \tilde{H}^-\tilde{L}^-(X), (\tilde{L}(X), \tilde{L}^-(X)))$$

是一个模糊三支概念.

根据定义 8.1.2 可知, 我们只需证明

(1) $\left(\tilde{L}(X), \tilde{L}^-(X)\right)^{\triangleright} = \tilde{H}\tilde{L}(X) \cap \tilde{H}^-\tilde{L}^-(X)$;

(2) $\left(\tilde{H}\tilde{L}(X) \cap \tilde{H}^-\tilde{L}^-(X)\right)^{\triangleleft} = \left(\tilde{L}(X), \tilde{L}^-(X)\right)$

成立即可.

证明 (1) 根据属性学习算子 $\triangleright$ 可知 $\left(\tilde{L}(X), \tilde{L}^-(X)\right)^{\triangleright} = \tilde{H}\tilde{L}(X) \cap \tilde{H}^-\tilde{L}^-(X)$

成立.

(2) 因为 $\tilde{L}(X)(a_j) = \wedge_{x \in X} \tilde{I}(x, a_j)$ 对于任意 $a_j \in A$ 均成立, 所以 $\tilde{H}\tilde{L}(X) = \left\{x \in U \mid \tilde{I}(x, a_j) \geqslant \wedge_{x \in X} \tilde{I}(x, a_j), a_j \in A\right\}$, $\tilde{H}^-\tilde{L}^-(X) = \left\{x \in U \mid \tilde{I}^c(x, a_j) \geqslant \wedge_{x \in X} \tilde{I}^c(x, a_j), a_j \in A\right\} = \left\{x \in U \mid 1 - \tilde{I}^c(x, a_j) \leqslant 1 - \wedge_{x \in X} \tilde{I}^c(x, a_j), a_j \in A\right\} = \left\{x \in U \mid \tilde{I}(x, a_j) \leqslant \vee_{x \in X} \tilde{I}(x, a_j), a_j \in A\right\}$. 因此, $\tilde{H}\tilde{L}(X) \cap \tilde{H}^-\tilde{L}^-(X) = \left\{x \in U \mid \wedge_{x \in X} \tilde{I}(x, a_j) \leqslant \tilde{I}(x, a_j) \leqslant \vee_{x \in X} \tilde{I}(x, a_j), a_j \in A\right\}$, $\left(\tilde{H}\tilde{L}(X) \cap \tilde{H}^-\tilde{L}^-(X)\right)(a_j) = \wedge_{x \in X} \tilde{I}(x, a_j) = \tilde{L}(X)(a_j) \ (a_j \in A)$

成立.

因 为 $\tilde{H}\tilde{L}(X) \cap \tilde{H}^-\tilde{L}^-(X) = \left\{x \in U \mid \wedge_{x \in X} \tilde{I}(x, a_j) \leqslant \tilde{I}(x, a_j) \leqslant \vee_{x \in X} \tilde{I}(x, a_j), a_j \in A\right\} = \left\{x \in U \mid 1 - \wedge_{x \in X} \tilde{I}(x, a_j) \geqslant 1 - \tilde{I}(x, a_j) \geqslant 1 - \vee_{x \in X} \tilde{I}(x, a_j), a_j \in A\right\} = \left\{x \in U \mid \vee_{x \in X} \tilde{I}^c(x, a_j) \geqslant 1 - \tilde{I}(x, a_j) \geqslant \wedge_{x \in X} \tilde{I}^c(x, a_j), a_j \in A\right\}$, 我们可知 $\tilde{H}\tilde{L}(X) \cap \tilde{H}^-\tilde{L}^-(X) (a_j) = \wedge_{x \in X} \tilde{I}^c(x, a_j) = \tilde{L}^-(X)(a_j)$ 在任意属性 $a_j \in A$ 均成立.

综上所述, $\left(\tilde{H}\tilde{L}(X) \cap \tilde{H}^-\tilde{L}^-(X)\right)^{\triangleleft} = \left(\tilde{L}(X), \tilde{L}^-(X)\right)$ 和 $\left(\tilde{L}(X), \tilde{L}^-(X)\right)^{\triangleright} = \tilde{H}\tilde{L}(X) \cap \tilde{H}^-\tilde{L}^-(X)$ 成立. 根据定义 8.1.2 可知 $\left(\tilde{H}\tilde{L}(X) \cap \tilde{H}^-\tilde{L}^-(X), \left(\tilde{L}(X), \tilde{L}^-(X)\right)\right)$ 是一个模糊三支概念.

概念之间会相互影响, 尤其是那些极其相似的概念. 在模糊数据中, 我们通常根据对象之间的距离刻画二者之间的相似性, 距离越小说明二者之间的差距越小, 即相似性越大. 本章采用欧氏距离来描述对象之间的相似性, 进而根据学习算子学习概念并构建相应的概念空间.

定义 8.1.3 设 $(U, A, \tilde{I})$ 为模糊形式背景. $\forall x_i, x_i \in U$, 记 x_i, x_j 对属性 a_s 的隶属度分别为 $\tilde{I}_{i,s}, \tilde{I}_{j,s}$, 非隶属度为 $\tilde{I}_{i,s}^c, \tilde{I}_{j,s}^c$. 则两个对象之间的距离定义如下:

$$d\left(x_i, x_j\right) = \sqrt{\sum_{s=1}^{m}\left(\left\|\tilde{I}_{i,s} - \tilde{I}_{j,s}\right\|^2 + \left\|\tilde{I}_{i,s}^c - \tilde{I}_{j,s}^c\right\|^2\right)}.$$

由于 $\tilde{I}^c = 1 - \tilde{I}$，我们可知 $\left\|\tilde{I}_{i,s} - \tilde{I}_{j,s}\right\|^2 + \left\|\tilde{I}_{i,s}^c - \tilde{I}_{j,s}^c\right\|^2 = 2\left\|\tilde{I}_{i,s} - \tilde{I}_{j,s}\right\|^2$，即两个对象之间的距离仅仅由 $\left\|\tilde{I}_{i,s} - \tilde{I}_{j,s}\right\|^2$，$s = 1, 2, \cdots, m$ 决定．故为了简化计算，我们采用下述距离函数衡量不同对象之间的差异性进而选择相似对象．

$$d\left(x_i, x_j\right) = \sqrt{\sum_{s=1}^{m}\left\|\tilde{I}_{i,s} - \tilde{I}_{j,s}\right\|^2}.$$

通常情况下，当二者之间的距离足够小时我们认为二者是相似的．在本章中，我们设置阈值 δ，当个体之间的距离小于等于 δ 时，双方在彼此的相似类中．

定义 8.1.4 设 $\left(U, A, \tilde{I}, D, \tilde{E}\right)$ 为模糊决策形式背景，其中 $U/D = \{U_1, U_2, \cdots, U_l\}$，$\tilde{E} \subseteq U \times A$ 是 U 和 D 之间的二元关系．对任意 $x \in U_i (i = 1, 2, \cdots, l)$，$a_j \in A$ $(j = 1, 2, \cdots, m)$，记 $\left(x, a_j\right)$ 对 $\tilde{I}$ 的隶属度为 $\tilde{I}\left(x, a_j\right)$，非隶属度为 $\tilde{I}^c\left(x, a_j\right)$，则 x 的相似类 X_x 定义如下：

$$X_x = \{y \in U_i \mid d\left(x, y\right) \leq \delta\}.$$

根据性质 8.1.2，我们可以学得基于相似的类 X_x 的模糊三支概念．需要注意的是，δ 的值会通过影响相似类 X_x 的规模影响类中最小隶属度与非隶属度的大小进而影响概念的形成．由于本章提出的增量分类学习机制是基于模糊三支概念空间设计的，故 δ 会影响该学习机制的目标分类性能．因此，在具体实验中我们需要学习最优半径．模糊三支概念空间构建方法如下．

定义 8.1.5 设 $\left(U, A, \tilde{I}, D, \tilde{E}\right)$ 为模糊决策形式背景，其中 $U/D = \{U_1, U_2, \cdots, U_l\}$．给定 U_i，其对应的模糊三支概念子空间 C_i 如下：

$$C_i = \left\{\left(\tilde{H}\tilde{L}(X_x) \cap \tilde{H}^-\tilde{L}^-(X_x), \left(\tilde{L}(X_x), \tilde{L}^-(X_x)\right)\right) \mid x \in U_i\right\}.$$

各个概念子空间构成总的模糊三支概念空间 $C = \{C_1, C_2, \cdots, C_l\}$．在初始概念空间中，每个对象都可以被精确地学习．算法 8.1.1 描述了模糊三支概念空间的构建过程．

算法 8.1.1 模糊三支概念空间的构建

输入：模糊形式决策背景 $\left(U, A, \tilde{I}, D, \tilde{E}\right)$ 和阈值 δ．

输出：模糊三支概念空间 C．

---

1. For $U_i \in U$

2. 令 $C_i \leftarrow \varnothing$；

3. For $x \in U_i$

4. 根据定义 8.1.4 计算 $x \in U_i$ 的相似类 X_x；

5. 根据定义 8.1.5 计算模糊三支概念
$$\left(\tilde{H}\tilde{L}(X_x) \cap \tilde{H}^-\tilde{L}^-(X_x), \left(\tilde{L}(X_x), \tilde{L}^-(X_x) \right) \right);$$

6. $C_i \leftarrow \left(\tilde{H}\tilde{L}(X_x) \cap \tilde{H}^-\tilde{L}^-(X_x), \left(\tilde{L}(X_x), \tilde{L}^-(X_x) \right) \right)$；

7. End For

8. 获得概念子空间 C_i；

9. End For

10. 获得模糊三支概念空间 C．

同一概念空间中，概念是相互影响的，不同概念之间甚至存在大量重复的信息．考虑到概念认知过程常常受到个体局限性与认知环境的不完全性所影响，本节我们基于模糊三支概念空间研究概念的渐进式学习方法并构建相应的概念空间.

定义 8.1.6 给定概念
$$\left(X_1, \left(\tilde{L}(X_1), \tilde{L}^-(X_1) \right) \right), \left(X_2, \left(\tilde{L}(X_2), \tilde{L}^-(X_2) \right) \right), \cdots, \left(X_u, \left(\tilde{L}(X_u), \tilde{L}^-(X_u) \right) \right) \in C_i.$$
若 $X_1 \subseteq X_2 \subseteq \cdots \subseteq X_u$，则 $\left(X_u, \left(\tilde{L}(X_u), \tilde{L}^-(X_u) \right) \right)$ 称为上确界概念. 由上述概念学得的渐进模糊三支概念定义如下：
$$\chi_{i,j} = X_1 \cup X_1 \cup \cdots \cup X_u,$$
$$(\mathcal{L}_{i,j}, \mathcal{L}_{i,j}^-) = \frac{1}{2^{u-2}} \left(\left(\tilde{L}(X_1), \tilde{L}^-(X_1) \right) + \left(\tilde{L}(X_2), \tilde{L}^-(X_2) \right) + 2\left(\tilde{L}(X_3), \tilde{L}^-(X_3) \right) \right.$$
$$\left. + \cdots + 2^u \left(\tilde{L}(X_u), \tilde{L}^-(X_u) \right) \right).$$

$\left(\mathcal{X}_{i,j}, \left(\mathcal{L}_{i,j}, \mathcal{L}_{i,j}^- \right) \right)$ 称为渐进模糊三支概念，$\mathcal{P}_i = \left\{ \left(\mathcal{X}_{i,j}, \left(\mathcal{L}_{i,j}, \mathcal{L}_{i,j}^- \right) \right) \middle| j = 1, 2, \cdots, s_i \right\}$ 为第 i 个渐进概念子空间，其中 $\left(\mathcal{X}_{i,j}, \left(\mathcal{L}_{i,j}, \mathcal{L}_{i,j}^- \right) \right)$ 为第 i 个渐进概念空间中的第 j 个渐进概念，s_i 是第 i 个渐进概念空间中渐进概念的个数. 在渐进概念学习过程中，不同的子概念根据其外延的大小被赋予不同的权重. 学习权重随着子概念外延的增大而增大，且学习权重之和为 1，即所有子概念对渐进学习的总影响为 1. 算法 8.1.2 展示了上确界概念的寻找过程与渐进概念空间的形成

过程.

算法8.1.2　渐进模糊三支概念的增量学习机制

输入：初始模糊三支概念空间 $\mathcal{C} = \{\mathcal{C}_1, \cdots, \mathcal{C}_\ell\}$.

输出：渐进模糊三支概念空间.

1. For $\mathcal{C}_i \in \mathcal{C}$

2. 设上确界概念集合 $S = \left\{\left(X_1, \left(\tilde{L}(X_1), \tilde{L}^-(X_1)\right)\right)\right\}$，$\mathcal{C}_i = \mathcal{C}_i - S$；

3. For $\left(X_i, \left(\tilde{L}(X_i), \tilde{L}^-(X_i)\right)\right) \in \mathcal{C}_i$

4. For $\left(X_j, \left(\tilde{L}(X_j), \tilde{L}^-(X_j)\right)\right) \in \mathcal{C}_i - \left(X_i, \left(\tilde{L}(X_i), \tilde{L}^-(X_i)\right)\right)$

5. If $\left(X_j, \left(\tilde{L}(X_j), \tilde{L}^-(X_j)\right)\right)$ 是 S 中的子概念

6. $S = S$；

7. Else

8. $S_j = S_j \cup \left\{\left(X_j, \left(\tilde{L}(X_j), \tilde{L}^-(X_j)\right)\right)\right\}$；

9. End If

10. $\mathcal{C}_i = \mathcal{C}_i - \left(X_j, \left(\tilde{L}(X_j), \tilde{L}^-(X_j)\right)\right)$, $S = S \cup \left\{\left(X_j, \left(\tilde{L}(X_j), \tilde{L}^-(X_j)\right)\right)\right\}$；

11. $S_j = \left\{\left(X_j, \left(\tilde{L}(X_j), \tilde{L}^-(X_j)\right)\right)\right\}$；

12. If 存在 $\left(X_i, \left(\tilde{L}(X_i), \tilde{L}^-(X_j)\right)\right) \in S$ 是 $\left(X_j, \left(\tilde{L}(X_j), \tilde{L}^-(X_j)\right)\right)$ 的子概念

13. $S = S - \left(X_i, \left(\tilde{L}(X_i), \tilde{L}^-(X_i)\right)\right)$, $S = S \cup \left\{\left(X_j, \left(\tilde{L}(X_i), \tilde{L}^-(X_j)\right)\right)\right\}$；

14. $S_j = S_i \cup \left\{\left(X_j, \left(\tilde{L}(X_i), \tilde{L}^-(X_j)\right)\right)\right\}$ 并删除 S_i，

15. $\mathcal{C}_i = \mathcal{C}_i - \left(X_j, \left(\tilde{L}(X_i), \tilde{L}^-(X_j)\right)\right)$；

16. End If

17. End For

18. End For

19. For $\left(X_i, \left(\tilde{L}(X_i), \tilde{L}^-(X_i)\right)\right) \in S$ 以及相应的子概念 S_i

20. 学习渐进模糊三支概念 $\left(\mathcal{X}_{i,j}, \left(\mathcal{L}_{i,j}, \mathcal{L}^-_{i,j}\right)\right)$, $\mathcal{P}_i \leftarrow \left(\mathcal{X}_{i,j}, \left(\mathcal{L}_{i,j}, \mathcal{L}^-_{i,j}\right)\right)$；

21. End For

22. End For

23. 获得渐进模糊三支概念空间 $\mathcal{P} = \{\mathcal{P}_1, \cdots, \mathcal{P}_\ell\}$.

8.2　渐进模糊三支概念的增量学习机制

大规模数据带给我们大量有用信息的同时也增加了计算、学习挑战，特别是一些没有无标签的对象数据. 如何基于已有知识对个案进行判别是当今数据分析的一个重要任务，在动态对象环境下，本节基于渐进模糊三支概念设计增量学习机制，旨在利用已有概念信息挖掘潜在知识.

在渐进模糊三支概念中，同一概念中的对象具有相同的类标签与相似的个案性质. 对于无标签数据，我们可以根据个案与概念之间的相似性判别其类标签.

定义 8.2.1　给定初始渐进模糊三支概念空间 $\mathcal{P}$，新增对象 x_a 对 $\tilde{I}$ 的隶属度与非隶属度分别为 $\tilde{B}$ 和 $\tilde{B}^c$，则 x_a 与 $\mathcal{P}_i$ 中的第 j 个渐进概念 $\left(\mathcal{X}_{i,j}, \left(\mathcal{L}_{i,j}, \mathcal{L}_{i,j}\right)\right)$ 之间的距离定义如下：

$$DEC\left(x_a, \mathcal{P}_{i,j}\right) = \sqrt{\left\|\tilde{B} - \mathcal{L}_{i,j}\right\|^2 + \left\|\tilde{B}^c - \mathcal{L}_{i,j}\right\|^2}.$$

$DEC\left(x_a, \mathcal{P}_{i,j}\right)$ 越小说明两者之间的差异越小，即相似程度越高. 根据最小距离原则可以确定新增对象 x_a 的类标签. 算法 8.2.1 展示了基于渐进模糊三支概念的学习机制（learning mechanism based on progressive fuzzy three-way concept，LMPFTC）.

算法 8.2.1　LMPFTC

输入：渐进模糊三支概念空间 $\mathcal{P} = \{\mathcal{P}_1, \cdots, \mathcal{P}_\ell\}$，新增对象 x_a.

输出： x_a 的类标号.

1. For $\mathcal{P}_i \in \mathcal{P}$

2. For $\mathcal{P}_{i,j} \in \mathcal{P}_i$

3. 计算距离 $DEC\left(x_a, \mathcal{P}_{i,j}\right)$；

4. End For

5. 寻找最小距离 $s_i = \min\left(DEC\left(x_a, \mathcal{P}_{i,j}\right)\right)$；

---

6. End For

7. 根据距离最小原则确认 x_a 类标号：$\text{argmin}_{i\in\{1,2,\cdots,l\}} s_i$；

8. 获得 x_a 的类标号.

    LMPFTC 旨在通过比较新增对象与已有渐进模糊三支概念的距离确定未知对象的类别. 模糊三支概念相对于模糊概念来说能够更全面地反映对象与属性之间的关系，理论上更能精确地学习新知识. 为了说明三支概念思想的有效性，类比于算法 8.2.1 设计基于渐进模糊概念的学习机制（learning mechanism based on progressive fuzzy concept，LMPFC）并在实验部分加以验证.

    随着新增对象的增加，基于对象学得的知识也在相应地更新，当对象增加后我们首先根据算法 8.2.1 学习其类标签，再进一步根据其与已有概念之间的关系对概念空间进行动态更新. 与静态更新算法相比，所设计的动态更新算法不需要重新比较所有对象，仅需要比较新增对象与原有对象之间的差异性来进一步更新渐进概念，这大大降低了时间复杂度. 算法 8.2.2 描述了概念空间的动态更新过程.

算法 8.2.2   渐进模糊三支概念空间的动态更新

    输入：初始相似类 $X_x, x\in U_i (i=1,2,\cdots,l)$，模糊三支概念空间 $\mathcal{C}$，新增对象 x_a 以及阈值 δ.

    输出：更新后的渐进模糊三支概念空间 $\mathcal{P}'=\{\mathcal{P}_1',\cdots,\mathcal{P}_\ell'\}$.

1. 输入 x_a，以及相应的隶属度 $\tilde{B}$，非隶属度 $\tilde{B}^c$；

2. 根据算法 8.2.1 确认新增对象类标号并更新相应决策类 U_i'；

3. 设 $\mathcal{P}'=\mathcal{P}$，$\mathcal{C}'=\varnothing$；

4. For $x_j\in U_i'$

5. 计算 x_a 与 x_j 之间的差异性；

6. If $d(x_a,x_j)\leqslant\delta$

7. $X_{x_j}'=X_{x_j}\cup\{x_a\}, X_{x_a}'=X_{x_a}\cup\{x_j\}$；

8. $\tilde{L}(X_{x_j}')=\min(\tilde{L}(X_x),\tilde{B}), \tilde{L}^-(X_{x_j}')=\min(\tilde{L}^-(X_x),\tilde{B}^c)$；

9. $\tilde{H}\tilde{L}(X_{x_a}')\cap\tilde{H}^-\tilde{L}^-(X_{x_a}')=\tilde{H}\tilde{L}(X_{x_a})\cup\{x_s\in U_i-\tilde{H}\tilde{L}(X_{x_a})|\tilde{I}(x_s,a_j)\geqslant$ $\tilde{L}(X_{x_a}')(a_j), \tilde{I}^c(x_s,a_j)\geqslant\tilde{L}^-(X_{x_j}')(a_j),\forall a_j\in A\}$；

10. $C_i' \leftarrow \left(\tilde{H}\tilde{L}\left(X_{x_a}'\right) \cap \tilde{H}^-\tilde{L}\left(X_{x_a}'\right), \left(\tilde{L}\left(X_{x_j}'\right), \tilde{L}^-\left(X_{x_j}'\right)\right)\right)$;

11. End If

12. End For

13. 得到更新后的概念空间 C_i';

14. 根据定义 8.1.5 得到渐进概念子空间 $\mathcal{P}_i'$;

15. 更新后的渐进概念空间为 $\mathcal{P}' = \{\mathcal{P}_1', \cdots, \mathcal{P}_\ell'\}$.

算法 8.2.2 介绍了渐进模糊概念空间的动态更新算法. 动态更新算法与静态更新算法的区别在于如何有效更新模糊三支概念空间, 因此我们仅需要比较两种算法中模糊三支概念空间生成的差别即可. 设新增对象被划分到第 i 个类空间中, 即 $U_i' = U_i \cup \{x_a\}$. 当更新 i 类中第 j 个模糊三支概念时, 我们首先需要计算新增对象 x_a 和 x_j 的差别, 其复杂度是 m. 更新模糊三支概念的内涵可以通过比较原有概念 $\left(\tilde{L}\left(X_{x_j}\right), \tilde{L}^-\left(X_{x_j}\right)\right)$ 与新概念隶属度 $(\tilde{B}, \tilde{B}^c)$ 之间的关系判别. 若 $x_a \in X_{x_j}$, 更新概念的复杂度是 $2 \times m$. 同样地, 新概念的外延可以根据 $\tilde{H}\tilde{L}\left(X_{x_j}\right) \cap \tilde{H}^-\tilde{L}\left(X_{x_j}\right)$ 得到, 因此更新外延的时间复杂度是 $O\left(m \times \left(|U_i| - \left|\tilde{H}\tilde{L}\left(X_{x_j}\right) \cap \tilde{H}^-\tilde{L}\left(X_{x_j}\right)\right|\right)\right)$. 在原有概念空间中存在 $|U_i|$ 个概念, 故更新模糊三支概念空间的时间复杂度是 $O\left(m \times \sum_{j=1}^{|U_i|}\left(1 + 2 + 2\left(|U_i| - \left|\tilde{H}\tilde{L}\left(X_{x_j}\right) \cap \tilde{H}^-\tilde{L}\left(X_{x_j}\right)\right|\right)\right)\right)$. 因此, 动态更新模糊三支概念空间的总时间复杂度是 $O\left(m \times \sum_{j=1}^{|U_i|}\left(1 + 2 + 2\left(|U_i| - \left|\tilde{H}\tilde{L}\left(X_{x_j}\right) \cap \tilde{H}^-\tilde{L}\left(X_{x_j}\right)\right|\right)\right)\right)$. 针对静态更新算法而言, 我们需要重新计算 U_i' 中所有对象的相似类并根据性质 8.1.1 来获取新的模糊三支概念, 因此静态更新模糊三支概念空间的总复杂度是 $O\left(m \times \sum_{j=1}^{|U_i'|}\left(|U_i'| + 2|X_{x_j}| + 2|U_i'|\right)\right)$. 因为 $1 \leq |U_i|$, $2 \leq |X_{x_j}|$, $|U_i| - \left|\tilde{H}\tilde{L}\left(X_{x_j}\right) \cap \tilde{H}^-\tilde{L}\left(X_{x_j}\right)\right| \leq |U_i|$, 所以动态更新算法的时间复杂度远小于静态更新算法. 该算法的有效性通过实验加以验证.

随着信息技术的发展, 数据在不断实时更新, 如何有效认识新个体并利用更新知识进行学习在数据分析中有着重要作用. 当有新个体增加时, 首先根据算法 8.2.1 判别其具体类别再进而根据算法 8.2.2 更新概念知识空间. 需要指出的是, 随着数据更新, 认知也会随之改变, 仅仅利用原有的部分数据进行对象分类识别是远远不够的．本节在动态更新算法的基础上设计一种增量学习机制，旨在在原有数据的基础上结合新知识对数据进行分析以提高识别效率．算法 8.2.3 是基于渐进模糊三支概念的增量学习机制（incremental learning mechanism based on progressive fuzzy three-way concept，ILMPFTC）．

算法 8.2.3　ILMPFTC

输入：初始相似类 $X_x, x \in U_i (i=1,2,\cdots,l)$，渐进模糊概念空间 $\mathcal{P}=\{\mathcal{P}_1,\cdots,\mathcal{P}_\ell\}$；新增对象块 $Add=\{Add_1, Add_2,\cdots, Add_t\}$，阈值 δ．

输出：新增对象的类标号与更新后的渐进模糊三支概念空间 $\mathcal{P}'=\{\mathcal{P}_1',\cdots,\mathcal{P}_\ell'\}$．

1. 设 $Add=\varnothing$；
2. For　$Add_i \in Add$
3. For　$x_j \in Add_i$
4. 根据算法 8.2.1 得到 x_j 的类标号 $l_{i,j}$ 并令 $Add(i,j)=l_{i,j}$；
5. 更新决策类 U'；
6. End For
7. 根据算法 8.2.3 更新渐进模糊三支概念空间；
8. End For
9. 所有新增对象的类标号 $Add(i,j)$ 与更新后的渐进概念空间 $\mathcal{P}'$．

图 8.2.1 展示了基于渐进模糊三支概念的增量学习过程．给定具有三个决策类的模糊形式背景，首先，根据类标号将所有对象划分成三个类，计算不同决策类中各个对象的相似类．其次，根据定义 8.1.5 获得模糊三支概念；进而考虑概念认知的不完全性，学得渐进模糊三支概念．当增加对象后，基于相似度对个案进行分类，图中五角星、正方形以及三角形均被正确分类．分类后的对象被增加到原有概念空间并对空间进行更新，更新后的空间被用来进行下一步的认知学习．该机制实现了动态数据环境下认知的增量学习，由于学习过程中知识的不断更新，该机制的分类性也随之提高．同时，为了说明增量机制的有效性，在实验部分添加 ILMPFTC 与 LMPFTC 的对比试验．相对于 ILMPFTC 机制来说，LMPFTC 在动态环境的对象识别算法中仅仅根据原有知识进行学习，忽略了新增个案信息．

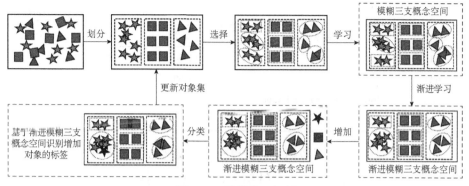

图 8.2.1　增量学习机制

8.3　数值实验与分析

本节通过数值实验对渐进模糊三支概念的增量学习进行评估，主要包括三个方面：①ILMPFTC 机制的分类性能；②增量学习机制的收敛性；③动态机制的有效性.

相对于模糊概念来说，模糊三支概念进一步引入负学习算子学习非隶属度方面信息，能够更全面地反映对象特征之间的关系. 为了验证三支思想的有效性，本节将 LMPFC 与 LMPFTC 进行比较. 将 ILMPFTC，LMPFTC[49]，KNN[54]，FuzzyKNN[55]，IF-KNN[56]和 FENN[57]分类器进行比较以说明增量学习机制在对象分类方面的优势. 由定义 8.1.4 可知，参数 δ 是影响基于概念分类机制精度的一个重要参数，故在区间 $[0,1]$ 以步长 0.001 根据最优分类性能选择 LMPFC，LMPFTC，以及 ILMPFTC 的最优半径. KNN，FuzzyKNN，IF-KNN，FENN 四种分类比较算法均有相同的邻域参数 k，实验中统一将参数设为 $k=3$. 数值实验主要在 UCL 与 KEEL 中的 10 个公开数据集上进行，详细信息如表 8.3.1 所示.

表 8.3.1　数据集信息

序号	数据集名称	个案数	属性数	类别数
set 1	AuditData	772	17	2
set 2	BreastCancer	683	9	2
set 3	BreastCancerCoimbra	116	9	2
set 4	Contraceptive Method Choice	1473	9	3
set 5	Glass	214	9	6
set 6	Liver Disorders	345	6	2

续表

序号	数据集名称	个案数	属性数	类别数
set 7	Nursery	12960	8	5
set 8	Occpancy	20560	5	2
set 9	Wireless Indoor Localization	2000	7	4
set 10	Wilt	4839	5	2

在预处理阶段，首先对数据集进行模糊化，模糊化[58]方法如下：

$$\tilde{I}\left(x_i, a_j\right) = \frac{f\left(x_i, a_j\right) - \min\left(f\left(a_j\right)\right)}{\max\left(f\left(a_j\right)\right) - \min\left(f\left(a_j\right)\right)},$$

其中，$f\left(x_i, a_j\right)$表示对象x_i在属性a_j下的取值，$\max\left(f\left(a_j\right)\right)$和$\min\left(f\left(a_j\right)\right)$表示所有对象在属性$a_j$下的最大值与最小值. 在模糊形式背景中，模糊值$\tilde{I}(x, a)$反映了$(x, a)$对$\tilde{I}$的隶属度. 通常情况下，$\tilde{I}$可以被理解为对象对属性的隶属度. $f(x, a)$的值越大，x拥有属性a的程度越大.

在数值实验中，每个数据集中70%的数据用来训练模型，剩余的30%被分成10等份依次添加到测试集，以验证ILMPFTC的分类性能与动态更新机制的有效性. 实验配置如下：Intel(R) Core(TM)i5-1135G7@2.40GHz 2.42GHz，16GB，运行软件：MATLAB 2016b.

8.3.1 ILMPFTC机制的分类性能验证

本节旨在通过比较不同算法在个体分类精度中的表现来比较算法的优劣，主要包括三个方面的对比：①通过比较 LMPFTC 与 LMPFC 算法在个体分类中的表现验证三支思想在知识发现中的有效性；②通过比较 ILMPFTC 与 LMPFTC 算法表明增量学习机制在动态数据环境中的优势；③将 ILMPFTC 与其他模糊分类方法进行对比来验证增量学习机制的有效性.

1. LMPFTC 与 LMPFC 之间的对比

表 8.3.2 记录了 LMPFTC 和 LMPFC 在 10 个公开数据集上的最优参数 δ 和分类精度，分 10 个时刻依次增加对象并对其进行分类识别，其中最后一列表示十个不同时刻所对应的平均分类精度（Ave）和标准偏差（std）. 从表中可以发现，除了数据集 set 5 以外，LMPFTC 在其余 9 个数据集上的平均分类精度均大于等于 LMPFC，标准差在 6 个数据集上小于 LMPFC，故可认为模糊三支概念在分类表

现中优于模糊概念.

表 8.3.2 动态对象环境下 LMPFTC 与 LMPFC 算法的最优半径 δ（数据集标准单位）和分类精度（%）

数据集	算法	δ	t_1	t_2	t_3	t_4	t_5	t_6	t_7	t_8	t_9	t_{10}	Ave±std
set 1	LMPFTC	0.679	100.00	100.00	100.00	100.00	100.00	100.00	92.55	89.13	82.61	77.83	94.21±8.38
	LMPFC	0.139	100.00	100.00	100.00	100.00	100.00	100.00	92.55	88.59	82.13	76.09	93.93±8.88
set 2	LMPFTC	0.222	100.00	100.00	100.00	100.00	100.00	100.00	100.00	99.38	98.89	99.00	99.73±0.46
	LMPFC	1.000	100.00	100.00	100.00	100.00	100.00	100.00	99.29	95.00	93.33	91.50	97.91±3.31
set 3	LMPFTC	0.674	100.00	100.00	100.00	100.00	93.33	88.89	76.19	66.67	59.26	53.33	83.77±18.40
	LMPFC	0.473	66.67	66.67	66.67	66.67	66.67	61.11	57.14	58.33	55.56	56.67	62.21±4.90
set 4	LMPFTC	0.100	61.36	55.68	51.52	53.41	52.73	48.86	48.05	47.44	45.96	44.77	50.98±5.04
	LMPFC	0.220	31.82	42.05	40.91	40.34	41.36	42.05	40.26	38.35	36.87	34.77	38.88±3.42
set 5	LMPFTC	0.100	83.33	75.00	66.67	75.00	76.67	75.00	71.43	70.83	70.37	70.00	73.43±4.64
	LMPFC	0.032	83.33	83.33	72.22	75.00	76.67	75.00	71.43	70.83	70.37	70.00	74.82±5.01
set 6	LMPFTC	0.735	100.00	100.00	96.67	95.00	86.00	75.00	65.71	61.25	55.56	52.00	78.72±19.10
	LMPFC	0.575	100.00	100.00	100.00	97.50	84.00	71.67	62.86	56.25	50.00	46.00	76.83±22.12
set 7	LMPFTC	0.200	65.21	62.50	44.50	55.93	64.74	70.62	72.53	69.33	68.27	71.44	64.51±8.60
	LMPFC	0.500	0.00	0.00	0.00	0.00	0.00	0.00	4.49	11.86	17.67	22.58	5.66±8.58
set 8	LMPFTC	0.010	99.03	99.35	99.57	99.68	99.74	99.78	99.74	99.21	97.24	96.64	99.00±1.12
	LMPFC	0.005	96.10	89.29	92.21	94.16	95.32	96.10	92.35	93.30	93.96	92.79	93.56±2.07
set 9	LMPFTC	0.255	100.00	100.00	100.00	100.00	99.66	99.15	98.31	97.46	97.74	97.97	99.03±1.05
	LMPFC	0.220	61.02	70.34	66.10	74.15	78.98	81.64	83.78	85.38	87.01	88.14	77.65±9.36
set 10	LMPFTC	0.005	58.62	78.62	85.52	88.79	90.62	91.84	92.91	93.71	93.33	93.45	86.74±10.95
	LMPFC	0.050	57.24	54.83	49.66	45.00	42.48	42.30	41.87	42.24	44.75	46.48	46.69±5.51

　　为了检验两种算法在分类精度中是否存在显著差异，进一步采用 Wilcoxon 秩和检验，检验结果如表 8.3.3 所示. 由表可知，检验 P-value = 0.006 < 0.05，拒绝原假设，可认为二者在分类精度方面存在显著差异. 又因为 LMPFTC 的平均精度是 83.01%大于 LMPFC 的平均精度 66.81%，故基于模糊三支概念的分类算法在对象分类方面显著优于模糊概念. 两种算法的分类对比如图 8.3.1 所示. 由图可知在大多数数据集中，基于模糊三支概念的分类效果优于基于模糊概念的分类效果. 这是因为模糊三支概念相对于模糊概念进一步考虑非隶属度方面的信息，增加了信息量，从而有助于提高个体分类性能.

表 8.3.3   LMPFTC 与 LMPFC 算法分类精度的 Wilcoxon 秩和检验结果

算法	set 1/%	set 2/%	set 3/%	set 4/%	set 5/%	set 6/%	set 7/%	set 8/%	set 9/%	set 10/%	Ave/%	P-value
LMPFTC	94.21	99.73	83.77	50.98	73.43	78.72	64.51	99	99.03	86.74	83.01	—
LMPFC	93.93	97.91	62.21	38.88	74.82	76.83	5.66	93.56	77.65	46.69	66.81	0.006

2. ILMPFTC 与 LMPFTC 之间的对比

动态对象数据环境下个体认知会随着数据的增加而不断更新. 当新个体不断增加时仅根据原有信息对未知对象进行识别容易造成很大的学习误差. 增量学习机制能够结合已有知识与新增知识对数据进行分析. 表 8.3.4 记录了 ILMPFTC 和 LMPFTC 算法增加对象时的分类精度, 由表可知 ILMPFTC 在除 set 5 外的 9 个数据集中的精度与平均精度均高于 LMPFTC, 说明增量机制能够充分利用新知识提高个体分类精度.

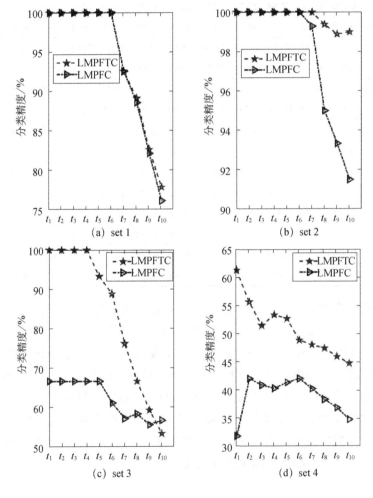

(a) set 1   (b) set 2

(c) set 3   (d) set 4

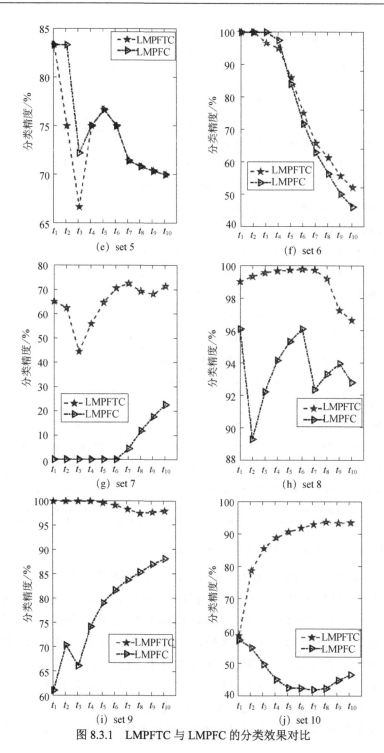

图 8.3.1　LMPFTC 与 LMPFC 的分类效果对比

表 8.3.4　动态数据环境下 ILMPFTC 与 LMPFTC 算法在分类中的最优 δ（数据集标准单位）和分类精度（%）

数据集	算法	δ	t_1	t_2	t_3	t_4	t_5	t_6	t_7	t_8	t_9	t_{10}	Ave±std
set 1	ILMPFTC	0.740	100.00	100.00	100.00	100.00	100.00	100.00	91.93	88.04	86.47	87.39	95.38±5.80
	LMPFTC	0.679	100.00	100.00	100.00	100.00	100.00	100.00	92.55	89.13	82.61	77.83	94.21±7.95
set 2	ILMPFTC	0.240	100.00	100.00	100.00	100.00	100.00	100.00	100.00	99.38	98.89	99.00	99.73±0.43
	LMPFTC	0.222	100.00	100.00	100.00	100.00	100.00	100.00	99.38	98.89	99.00		99.73±0.43
set 3	ILMPFTC	0.690	100.00	100.00	100.00	100.00	100.00	88.89	90.48	79.17	70.37	66.67	89.56±12.44
	LMPFTC	0.674	100.00	100.00	100.00	100.00	93.33	88.89	76.19	66.67	59.26	53.33	83.77±17.46
set 4	ILMPFTC	0.150	52.27	55.68	54.55	55.68	55.00	51.89	50.97	51.14	48.48	47.05	52.27±2.84
	LMPFTC	0.100	61.36	55.68	51.52	53.41	52.73	48.86	48.05	47.44	45.96	44.77	50.98±4.78
set 5	ILMPFTC	0.099	83.33	75.00	61.11	70.83	73.33	72.22	69.05	68.75	68.52	68.33	71.05±5.43
	LMPFTC	0.100	83.33	75.00	66.67	75.00	76.67	75.00	71.43	70.83	70.37	70.00	73.43±4.40
set 6	ILMPFTC	0.730	100.00	100.00	96.67	95.00	94.00	83.33	72.86	67.50	61.11	56.00	82.65±16.06
	LMPFTC	0.735	100.00	100.00	96.67	95.00	86.00	75.00	65.71	61.25	55.56	52.00	78.72±18.12
set 7	ILMPFTC	0.240	65.21	64.05	68.90	73.52	78.81	82.35	82.58	76.19	70.13	68.97	73.07±6.37
	LMPFTC	0.200	65.21	62.50	44.50	55.93	64.74	70.62	72.53	69.33	68.27	71.44	64.51±8.16
set 8	ILMPFTC	0.016	99.35	99.51	99.68	99.76	99.81	99.84	99.86	98.97	96.99	96.35	99.01±1.21
	LMPFTC	0.010	99.03	99.35	99.57	99.68	99.74	99.78	99.74	99.21	97.24	96.64	99.00±1.06
set 9	ILMPFTC	0.108	100.00	100.00	99.44	99.15	98.98	98.87	98.55	98.73	98.87	98.47	99.11±0.52
	LMPFTC	0.255	100.00	100.00	100.00	100.00	99.66	99.15	98.31	97.46	97.74	97.97	99.03±1.00
set 10	ILMPFTC	0.014	63.45	80.00	85.52	88.62	90.21	91.15	92.32	93.10	92.72	92.83	86.99±8.76
	LMPFTC	0.005	58.62	78.62	85.52	88.79	90.62	91.84	92.91	93.71	93.33	93.45	86.74±10.38

3. ILMPFTC 与其他模糊分类算法之间的对比

根据 1.和 2.部分的分析可知，ILMPFTC 在动态对象数据环境下分类效果良好. 本节进一步比较了 ILMPFTC 算法与另外四种基于 KNN 分类器的模糊分类方法，对比结果如表 8.3.5 所示. 由表可知，ILMPFTC 在 10 个数据集中取得 7 次最大分类精度，而 KNN 算法、Fuzzy KNN 算法、IF-KNN 算法分别取得 2 次、1 次、1 次最大值，FENN 算法分类精度在 10 个数据集中均未取得最大值. 同时，五种算法的平均秩均分别为 1.8，3.1，2.8，3.4，2.9，可知在五种分类算法中 ILMPFTC 表现最优. 另外，ILMPFTC 在数据集 set 1，set 2，set 4，set 5，set 7，set 9，set 10 中均小于另外四种算法，这表明 ILMPFTC 相对于另外四种分类算法更稳健.

表 8.3.5　不同分类算法的参数 δ（数据集标准单位）及动态数据环境下分类精度（%）

数据集	算法	δ	t_1	t_2	t_3	t_4	t_5	t_6	t_7	t_8	t_9	t_{10}	Ave±std	排序
set 1	ILMPFTC	0.740	100.00	100.00	100.00	100.00	100.00	100.00	91.93	88.04	86.47	87.39	95.38±5.80	1
	KNN	3.000	100.00	100.00	100.00	100.00	100.00	100.00	92.55	88.59	82.13	77.39	94.07±8.15	2
	Fuzzy KNN	3.000	100.00	100.00	100.00	100.00	100.00	100.00	92.55	88.59	82.13	77.39	94.07±8.15	2
	IF-KNN	3.000	100.00	100.00	100.00	100.00	100.00	100.00	92.55	88.59	82.13	77.39	94.07±8.15	2
	FENN	3.000	100.00	100.00	100.00	100.00	100.00	100.00	92.55	88.59	82.13	77.39	94.07±8.15	2
set 2	ILMPFTC	0.240	100.00	100.00	100.00	100.00	100.00	100.00	100.00	99.38	98.89	99.03	99.73±0.43	1
	KNN	3.000	100.00	100.00	100.00	100.00	99.02	99.18	99.30	98.16	98.36	98.04	99.21±0.76	5
	Fuzzy KNN	3.000	100.00	100.00	100.00	100.00	100.00	100.00	100.00	98.77	98.91	99.02	99.67±0.51	2
	IF-KNN	3.000	100.00	100.00	100.00	100.00	99.02	99.18	99.30	98.16	98.36	98.53	99.25±0.69	4
	FENN	3.000	100.00	100.00	100.00	100.00	99.02	99.18	99.30	98.77	98.91	99.02	99.42±0.49	3
set 3	ILMPFTC	0.690	100.00	100.00	100.00	100.00	100.00	88.89	90.48	79.17	70.37	66.67	89.56±12.44	1
	KNN	3.000	33.33	66.67	60.00	69.23	70.59	70.00	65.22	55.56	56.67	55.88	60.31±10.62	5
	Fuzzy KNN	3.000	66.67	83.33	70.00	76.92	70.59	70.00	65.22	55.56	53.33	52.94	66.46±9.55	3
	IF-KNN	3.000	66.67	83.33	70.00	76.92	70.59	70.00	65.22	55.56	53.33	52.94	66.46±9.55	3
	FENN	3.000	66.67	83.33	90.00	76.92	70.59	70.00	60.87	51.85	50.00	47.06	66.73±13.67	2
set 4	ILMPFTC	0.150	52.27	55.68	54.55	55.68	55.00	51.89	50.97	51.14	48.48	47.05	52.27±2.84	2
	KNN	3.000	56.82	57.09	57.58	60.36	56.36	50.38	48.38	46.88	45.96	44.55	52.43±5.49	1
	Fuzzy KNN	3.000	56.82	55.68	50.76	54.55	50.45	46.97	47.73	47.44	46.97	45.45	50.28±3.87	3
	IF-KNN	3.000	59.09	53.41	48.48	52.84	49.09	45.08	45.78	45.45	45.20	43.86	48.83±4.64	5
	FENN	3.000	63.64	53.41	49.24	50.57	46.82	43.18	44.48	46.31	46.97	47.05	49.17±5.57	4
set 5	ILMPFTC	0.099	83.33	75.00	61.11	70.83	73.33	72.22	69.05	68.75	68.52	68.33	71.05±5.43	5
	KNN	3.000	83.33	83.33	72.22	75.00	76.67	75.00	71.43	64.58	64.81	63.33	72.97±6.85	2

续表

数据集	算法	δ	t_1	t_2	t_3	t_4	t_5	t_6	t_7	t_8	t_9	t_{10}	Ave±std	排序
set 5	Fuzzy KNN	3.000	83.33	83.33	72.22	75.00	76.67	72.22	69.05	64.58	64.81	65.00	72.62±6.70	3
	IF-KNN	3.000	83.33	83.33	72.22	75.00	76.67	72.22	69.05	60.42	61.11	60.00	71.34±8.30	4
	FENN	3.000	83.33	91.67	83.33	83.33	80.00	75.00	69.05	60.42	61.11	60.00	74.72±10.85	1
set 6	ILMPFTC	0.730	100.00	100.00	96.67	95.00	94.00	83.33	72.86	67.50	61.11	56.00	82.65±16.06	1
	KNN	3.000	50.00	50.00	43.33	45.00	39.22	49.18	54.93	59.26	61.54	59.80	51.23±7.15	3
	Fuzzy KNN	3.000	40.00	45.00	36.67	42.50	39.22	49.18	56.34	60.49	62.64	60.78	49.28±9.47	4
	IF-KNN	3.000	40.00	45.00	36.67	42.50	37.25	45.90	53.52	58.02	60.44	58.82	47.81±8.68	5
	FENN	3.000	70.00	45.00	36.67	40.00	41.18	50.82	57.75	61.73	64.84	66.67	53.46±11.65	2
set 7	ILMPFTC	0.240	65.21	64.05	68.90	73.52	78.81	82.35	82.58	76.19	70.13	68.97	73.07±6.37	1
	KNN	3.000	62.11	60.88	43.52	55.21	64.16	70.14	72.12	69.98	70.25	73.23	64.16±8.79	4
	Fuzzy KNN	3.000	64.18	61.90	44.21	55.73	64.57	70.48	71.53	69.47	69.79	72.82	64.47±8.38	3
	IF-KNN	3.000	70.88	65.25	46.44	57.40	65.91	71.60	72.34	73.26	73.17	75.86	67.21±8.60	2
	FENN	3.000	64.18	58.82	42.15	54.18	63.34	69.46	70.95	72.04	72.08	74.88	64.21±9.63	5
set 8	ILMPFTC	0.016	99.35	99.51	99.68	99.76	99.81	99.84	99.86	98.97	96.99	96.35	99.01±1.21	4
	KNN	3.000	98.38	99.03	99.35	99.51	99.61	99.68	99.65	98.80	98.79	97.91	99.07±0.57	1
	Fuzzy KNN	3.000	98.38	99.03	99.35	99.51	99.61	99.68	99.65	98.80	98.79	97.91	99.07±0.57	1
	IF-KNN	3.000	98.38	99.03	99.35	99.51	99.61	99.68	99.65	98.80	98.79	97.91	99.07±0.57	1
	FENN	3.000	98.38	99.03	99.35	99.51	99.61	99.68	99.65	98.50	98.54	97.71	99.00±0.64	5
set 9	ILMPFTC	0.108	100.00	100.00	99.44	99.15	98.98	98.87	98.55	98.73	98.87	98.47	99.11±0.52	1
	KNN	3.000	100.00	100.00	100.00	99.58	97.99	98.32	97.84	98.11	98.32	98.15	98.83±0.89	3
	Fuzzy KNN	3.000	100.00	100.00	99.44	99.16	97.32	97.76	97.36	97.69	97.95	97.82	98.45±1.02	5
	IF-KNN	3.000	100.00	100.00	99.44	99.16	97.32	97.76	97.36	97.69	97.95	97.99	98.47±1.01	4
	FENN	3.000	100.00	100.00	99.44	99.16	97.32	97.76	97.60	97.90	98.13	98.32	98.56±0.95	2

续表

数据集	算法	δ	t_1	t_2	t_3	t_4	t_5	t_6	t_7	t_8	t_9	t_{10}	Ave±std	排序
	ILMPFTC	0.014	63.45	80.00	85.52	88.62	90.21	91.15	92.32	93.10	92.72	92.83	86.99±8.76	1
	KNN	3.000	53.10	75.52	83.22	87.41	89.79	89.38	92.61	93.53	93.56	93.94	85.21±12.01	5
set 10	Fuzzy KNN	3.000	52.41	75.86	83.68	87.76	90.21	91.72	92.91	93.79	94.02	94.42	85.68±12.38	2
	IF-KNN	3.000	51.72	75.52	83.22	87.41	89.93	91.49	92.71	93.62	93.87	94.28	85.38±12.53	4
	FENN	3.000	51.72	75.86	83.45	87.59	90.07	91.61	92.81	93.71	93.87	94.28	85.50±12.52	3

表 8.3.6 记录了 ILMPFTC 与其他模糊分类算法之间的 Wilcoxon 秩和检验结果, 结果表明 ILMPFTC 的平均精度为 84.88%, 高于其他分类算法, 且检验 P-value 均小于 0.1, 故可以认为在 0.1 显著性水平下, ILMPFTC 算法在动态数据环境中的分类效果显著优于其他模糊分类算法.

表 8.3.6　ILMPFTC 与四种模糊分类算法分类精度的 Wilcoxon 秩和检验结果

算法	set 1/%	set 2/%	set 3/%	set 4/%	set 5/%	set 6/%	set 7/%	set 8/%	set 9/%	set 10/%	Ave/%	P-value
ILMPFTC	95.38	99.73	89.56	52.27	71.05	82.65	73.07	99.01	99.11	86.99	84.88	
KNN	94.07	99.21	60.31	52.43	72.97	51.23	64.16	99.07	98.83	85.21	77.75	0.084
Fuzzy KNN	94.07	99.67	66.46	50.28	72.62	49.28	64.47	99.07	98.45	85.68	78	0.043
IF-KNN	94.07	99.25	66.46	48.83	71.34	47.81	67.21	99.07	98.47	85.38	77.79	0.01
FENN	94.07	99.42	66.73	49.17	74.72	53.46	64.21	99	98.56	85.5	78.48	0.037

8.3.2　动态数据环境下增量学习机制的收敛性评估

图 8.3.2 展现了 ILMPFTC 与其他模糊分类算法随对象增加时分类精度的变化, 可以看出上述五种分类算法在对象增多时分类精度整体呈现下降趋势. 本节设计 *IAP* 指标评价动态数据环境下各分类方法的整体分类效果, 它结合各时刻的分类精度以及相邻时刻的变化能够更全面地反映算法随数据变化的整体性能. *IAP* 公式定义如下:

$$IAP = \sum_{t=1}^{9} \left(w_1 \times \frac{Acc_{t+1} - Acc_t}{Acc_t} \times 100\% + w_2 \times Acc_{t+1} \right),$$

其中, Acc_t 和 Acc_{t+1} 表示 $t, t+1$ 时刻的分类精度, $\dfrac{Acc_{t+1} - Acc_t}{Acc_t} \times 100\%$ 反映了算法从 t 时刻到 $t+1$ 时刻分类精度的增幅, w_1 和 w_2 分别表示 $\dfrac{Acc_{t+1} - Acc_t}{Acc_t} \times 100\%$ 和 Acc_{t+1} 两部分的权重. 分类精度与增幅越大, 说明算法分类效果越好, 因此 *IAP* 指标值越大, 算法在动态环境下的分类性能越好. 在本节, w_1 和 w_2 的权重分别设置为 0.4 和 0.6.

表 8.3.7 记录了不同分类算法在数据集上的 *IAP* 取值, 由表可知 ILMPFTC 在 7 个数据集中表现优异, 而其余四种分类算法仅分别取得 1, 2, 1, 2 次最大值. 同时, ILMPFTC 在所有实验数据集中的平均 *IAP* 最高, 因为我们可认为 ILMPFTC 在动态对象数据环境下分类效果优于其他对比算法.

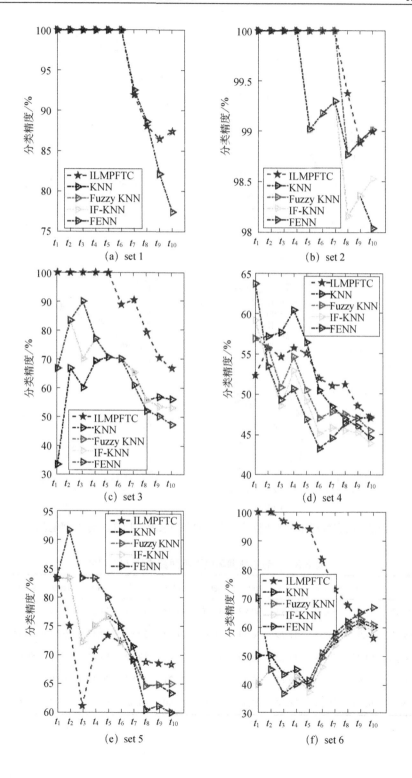

(a) set 1　　　　　　　　　(b) set 2

(c) set 3　　　　　　　　　(d) set 4

(e) set 5　　　　　　　　　(f) set 6

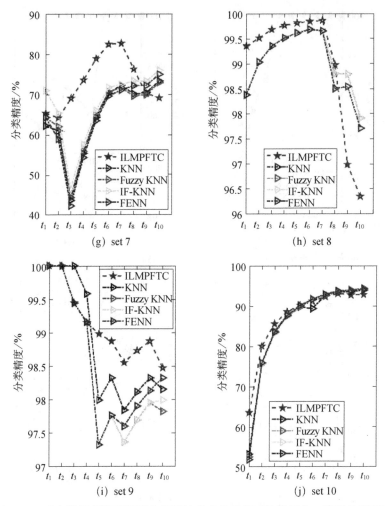

图 8.3.2 动态数据环境下不同分类算法的分类表现（扫描封底二维码见彩图）

表 8.3.7 动态数据环境下不同算法的 *IAP* 取值

算法	set 1	set 2	set 3	set 4	set 5	set 6	set 7	set 8	set 9	set 10	平均值
ILMPFTC	56.34	59.77	51.34	30.92	41.10	45.98	44.68	59.25	59.34	55.60	50.43
KNN	54.94	59.38	41.79	30.14	41.95	31.87	39.81	59.47	59.14	56.14	47.46
Fuzzy KNN	54.94	59.74	39.12	28.80	41.82	32.41	39.69	59.47	58.87	56.62	47.15
IF-KNN	54.94	59.44	39.12	27.38	40.64	31.31	40.80	59.47	58.89	56.53	46.85
FENN	54.94	59.57	38.80	27.31	42.91	31.40	39.68	59.41	58.97	56.62	46.96

8.3.3　动态机制的有效性

渐进增量分析学习机制的关键是如何在动态数据环境下利用新知识进一步学习，因此如何有效更新原有概念空间显得异常重要. ILMPFTC 机制结合新增对象与相似类的关系更新原有概念，不需要重新从所有对象出发学习概念，极大地减少计算开销.

表 8.3.8 和图 8.3.3 记录了增加对象时动态（Dynamic）算法与静态（Static）算法更新概念空间耗费的时间. 由表可知，随着新增对象的增加，两种算法更新空间花费的时间越来越多，但是动态算法时间远低于静态算法时间，且随着对象的增加两种算法之间的差异越来越大. 实验结果充分说明了动态更新算法相对静态算法在时间方面的有效性.

表 8.3.8　动态数据环境下静态概念更新机制与动态概念更新机制的运行时间

（单位：秒）

数据集	算法	t_1	t_2	t_3	t_4	t_5	t_6	t_7	t_8	t_9	t_{10}
set 1	Dynamic	1.15	1.17	1.23	1.54	1.69	1.78	1.85	1.96	2.04	2.09
	Static	1.23	1.24	1.30	1.64	1.70	1.81	1.98	2.03	2.11	2.20
set 2	Dynamic	1.04	1.07	1.13	1.18	1.20	1.25	1.41	1.42	1.45	1.49
	Static	1.13	1.14	1.18	1.19	1.23	1.31	1.47	1.50	1.52	1.56
set 3	Dynamic	0.04	0.04	0.04	0.04	0.05	0.05	0.05	0.06	0.06	0.06
	Static	0.04	0.05	0.05	0.05	0.06	0.06	0.06	0.07	0.07	0.08
set 4	Dynamic	3.12	3.17	3.18	3.20	3.27	3.26	3.20	2.99	3.08	3.19
	Static	3.10	3.41	3.77	3.87	3.89	4.20	4.54	4.52	4.70	4.90
set 5	Dynamic	0.07	0.08	0.08	0.09	0.10	0.10	0.11	0.11	0.12	0.12
	Static	0.08	0.09	0.09	0.10	0.11	0.11	0.13	0.13	0.14	0.14
set 6	Dynamic	0.30	0.31	0.35	0.35	0.37	0.39	0.40	0.41	0.43	0.45
	Static	0.30	0.31	0.35	0.36	0.39	0.41	0.42	0.43	0.45	0.49
set 7	Dynamic	4.37	4.72	5.41	5.66	6.26	6.79	7.04	7.32	7.67	8.21
	Static	4.72	4.98	5.55	5.65	6.29	6.87	7.38	7.83	8.25	8.81
set 8	Dynamic	84.15	99.02	109.75	113.51	128.56	133.60	134.50	140.67	153.24	160.20
	Static	91.44	109.94	126.77	150.44	188.28	227.17	262.26	269.38	271.84	278.17
set 9	Dynamic	218.80	288.74	364.44	454.82	514.33	538.72	619.72	646.72	702.72	738.72
	Static	236.47	308.13	393.26	490.10	542.48	579.22	658.22	696.22	763.22	836.89
set 10	Dynamic	593.66	692.62	816.93	1002.48	1180.78	1284.78	1407.78	1434.78	1563.78	1663.58
	Static	646.66	843.34	1084.78	1394.46	1624.46	1628.46	1811.67	1845.92	2084.92	2284.92

　　上述实验结果表明，动态环境下的 ILMPFTC 是一种有效的个体分类学习机制.

　　（1）在对象分类学习中，由于模糊三支概念进一步引入负隶属度方面的信息，能够从正负两方面全面反映对象和属性之间的关系，故学习效果优于模糊概念；

　　（2）动态环境下，结合新增知识对概念空间进行更新能够显著提高增量学习机制的分类性能；

　　（3）相对于其他模糊分类算法而言，ILMPFTC 能够较为准确地识别新增个体类别标号，在动态环境下总体分类效果相对稳定；

　　（4）与静态更新算法相比，本章设计的动态更新算法能够高效更新概念知识空间，极大提高了认知效率.

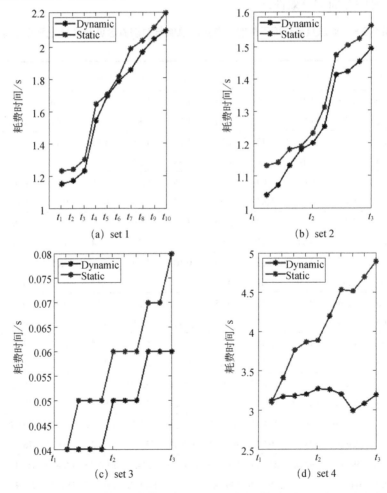

(a) set 1　　　　　　　　　　　　　　(b) set 2

(c) set 3　　　　　　　　　　　　　　(d) set 4

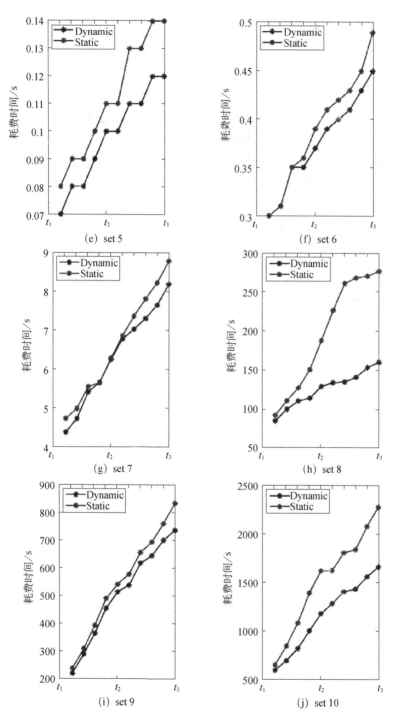

图 8.3.3　增加对象时动态算法与静态算法更新概念空间的用时（扫描封底二维码见彩图）

8.4 本 章 小 结

　　本章在模糊形式背景下，基于邻域相似类定义了模糊三支概念，并进一步提出了动态环境下的 ILMPFTC. 相比于原有的模糊概念，该机制有效考虑了个案正负两方面的信息以及概念认知过程中的渐进性，能够有效提高个案分类性能. 同时，ILMPFTC 在动态环境下能够利用新增对象与原有概念之间的关系更新概念空间，极大降低了时间复杂度.

　　随着数据的不断增加，最优参数学习的复杂度进一步提高，渐进式增量学习机制的分类效果或呈现下降趋势. 因此，如何设计有效的渐进式学习策略，如何结合新增知识设计分类学习机制，以及如何优化参数选择对于概念学习机制均有重要意义.

第9章 复杂网络下的概念认知学习

数据分析中，从网络中进行概念认知学习是网络背景下的机器学习或人工智能领域的重要问题. 本章首先通过分析复杂网络方法与形式概念方法的数据基础，将二者的数据通过邻接矩阵与关联矩阵统一起来，提出了一种网络形式背景框架，使得以上两种理论与方法之间有了互通的桥梁，从而可以结合它们各自的优势对网络概念进行更深入的研究. 在此基础上，从网络概念的三个层次出发研究了以下内容. ①通过定义节点的结构影响力和内涵影响力并将它们进行加权，定义了节点的网络影响力. ②通过分析扩散网络、收缩网络的特点提出强概念、弱概念、网络概念，并给出了网络概念的特征值：概念的势、概念平均度. 于是，该理论不仅能在网络中找到网络概念，还能给出网络概念的重要性和网络概念内部的差异性. ③研究了强（弱）概念的有关性质，为以后构造相应的代数系统，生成各种网络概念算子提供了理论基础.

9.1 基 本 概 念

随着互联网的普及和万物互联技术的不断进步，很多数据的采集背后都有其网络背景，因此对这些网络数据的分析就促进了复杂网络与相应数据分析理论及技术的交叉与融合，并形成了一些非常有意义的研究领域，得到了一些重要的研究成果[50-53]. 近几年，这些研究领域形成了许多有意义的研究方向，比如：图网络、知识图谱、社交网络、生物分子网络、基于图的深度学习等.

形式背景下的概念认知学习是一个新兴的交叉研究领域，它由形式概念分析、粗糙集、粒计算、认知计算等理论融合而来. 近年来，在大数据环境下的概念认知学习中表现出诸多的认知优势，也取得了许多研究成果[55-61].

基于现有研究，尝试提出复杂网络下概念认知学习的理论与方法. 首先，将复杂网络分析中反映网络结构的矩阵与形式背景相结合，提出网络形式背景，将复杂网络分析和形式概念分析统一到一个框架中，使得以上两种理论之间有了互通的桥梁，从而可以结合它们各自的优势进行更深入的研究. 其次，从三个层次讨论了以下几个重要的概念. 第一层次，讨论节点的网络影响力. 通过定义节点的结构影响力和内涵影响力，并将它们简单加权定义了节点的网络影响力. 第二层次,在定义了节点的网络影响力的基础上,研究了由一些节点构成的对象强(弱)概念和属性强(弱)概念在网络中的影响力以及这些概念内部的特征. 同时,注意到经典的形式概念（$H(L(X)) = X, L(H(B)) = B$）在网络背景下是一种很强的概念,对于需要控制传播的网络（如传染病网络、谣言传播网络）,它们是理想状态的概念. 比如：在多种疾病共存的传播网络中,重点监控的几个对象其共同患的病作为共有属性,而这些共有属性所对应的对象如果仍然是这几个重点监控对象,那么可以认为疾病在网络中得到了控制. 另外,在网络形式背景下很多概念不满足强概念,可称为弱概念（$H(L(X)) \supset X, L(H(B)) \supset B$）,它们对于需要扩散的网络也是理想状态的概念. 比如：在科研网络中,几个影响力比较大的作者经常共同使用的关键字作为共有属性,而这些共有属性对应的对象如果几乎遍布整个网络（$H(L(X)) \supset X$）,那么可以认为这几个权威作者对于相关研究领域的影响力非常大. 第三层次,研究强(弱)概念的代数性质,为今后讨论由各种强(弱)概念构造的代数系统的研究提供理论基础.

定义 9.1.1[62]   三元组 (U, A, I) 称为形式背景,其中 $U = \{x_1, x_2, \cdots, x_n\}$ 是非空有限对象集, $A = \{a_1, a_2, \cdots, a_m\}$ 是非空有限属性集, I 是笛卡儿积 $U \times A$ 上的二元关系. 约定 $(x, a) \in I$ 表示对象 x 拥有属性 a, $(x, a) \notin I$ 表示对象 x 不拥有属性 a.

为了从形式背景 (U, A, I) 中诱导出概念,需进一步给出如下算子：对任意 $X \subseteq U, B \subseteq A$,

$$L(X) = \{a \in A \mid \forall x \in X, (x, a) \in I\},$$
$$H(B) = \{x \in U \mid \forall a \in B, (x, a) \in I\},$$

其中, $L(X)$ 表示 X 中所有对象共同拥有的属性组成的集合, $H(B)$ 表示拥有 B 中所有属性的对象组成的集合.

定义 9.1.2[62]   设 (U, A, I) 为形式背景, $X \subseteq U, B \subseteq A$,若 $L(X) = B$ 且 $H(B) = X$,则称序对 (X, B) 为形式概念,简称概念. 同时,称 X 为概念 (X, B) 的外延, B 为概念 (X, B) 的内涵.

以上是形式概念分析中两个重要的概念,它们描述了概念算子与经典的形式概念,是后面研究的理论基础.

定义 9.1.3[62]（网络图）   将网络抽象成一个图 $G(V, E)$,其中 V 为节点集, E 为边集. $e = \{i, j\}$ 表示节点 x_i 和 x_j 之间的边, $e \in E$.

定义 9.1.4[63]（邻接矩阵）   一个网络图的 k 阶邻接矩阵记为 A_k,其中的元素 a_{ij}^k 的含义如下：

$$a_{ij}^{k} = \begin{cases} 1, & \text{如果节点} x_i \text{和节点} x_j \text{之间存在} k \text{条边}, \\ 0, & \text{其他}. \end{cases}$$

特别地,当 $k=1$ 时,网络图的一阶邻接矩阵 A_1 中元素 a_{ij}^{1} 对应的含义如下:

$$a_{ij}^{1} = \begin{cases} 1, & \text{如果节点} x_i \text{和节点} x_j \text{之间存在一条边}, \\ 0, & \text{其他}. \end{cases}$$

为了方便起见,记一阶邻接矩阵 A_1 中的元素为 a_{ij}.

定义 9.1.5[64]（关联矩阵）　一个网络图的关联矩阵记为 B,其中元素 b_{ie_j} 的含义如下:

$$b_{ie_j} = \begin{cases} 1, & \text{如果节点} x_i \text{和边} e_j \text{之间存在连接关系}, \\ 0, & \text{其他}. \end{cases}$$

在分析网络特征时,节点中心度是分析网络的一个非常重要的工具,它反映了节点在网络结构中的重要性;而中心势是度量一个网络内部各节点重要性偏差的概念. 下面简单介绍这两个概念.

定义 9.1.6[65]　节点中心度即与该节点直接相连的边数,又称节点数:

$$C_D(i) = \sum_{j=1}^{N} a_{ij}.$$

节点中心度最大的节点即为网络中心,上式是节点的绝对中心度. 还可以得到节点的相对中心度,即该节点的节点数与最大可能的连线总数之比,节点 x_i 的相对中心度可以表示为

$$C_D'(i) = \frac{C_D(i)}{N-1},$$

其中,N 表示网络规模,其任一节点的最大度数为 $N-1$.

定义 9.1.7　中心势

$$C_D' = \frac{\sum_{i=1}^{N} \left[C_{D_{\max}} - C_D(i) \right]}{N-1},$$

其中,$C_{D_{\max}}' = \max_i \{C_D(i)\}$ 表示所有节点中心度中最大的值. 中心势反映网络内部重要性的差异,C_D' 越大说明该网络中节点间的重要性差异大;反之,说明该网络中节点之间的重要性差异小.

9.2　网络形式背景

可以发现,传统的形式背景其实就是网络分析中的关联矩阵. 若将网络中的

边看作形式背景中的关系或者属性，形式背景中对象具有某个属性则取值"1"，否则取值"0"．在这个角度上形式背景就是关联矩阵．所以基于网络的形式背景其实就是将邻接矩阵与关联矩阵相结合，可以用邻接矩阵描述网络节点之间的某种主要的结构或显性结构，用关联矩阵描述网络节点之间的内涵属性，可以看作节点的一种隐性的结构或者隐性的标签．为了将它们统一到一个数据框架下，提出网络形式背景的框架，并在此基础上对网络特征参数进行改进．进一步，还定义了网络形式背景下的对象强（弱）概念和属性强（弱）概念，并用实例进行了说明．

定义 9.2.1   四元组 (U, M, A, I) 称为网络形式背景（表 9.2.1），其中 $U = \{x_1, x_2, \cdots, x_n\}$ 是非空有限节点集，$M = \{M_1, M_2, \cdots, M_k\}$ 是网络的结构矩阵，M_1 为网络的一阶邻接矩阵，M_k 为网络的 k 阶邻接矩阵，$A = \{a_1, a_2, \cdots, a_m\}$ 是非空有限属性集，$I = \{I_1, I_2, \cdots, I_k, I_{k+1}\}$，$I_1, I_2, \cdots, I_k$ 是笛卡儿积 $U \times U$ 上的二元关系，I_{k+1} 是笛卡儿积 $U \times A$ 上的二元关系．约定，$(x_i, x_j) \in I_l$ 表示节点 x_i 和节点 x_j 是 l 阶邻接的，$l = 1, 2, \cdots, k$，$(x_i, a_j) \in I_{k+1}$ 表示节点 x_i 拥有属性 a_j．

表 9.2.1   网络形式背景(U, M, A, I)

	M_1					M_k				A			
	x_1	x_2	$\cdots$	x_n	$\cdots$	x_1	x_2	$\cdots$	x_n	a_1	a_2	$\cdots$	a_m
x_1	0	1	$\cdots$	1		0	0	$\cdots$	0	1	1	$\cdots$	0
x_2	0	0		0		0	0		1	0	1		0
$\vdots$	$\vdots$	$\vdots$	$\vdots$	$\vdots$		$\vdots$	$\vdots$		$\vdots$	$\vdots$	$\vdots$		$\vdots$
x_n	1	0	$\cdots$	1		0	1	$\cdots$	1	0	1	$\cdots$	1

例 9.2.1   已知网络图如下（图 9.2.1），则可以得到它对应的网络形式背景．根据图 9.2.1 得到一个网络形式背景 (U, M, A, I)（表 9.2.2），其中 $U = \{1, 2, 3, 4, 5, 6\}$，$A = \{a, b, c, d, e\}$，取 $k = 2$．

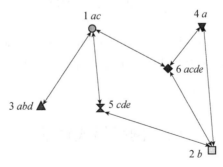

图 9.2.1   网络图

表 9.2.2　图 9.2.1 的网络形式背景

	M_1						M_2						A				
	1	2	3	4	5	6	1	2	3	4	5	6	a	b	c	d	e
1	0	0	1	0	1	1	0	1	0	1	0	0	1	0	1	0	0
2	0	0	0	1	1	1	1	0	0	1	0	1	0	1	0	0	0
3	1	0	0	0	0	0	0	0	0	0	1	1	1	1	0	1	0
4	0	1	0	0	0	1	1	1	0	0	1	1	1	0	0	0	0
5	1	1	0	0	0	0	0	0	1	1	0	0	0	0	1	1	1
6	1	1	0	1	0	0	0	1	1	1	1	0	1	0	1	1	1

表 9.2.2 中 M_1 对应矩阵中的 "1" 表示节点 x_i, x_j 是一阶邻接的, "0" 表示节点 x_i, x_j 不是一阶邻接的. M_2 对应的矩阵, 同理. A 对应的矩阵中的 "1" 表示节点 x_i 拥有该属性, "0" 表示节点 x_i 不拥有该属性.

国内外现有研究中对于节点的网络影响力的测量主要考虑节点在所描述的网络中的拓扑结构, 比如考虑节点的中心度信息, 即节点相连的边数越多, 影响力就越大. 在网络形式背景下, 同时考虑节点的中心度与节点的内涵属性, 并通过加权方法将两者相结合起来.

9.3　网络概念的指标集

定义 9.3.1　节点 x_i 的 k 阶邻接指标集
$$I_k^i = \left\{ j, m_{ij}^k = 1, i, j = 1, 2, \cdots, n; k = 1, 2, \cdots, r \right\},$$
其中, $m_{ij}^k = 1$ 表示网络形式背景中 M_k 矩阵的相应元素, m_{ij}^k 取值为 "1".

定义 9.3.2　节点 x_i 的结构影响力
$$\omega_i^s = \frac{\overline{\omega_i^s}}{\max\left\{\overline{\omega_i^s}\right\}},$$
其中,
$$\overline{\omega_i^s} = \sum_{k=1}^{r}\left(\left|x_j^k\right| + \sum_{j \in I_k^i} \frac{1}{\left|C_D^k(j)\right|}\right),$$
k 表示邻接矩阵的阶数, 该式的第一部分 $\left|x_j^k\right|$ 表示与节点 x_i 有 k 阶邻接关系的所有节点 x_j 的个数, 第二部分表示节点 x_i 与 x_j 有 k 阶邻接关系的边占 x_j 所有 k 阶邻接

边的几分之一，$C_D^k(j)$ 表示节点 x_j 的 k 阶邻接的边数.

定义 9.3.3 节点 x_i 的内涵影响力

$$\omega_i^c = \frac{\overline{\omega_i^c}}{\max\left\{\overline{\omega_i^c}\right\}},$$

其中，

$$\overline{\omega_i^c} = \sum_{k=1}^{r} \sum_{i \neq j;\, i, j \in I_k^i} \left| x_i^* \cap x_j^* \right|,$$

式中，$\left| x_i^* \cap x_j^* \right|$ 表示与节点 x_i 有 k 阶邻接关系的所有节点 x_j 和节点 x_i 拥有相同属性的个数. 因此节点 x_i 与它邻接的节点共同拥有的属性越多，它的影响力就越大.

定义 9.3.4 节点 x_i 的网络影响力

$$\omega_i = \alpha \omega_i^s + (1-\alpha) \omega_i^c$$

其中，ω_i^s 是节点 x_i 的结构影响力，ω_i^c 是节点 x_i 的内涵影响力，$0 \leq \alpha \leq 1$，α 表示结构影响力所占的权重，α 越大说明该网络越注重结构影响力. 同理，$(1-\alpha)$ 越大说明该网络越注重内涵影响力.

依据上述定义，下面给出节点的网络影响力的算法.

算法 9.3.1 计算节点的网络影响力

输入：网络形式背景四元组 (U, M, A, I).

输出：相应 α 下节点的网络影响力 ω_i.

1. 计算每个节点的结构影响力 $\omega_i^s = \dfrac{\overline{\omega_i^s}}{\max\left\{\overline{\omega_i^s}\right\}}$；

2. 计算每个节点的内涵影响力 $\omega_i^c = \dfrac{\overline{\omega_i^c}}{\max\left\{\overline{\omega_i^c}\right\}}$；

3. For $\alpha = 0$ to $\alpha = 0.9$，$\lambda = 0.1$//让 α 从 0.1 变化到 0.9，步长为 0.1；

4. For $i = 1$ to n

根据公式 $\omega_i = \alpha \omega_i^s + (1-\alpha) \omega_i^c$，计算节点 x_i 的网络影响力 ω_i//$i = 1, 2, \cdots, n$；

5. 输出相应 α 下的所有 ω_i，算法结束.

例 9.3.1 考虑例 9.2.1 的网络形式背景 (U, M, A, I)，其中 $U = \{1, 2, 3, 4, 5, 6\}$ 表示一个科研网络中有六位作者，边表示他们之间的被引用关系，$A = \{a, b, c, d, e\}$

表示这些作者常用的关键字. 下面通过 $k=2$, 即联合一阶邻接矩阵和二阶邻接矩阵来计算这六位作者的网络影响力.

该科研网络中这六位作者的结构影响力分别为

$$\omega_1^s = \frac{3+1+\dfrac{1}{2}+\dfrac{1}{3}+2+\dfrac{1}{3}+\dfrac{1}{4}}{9.5833} = 0.7739,$$

$$\omega_2^s = \frac{3+\dfrac{1}{2}+\dfrac{1}{2}+\dfrac{1}{3}+3+\dfrac{1}{2}+\dfrac{1}{4}+\dfrac{1}{4}}{9.5833} = 0.8696,$$

$$\omega_3^s = \frac{1+\dfrac{1}{3}+2+\dfrac{1}{3}+\dfrac{1}{4}}{9.5833} = 0.4087,$$

$$\omega_4^s = \frac{2+\dfrac{1}{3}+\dfrac{1}{3}+4+\dfrac{1}{2}+\dfrac{1}{3}+\dfrac{1}{3}+\dfrac{1}{4}}{9.5833} = 0.8435,$$

$$\omega_5^s = \frac{2+\dfrac{1}{3}+\dfrac{1}{3}+3+\dfrac{1}{2}+\dfrac{1}{4}+\dfrac{1}{4}}{9.5833} = 0.6957,$$

$$\omega_6^s = \frac{3+\dfrac{1}{3}+\dfrac{1}{3}+\dfrac{1}{2}+4+\dfrac{1}{3}+\dfrac{1}{2}+\dfrac{1}{4}+\dfrac{1}{3}}{9.5833} = 1.0000.$$

对 ω_i^s 排序, 得 $\omega_3^s < \omega_5^s < \omega_1^s < \omega_4^s < \omega_2^s < \omega_6^s$, 从排序结果可以看出, 该科研网络中的作者被引用关系越多, 其结构影响力就越大.

该科研网络中这六位作者的内涵影响力分别为

$$\omega_1^c = \frac{1+1+2+1}{9} = 0.5556,$$

$$\omega_2^c = \frac{0+0}{9} = 0,$$

$$\omega_3^c = \frac{1+1+2}{9} = 0.4444,$$

$$\omega_4^c = \frac{1+1+1}{9} = 0.3333,$$

$$\omega_5^c = \frac{1+1+3}{9} = 0.5556,$$

$$\omega_6^c = \frac{1+2+2+1+3}{9} = 1.0000.$$

对 ω_i^c 排序，得 $\omega_2^c < \omega_4^c < \omega_3^c < \omega_1^c = \omega_5^c < \omega_6^c$，从排序结果可以看出，该科研网络中作者和与他邻接的作者之间共同拥有的关键字越多，其内涵影响力就越大. 下面通过加权系数 α 的变化，对这六位作者的网络影响力进行讨论.

取 α 为不同的值，由定义 9.3.4 及算法 9.3.1 计算得到这六位作者的网络影响力如表 9.3.1 所示.

表 9.3.1　不同 α 下六位作者的网络影响力

α	0.1	0.2	0.3	0.4	0.5	0.6	0.7	0.8	0.9
ω_1	0.5774	0.5993	0.6211	0.6429	0.6647	0.6866	0.7084	0.7302	0.7521
ω_2	0.0870	0.1739	0.2609	0.3478	0.4348	0.5218	0.6087	0.6957	0.7826
ω_3	0.4408	0.4373	0.4337	0.4301	0.4265	0.4230	0.4194	0.4158	0.4123
ω_4	0.3843	0.4353	0.4864	0.5374	0.5884	0.6394	0.6904	0.7415	0.7925
ω_5	0.5696	0.5836	0.5976	0.6116	0.6257	0.6397	0.6537	0.6677	0.6817
ω_6	1.0000	1.0000	1.0000	1.0000	1.0000	1.0000	1.0000	1.0000	1.0000

从表 9.3.1 可以发现：

（1）随着 α 的增加，$\omega_1, \omega_2, \omega_4, \omega_5$ 也是增加的. 因为 1，2，4，5 这四位作者与其他作者共同拥有的关键字较少，内涵影响力小，但是他们的被引用关系比较多，结构影响力大，所以随着结构影响力系数的增加，他们的网络影响力就会增加.

（2）随着 α 的增加，ω_3 是减少的. 因为这 3 位作者与其他作者共同拥有的关键字比较多，内涵影响力大，所以随着 α 的增加，内涵影响力系数减少，他的网络影响力就会减少.

（3）随着 α 的增加，ω_6 是不变的. 因为这 6 位作者的被引用关系是最多的，结构影响力最大，而且与其他作者共同拥有的关键字也是最多的，内涵影响力也最大，所以加权之后他的网络影响力始终是最大的.

根据以上的分析，可以得出以下两点结论：

（1）对于度数较小而属性多的节点，随着其结构影响力系数的增加，即内涵影响力系数的减少，它们的网络影响力就会减少.

（2）对于度数较大而属性少的节点，随着其结构影响力系数的增加，即内涵影响力系数的减少，它们的网络影响力就会增加.

通过例 9.3.1 可知，以上的理论和算法不仅能计算网络节点的结构影响力和内涵影响力，还可以通过权重系数 α 来调整节点的综合影响力.

9.4　网络形式概念

前面研究了网络中单个节点的网络影响力，下面将研究由一些节点构成的概念（子网络）在网络中的影响力和这些概念内部的特征.

9.4.1　网络概念的基本理论

考虑到节点的中心度还可以指与它直接相连的边数，包括它们之间共同拥有属性的加边数（即若两个节点都拥有同一个属性，则在这两个节点的中间加一条边），于是得到节点中心度的第二种定义.

定义 9.4.1　节点中心度

$$C_D(i) = \sum_{j=1}^{N} \left(|x_j| + \sum_{k=1}^{L} |a_{ijk}| \right),$$

其中，$|x_j|$ 表示与节点 x_i 邻接的边数，$\sum_{k=1}^{L} |a_{ijk}|$ 表示节点 x_i 与 x_j 之间共同的属性个数，即若 $a_{ijk}=0$ 则表示节点 x_i 与 x_j 之间没有共同拥有属性 k，若 $a_{ijk}=1$ 则表示节点 x_i 与 x_j 之间共同拥有属性 k，N 表示网络中节点的个数，L 表示网络形式背景中属性集 A 中属性的总个数.

事实上，$C_D(i)$ 是定义 9.3.4 中 ω_i 的一个特例，当 $\alpha=0.5$ 时，$C_D(i)$ 与 ω_i 是等价的.

定义 9.4.2　节点相对中心度

$$C_D'(i) = \frac{C_D(i)}{(N-1)(L+1)},$$

其中，N 表示网络中节点的个数，L 表示网络中属性的个数，所以该节点的最大度数是 $N-1+(N-1)L$，即 $(N-1)(L+1)$.

定义 9.4.3　中心势

$$C_D' = \frac{\sum_{i=1}^{N} \left[C_{D_{max}} - C_D(i) \right]}{(N-1)(L+1)},$$

其中，$C_{D_{max}} = \max_i \{ C_D(i) \}$ 表示所有节点中心度中最大的值.

定义 9.4.4　网络概念 $(\mathfrak{M}, X, L(X))$ 称为对象网络形式概念，简称对象网络概念.网络概念 $(\mathfrak{M}, B, H(B))$ 称为属性网络形式概念，简称属性网络概念. $(\mathfrak{M}, X, L(X))$ 和 $(\mathfrak{M}, H(B), B)$ 统称为网络正概念.其中，$\mathfrak{M}$ 为网络概念的网络特征参数，$\mathfrak{M} =$

$\{\mathfrak{M}_1,\mathfrak{M}_2\}$, $\mathfrak{M}_1 = \dfrac{\sum_{i=1}^{N}\left[C_{D_{\max}} - C_D(i)\right]}{(N-1)(L+1)}$ 称为概念的势，表示网络概念内部的差异

程度，$\mathfrak{M}_2 = \dfrac{\sum_{i=1}^{N} C_D(i)}{(N-1)(L+1)}$ 称为概念平均度，表示网络概念在网络中的相对重

要性.

定义 9.4.5 (U,M,A,I) 为一个网络形式背景，$X \subseteq U, B \subseteq A$，

(1) 若 $H(L(X)) = X$，则称 $(\mathfrak{M}, X, L(X))$ 为对象强概念.

(2) 若 $H(L(X)) \supset X$，记 $\beta = \dfrac{|X|}{|H(L(X))|}$．当 $0 \leqslant \beta < 1$时，称 $(\mathfrak{M}, X, L(X))_\beta$

为对象弱概念．当 $\beta \geqslant \beta^*$时，称 $(\mathfrak{M}, X, L(X))_\beta$ 为 β^* 程度下的弱概念.

(3) 若 $L(H(B)) = B$，则称 $(\mathfrak{M}, H(B), B)$ 为属性强概念.

(4) 若 $L(H(B)) \supset B$，记 $\gamma = \dfrac{|B|}{|L(H(B))|}$．当 $0 \leqslant \gamma < 1$时，称 $(\mathfrak{M}, H(B), B)_\gamma$ 为

属性弱概念．当 $\gamma \geqslant \gamma^*$时，称 $(\mathfrak{M}, H(B), B)_\gamma$ 为 γ^* 程度下的弱概念．其中，$|H(L(X))|$ 表示集合 X 共同拥有的属性 $L(X)$ 对应的对象的个数．β 表示 $|X|$ 占 $|H(L(X))|$ 的比重，若 β 很大，趋近于 1，说明 $(X, L(X))$ 为一个代表性很强的概念，而当 β 很小，趋近于 0，说明 $(X, L(X))$ 在整个网络中代表性不强．γ 表示 $|B|$ 占 $|L(H(B))|$ 的比重，若 γ 很大，趋近于 1，说明 $(H(B), B)$ 为一个代表性很强的概念，而当 γ 很小，趋近于 0，说明 $(H(B), B)$ 在整个网络中代表性不强.

为了说明以上的网络概念，下面举一个简单的科研网络例子.

例 9.4.1 通过查阅文献找到一个科研网络中的四位作者，他们分别是顾沈明、徐优红、李同军和吴伟志．其中顾沈明常用关键字是粗糙集、粒计算和数据挖掘，徐优红常用关键字是粒计算，李同军常用关键字是概念格和数据挖掘，吴伟志常用关键字是粗糙集、粒计算和概念格．为了方便分析结果，把这四位作者记为 1，2，3，4，对应的每个作者常用的关键字为 a,b,c,d．根据这四位作者的引用关系画出该科研网络图（图 9.4.1），便可以得到它对应的科研网络形式背景．表 9.4.1 根据图 9.4.1 得到了一个科研网络形式背景 (U,M,A,I)，其中 $U = \{1,2,3,4\}$ 表示该科研网络中的这四位作者组成的集合，显性结构为引用关系（由于是科研网络，只考虑入度，即只考虑被引用），$A = \{a,b,c,d\}$ 表示为作者常

用的关键字.

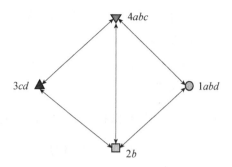

图 9.4.1　科研网络

表 9.4.1　科研网络的网络形式背景

	M				A			
	1	2	3	4	a	b	c	d
1	0	1	0	1	1	1	0	1
2	1	0	1	1	0	1	0	0
3	0	1	0	1	0	0	1	1
4	1	1	1	0	1	1	1	0

构造共同属性矩阵, 如表 9.4.2 所示.

表 9.4.2　共同属性矩阵

	1	2	3	4
1		b	d	ab
2	b			b
3	d			c
4	ab	b	c	

（1）网络对象概念的讨论.

当 $X_1 = \varnothing$ 时, 则 $L(X_1) = \{a, b, c, d\}$, $H(L(X_1)) = \varnothing$, $X_1 = H(L(X_1))$, 所以是对象强概念, $C_D(\varnothing) = 0$, $\mathfrak{M}_1 = 0$, $\mathfrak{M}_2 = 0$.

当 $X_2 = \{1\}$ 时, 则 $L(X_2) = \{a, b, d\}$, $H(L(X_2)) = \{1\}$, $X_2 = H(L(X_2))$, 所以是对象强概念, $C_D(1) = 0$, $\mathfrak{M}_1 = 0$, $\mathfrak{M}_2 = 0$.

当 $X_3 = \{2\}$ 时, 则 $L(X_3) = \{b\}$, $H(L(X_3)) = \{1, 2, 4\}$, $X_3 \subset H(L(X_3))$, $\beta = \dfrac{1}{3} =$

0.33，所以是对象弱概念，$C_D(2)=0, \mathfrak{M}_1=0, \mathfrak{M}_2=0$．

当 $X_4=\{3\}$ 时，则 $L(X_4)=\{c,d\}, H(L(X_4))=\{3\}, X_4=H(L(X_4))$，所以是对象强概念，$C_D(3)=0, \mathfrak{M}_1=0, \mathfrak{M}_2=0$．

当 $X_5=\{4\}$ 时，则 $L(X_5)=\{a,b,c\}, H(L(X_5))=\{4\}, X_5=H(L(X_5))$，所以是对象强概念，$C_D(4)=0, \mathfrak{M}_1=0, \mathfrak{M}_2=0$．

当 $X_6=\{1,2\}$ 时，则 $L(X_6)=\{b\}, H(L(X_6))=\{1,2,4\}, X_6\subset H(L(X_6)), \beta=\dfrac{2}{3}$ $=0.67$，所以是对象弱概念，$C_D(1)=1+1=2, C_D(2)=1+1=2$，

$$\mathfrak{M}_1=\frac{(2-2)+(2-2)}{(2-1)\times(3+1)}=0, \quad \mathfrak{M}_2=\frac{2+2}{(2-1)\times(3+1)}=1.00．$$

当 $X_7=\{1,3\}$ 时，则 $L(X_7)=\{d\}, H(L(X_7))=\{1,3\}, X_7=H(L(X_7))$，所以是对象强概念，$C_D(1)=0, C_D(3)=0, \mathfrak{M}_1=0, \mathfrak{M}_2=0$．

当 $X_8=\{1,4\}$ 时，则 $L(X_8)=\{a,b\}, H(L(X_8))=\{1,4\}, X_8=H(L(X_8))$，所以是对象强概念，$C_D(1)=1+2=3, C_D(4)=1+2=3$，

$$\mathfrak{M}_1=\frac{(3-3)+(3-3)}{(2-1)\times(4+1)}=0, \quad \mathfrak{M}_2=\frac{3+3}{(2-1)\times(4+1)}=1.20．$$

当 $X_9=\{2,3\}$ 时，则 $L(X_9)=\varnothing, H(L(X_9))=\{1,2,3,4\}, X_9\subset H(L(X_9)), \beta=$ $\dfrac{2}{4}=0.5$，所以是对象弱概念，$C_D(2)=1, C_D(3)=1$，

$$\mathfrak{M}_1=\frac{(1-1)+(1-1)}{(2-1)\times(3+1)}=0, \quad \mathfrak{M}_2=\frac{1+1}{(2-1)\times(3+1)}=0.50．$$

当 $X_{10}=\{2,4\}$ 时，则 $L(X_{10})=\{b\}, H(L(X_{10}))=\{1,2,4\}, X_{10}\subset H(L(X_{10}))$，$\beta=\dfrac{2}{3}=0.67$，所以是对象弱概念，$C_D(2)=1+1=2, C_D(4)=1+1=2$，

$$\mathfrak{M}_1=\frac{(2-2)+(2-2)}{(2-1)\times(3+1)}=0, \quad \mathfrak{M}_2=\frac{2+2}{(2-1)\times(3+1)}=1.00．$$

当 $X_{11}=\{3,4\}$ 时，则 $L(X_{11})=\{c\}, H(L(X_{11}))=\{3,4\}, X_{11}=H(L(X_{11}))$，所以是对象强概念，$C_D(3)=1+1=2, C_D(4)=1+1=2$，

$$\mathfrak{M}_1=\frac{(2-2)+(2-2)}{(2-1)\times(4+1)}=0, \quad \mathfrak{M}_2=\frac{2+2}{(2-1)\times(4+1)}=0.80．$$

当 $X_{12}=\{1,2,3\}$ 时，则 $L(X_{12})=\varnothing, H(L(X_{12}))=\{1,2,3,4\}, X_{12}\subset H(L(X_{12}))$，

$\beta = \dfrac{3}{4} = 0.75$ ，所以是对象弱概念， $C_D(1) = 1+1 = 2, C_D(2) = 2+1 = 3, C_D(3) = 1$ ，

$$\mathfrak{M}_1 = \frac{(3-2)+(3-3)+(3-1)}{(3-1)\times(4+1)} = 0.30, \quad \mathfrak{M}_2 = \frac{2+3+1}{(3-1)\times(4+1)} = 0.60 .$$

当 $X_{13} = \{1, 2, 4\}$ 时，则 $L(X_{13}) = \{b\}, H(L(X_{13})) = \{1, 2, 4\}, X_{13} = H(L(X_{13}))$ ，所以是对象强概念， $C_D(1) = 2+3 = 5, C_D(2) = 2+2 = 4, C_D(4) = 2+3 = 5$ ，

$$\mathfrak{M}_1 = \frac{(5-5)+(5-4)+(5-5)}{(3-1)\times(4+1)} = 0.10, \quad \mathfrak{M}_2 = \frac{5+4+5}{(3-1)\times(4+1)} = 1.40 .$$

当 $X_{14} = \{1, 3, 4\}$ 时，则 $L(X_{14}) = \varnothing, H(L(X_{14})) = \{1, 2, 3, 4\}, X_{14} \subset H(L(X_{14}))$ ，$\beta = \dfrac{3}{4} = 0.75$ ，所以是对象弱概念， $C_D(1) = 1+2 = 3, C_D(3) = 1+1 = 2, C_D(4) = 2+3 = 5$ ，

$$\mathfrak{M}_1 = \frac{(5-3)+(5-2)+(5-5)}{(3-1)\times(4+1)} = 0.50, \quad \mathfrak{M}_2 = \frac{3+2+5}{(3-1)\times(4+1)} = 1.00 .$$

当 $X_{15} = \{2, 3, 4\}$ 时，则 $L(X_{15}) = \varnothing, H(L(X_{15})) = \{1, 2, 3, 4\}, X_{15} \subset H(L(X_{15}))$ ，$\beta = \dfrac{3}{4} = 0.75$ ，所以是对象弱概念， $C_D(2) = 2+1 = 3, C_D(3) = 2+1 = 3, C_D(4) = 2+2 = 4$ ，

$$\mathfrak{M}_1 = \frac{(4-3)+(4-3)+(4-4)}{(3-1)\times(4+1)} = 0.20, \quad \mathfrak{M}_2 = \frac{3+3+4}{(3-1)\times(4+1)} = 1.00 .$$

当 $X_{16} = \{1, 2, 3, 4\}$ 时，则 $L(X_{16}) = \varnothing, H(L(X_{16})) = \{1, 2, 3, 4\}, X_{16} = H(L(X_{16}))$ ，所以是对象强概念， $C_D(1) = 2+3 = 5, C_D(2) = 3+2 = 5, C_D(3) = 2+1 = 3, C_D(4) = 3+4 = 7$ ，

$$\mathfrak{M}_1 = \frac{(7-5)+(7-5)+(7-3)+(7-7)}{(4-1)\times(4+1)} = 0.53, \quad \mathfrak{M}_2 = \frac{5+5+3+7}{(4-1)\times(4+1)} = 1.33 .$$

所以，对象强概念有

$(\{0, 0\}, \varnothing, abcd)$ ，　　　$(\{0, 0\}, 1, abd)$ ，　　　　　$(\{0, 0\}, 3, cd)$ ，

$(\{0, 0\}, 4, abc)$ ，　　　　$(\{0, 0\}, 13, d)$ ，　　　　　　$(\{0, 1.20\}, 14, ab)$ ，

$(\{0, 0.80\}, 34, c)$ ，　　　$(\{0.10, 1.40\}, 124, b)$ ，　　$(\{0.53, 1.33\}, 1234, \varnothing)$.

对象弱概念有

$(\{0, 0\}, 2, b)_{0.33}$ ，　　　　　$(\{0, 1.00\}, 12, b)_{0.67}$ ，　　　$(\{0, 0.50\}, 23, \varnothing)_{0.5}$ ，

$$\left(\{0,1.00\},24,b\right)_{0.67},\qquad\left(\{0.30,0.60\},123,\varnothing\right)_{0.75},\quad\left(\{0.50,1.00\},134,\varnothing\right)_{0.75},$$

$$\left(\{0.20,1.00\},234,\varnothing\right)_{0.75}.$$

若 $\beta^{*}=0.6$，则 β^{*} 程度下的弱概念有

$$\left(\{0,1.00\},12,b\right)_{0.67},\qquad\left(\{0,1.00\},24,b\right)_{0.67},\qquad\left(\{0.30,0.60\},123,\varnothing\right)_{0.75},$$

$$\left(\{0.50,1.00\},134,\varnothing\right)_{0.75},\quad\left(\{0.20,1.00\},234,\varnothing\right)_{0.75}.$$

由以上计算，在对象强概念中取 $X_{5}=\{4\}$，$X_{8}=\{1,4\}$，$X_{13}=\{1,2,4\}$，$X_{16}=\{1,2,3,4\}$，可以发现：

$$\mathfrak{M}_{1}\left(X_{5}\right)\leqslant\mathfrak{M}_{1}\left(X_{8}\right)\leqslant\mathfrak{M}_{1}\left(X_{13}\right)\leqslant\mathfrak{M}_{1}\left(X_{16}\right),$$
$$\mathfrak{M}_{2}\left(X_{5}\right)\leqslant\mathfrak{M}_{2}\left(X_{8}\right)\leqslant\mathfrak{M}_{2}\left(X_{13}\right).$$

但是，$\mathfrak{M}_{2}\left(X_{13}\right)\geqslant\mathfrak{M}_{2}\left(X_{16}\right)$。从该例可以看出，当网络中的节点增加时，其概念的势是增加的，但是概念平均度却不一定，说明该例节点之间影响力差异大.

类似地，在对象弱概念中取 $X_{3}=\{2\}$，$X_{6}=\{1,2\}$，$X_{12}=\{1,2,3\}$，发现：

$$\mathfrak{M}_{1}\left(X_{3}\right)\leqslant\mathfrak{M}_{1}\left(X_{6}\right)\leqslant\mathfrak{M}_{1}\left(X_{12}\right),$$
$$\mathfrak{M}_{2}\left(X_{3}\right)\leqslant\mathfrak{M}_{2}\left(X_{6}\right).$$

但是，$\mathfrak{M}_{2}\left(X_{6}\right)\geqslant\mathfrak{M}_{2}\left(X_{12}\right)$，即当网络中的节点增加时，其概念的势是增加的，但是概念平均度却不一定，也说明该例节点之间影响力差异大. 事实上，节点越多概念的势不一定越大. 当节点越多概念的势越大时，说明节点之间影响力差异大，节点越多概念的势越小时，说明节点之间影响力差异小.

取例 9.4.1 中的对象强概念 $\left(\{0.10,1.40\},124,b\right)$，它的实际意义是顾沈明、徐优红、吴伟志写论文常用的共同关键字是粒计算. 这个对象概念的势，即这三位作者影响力的差异为 0.10. 这个对象概念的平均度，即这三位作者的重要性为 1.40. 对象弱概念 $\left(\{0.30,0.60\},123,\varnothing\right)_{0.75}$ 表示的是顾沈明、徐优红、李同军在写论文的时候没有常用的共同关键字，他们影响力的差异为 0.30，重要性为 0.60，这三位作者在他们这个小圈子内所占的比重为 0.75.

通过以上对对象网络概念的分析，可以发现，有了对象概念，在文献检索中输入几个作者，就可以得到该作者群常用的共同关键字，以及他们在这个小圈子里的网络特征值.

（2）网络属性概念的讨论.

当 $B_{1}=\varnothing$ 时，则 $H\left(B_{1}\right)=\{1,2,3,4\}$，$L\left(H\left(B_{1}\right)\right)=\varnothing$，$B_{1}=L\left(H\left(B_{1}\right)\right)$，所以是属性强概念.

当 $B_2 = \{a\}$ 时，则 $H(B_2) = \{1, 4\}$，$L(H(B_2)) = \{a, b\}$，$B_2 \subset L(H(B_2))$，$\gamma = \frac{1}{2} = 0.5$，所以是属性弱概念.

当 $B_3 = \{b\}$ 时，则 $H(B_3) = \{1, 2, 4\}$，$L(H(B_3)) = \{b\}$，$B_3 = L(H(B_3))$，所以是属性强概念.

当 $B_4 = \{c\}$ 时，则 $H(B_4) = \{3, 4\}$，$L(H(B_4)) = \{c\}$，$B_4 = L(H(B_4))$，所以是属性强概念.

当 $B_5 = \{d\}$ 时，则 $H(B_5) = \{1, 3\}$，$L(H(B_5)) = \{d\}$，$B_5 = L(H(B_5))$，所以是属性强概念.

当 $B_6 = \{a, b\}$ 时，则 $H(B_6) = \{1, 4\}$，$L(H(B_6)) = \{a, b\}$，$B_6 = L(H(B_6))$，所以是属性强概念.

当 $B_7 = \{a, c\}$ 时，则 $H(B_7) = \{4\}$，$L(H(B_7)) = \{a, b, c\}$，$B_7 \subset L(H(B_7))$，$\gamma = \frac{2}{3} = 0.67$，所以是属性弱概念.

当 $B_8 = \{a, d\}$ 时，则 $H(B_8) = \{1\}$，$L(H(B_8)) = \{a, b, d\}$，$B_8 \subset L(H(B_8))$，$\gamma = \frac{2}{3} = 0.67$，所以是属性弱概念.

当 $B_9 = \{b, c\}$ 时，则 $H(B_9) = \{4\}$，$L(H(B_9)) = \{a, b, c\}$，$B_9 \subset L(H(B_9))$，$\gamma = \frac{2}{3} = 0.67$，所以是属性弱概念.

当 $B_{10} = \{b, d\}$ 时，则 $H(B_{10}) = \{1\}$，$L(H(B_{10})) = \{a, b, d\}$，$B_{10} \subset L(H(B_{10}))$，$\gamma = \frac{2}{3} = 0.67$，所以是属性弱概念.

当 $B_{11} = \{c, d\}$ 时，则 $H(B_{11}) = \{3\}$，$L(H(B_{11})) = \{c, d\}$，$B_{11} = L(H(B_{11}))$，所以是属性强概念.

当 $B_{12} = \{a, b, c\}$ 时，则 $H(B_{12}) = \{4\}$，$L(H(B_{12})) = \{a, b, c\}$，$B_{12} = L(H(B_{12}))$，所以是属性强概念.

当 $B_{13} = \{a, b, d\}$ 时，则 $H(B_{13}) = \{1\}$，$L(H(B_{13})) = \{a, b, d\}$，$B_{13} = L(H(B_{13}))$，所以是属性强概念.

当 $B_{14} = \{a, c, d\}$ 时，则 $H(B_{14}) = \varnothing$，$L(H(B_{14})) = \{a, b, c, d\}$，$B_{14} \subset L(H(B_{14}))$，$\gamma = \frac{3}{4} = 0.75$，所以是属性弱概念.

当 $B_{15} = \{b, c, d\}$ 时，则 $H(B_{15}) = \varnothing$，$L(H(B_{15})) = \{a, b, c, d\}$，$B_{15} \subset L(H(B_{15}))$，

$\gamma = \dfrac{3}{4} = 0.75$，所以是属性弱概念.

当 $B_{16} = \{a, b, c, d\}$ 时，则 $H(B_{16}) = \varnothing, L(H(B_{16})) = \{a, b, c, d\}, B_{16} = L(H(B_{16}))$，所以是属性强概念.

$\mathfrak{M}_1$ 和 $\mathfrak{M}_2$ 的计算同上，此处不重复计算.

所以，属性强概念有

$(\{0.53, 1.33\}, 1234, \varnothing)$， $(\{0.10, 1.40\}, 124, b)$， $(\{0, 0.80\}, 34, c)$，

$(\{0, 0\}, 13, d)$， $(\{0, 1.20\}, 14, ab)$， $(\{0, 0\}, 3, cd)$，

$(\{0, 0\}, 4, abc)$， $(\{0, 0\}, 1, abd)$， $(\{0, 0\}, \varnothing, abcd)$.

属性弱概念有

$(\{0, 1.20\}, 14, a)_{0.5}$， $(\{0, 0\}, 4, ac)_{0.67}$， $(\{0, 0\}, 1, ad)_{0.67}$，

$(\{0, 0\}, 4, bc)_{0.67}$， $(\{0, 0\}, 1, bd)_{0.67}$， $(\{0, 0\}, \varnothing, acd)_{0.75}$，

$(\{0, 0\}, \varnothing, bcd)_{0.75}$.

若取 $\gamma^* = 0.6$，则 γ^* 程度下的弱概念有

$(\{0, 0\}, 4, ac)_{0.67}$， $(\{0, 0\}, 1, ad)_{0.67}$， $(\{0, 0\}, 4, bc)_{0.67}$，

$(\{0, 0\}, 1, bd)_{0.67}$， $(\{0, 0\}, \varnothing, acd)_{0.75}$， $(\{0, 0\}, \varnothing, bcd)_{0.75}$.

由以上计算，在属性强概念中取 $B_3 = \{b\}, B_8 = \{a, b\}, B_{12} = \{a, b, c\}, B_{16} = \{a, b, c, d\}$，可以发现：

$$\mathfrak{M}_1(B_3) \geqslant \mathfrak{M}_1(B_8) \geqslant \mathfrak{M}_1(B_{12}) \geqslant \mathfrak{M}_1(B_{16}),$$
$$\mathfrak{M}_2(B_3) \geqslant \mathfrak{M}_2(B_8) \geqslant \mathfrak{M}_2(B_{12}) \geqslant \mathfrak{M}_2(B_{16}).$$

即当网络中的属性增加时，其概念的势和概念平均度都是减小的，说明该例属性之间影响力差异小.

类似地，在属性弱概念中取 $B_2 = \{a\}, B_7 = \{a, c\}, B_{14} = \{a, c, d\}$，发现：

$$\mathfrak{M}_1(B_2) \geqslant \mathfrak{M}_1(B_7) \geqslant \mathfrak{M}_1(B_{14}),$$
$$\mathfrak{M}_2(B_2) \geqslant \mathfrak{M}_2(B_7) \geqslant \mathfrak{M}_2(B_{14}).$$

即当网络中的属性增加时，其概念的势和概念平均度都是减小的，也说明该例属性之间影响力差异小.

通过以上对属性网络概念的分析，可以发现，有了属性概念，在文献检索中输入几个关键字，就可以得到这几个关键字共同对应的作者群，以及这些作者他们在这个小圈子里的网络特征值，这对研究科研网络有很重要的意义.

9.4.2　网络概念的性质

性质 9.4.1　　(U, M, A, I) 为网络形式背景，任意 $X, X_1, X_2 \subseteq U, L(X), L(X_1),$ $L(X_2) \subseteq A$，若 $\big(\mathfrak{M}, X, L(X)\big), \big(\mathfrak{M}, X_1, L(X_1)\big), \big(\mathfrak{M}, X_2, L(X_2)\big)$ 为对象强概念，则算子 $L(H)$ 满足如下性质：

（1）　$X_1 \subseteq X_2 \Rightarrow L(X_2) \subseteq L(X_1)$；

（2）　$X = H\big(L(X)\big)$；

（3）　$L(X) = L\big(H(L(X))\big)$；

（4）　$L(X_1 \cup X_2) = L(X_1) \cap L(X_2)$；

（5）　$L(X_1 \cap X_2) \supseteq L(X_1) \cup L(X_2)$；

（6）　$\big(\mathfrak{M}, (X_1 \cup X_2), L(X_1 \cup X_2)\big)$ 为对象强概念或 $\big(\mathfrak{M}, (X_1 \cup X_2), L(X_1 \cup X_2)\big)_\beta$ 为对象弱概念，$\big(\mathfrak{M}, (X_1 \cap X_2), L(X_1 \cap X_2)\big)$ 为对象强概念.

性质（1）至性质（5）的证明详见文献[15]，下面只证性质（6）.

证明　由性质（1）至性质（5）可知

$$H\big(L(X_1 \cup X_2)\big) = \big(L(X_1) \cap L(X_2)\big)^* \supseteq H\big(L(X_1)\big) \cup H\big(L(X_2)\big) = X_1 \cup X_2.$$

当 $H\big(L(X_1 \cup X_2)\big) = X_1 \cup X_2$ 时，$\big(\mathfrak{M}, (X_1 \cup X_2), L(X_1 \cup X_2)\big)$ 为对象强概念.

当 $H\big(L(X_1 \cup X_2)\big) \supset X_1 \cup X_2$ 时，$\big(\mathfrak{M}, (X_1 \cup X_2), L(X_1 \cup X_2)\big)_\beta$ 为对象弱概念.

又 $H\big(L(X_1 \cap X_2)\big) \subseteq \big(L(X_1) \cup L(X_4)\big)^* = H\big(L(X_1)\big) \cap H\big(L(X_2)\big) = X_1 \cap X_2$，但是 $H\big(L(X_1 \cap X_2)\big) \supseteq X_1 \cap X_2$，有 $H\big(L(X_1 \cap X_2)\big) = X_1 \cap X_2$，即 $\big(\mathfrak{M}, (X_1 \cap X_2),$ $L(X_1 \cap X_2)\big)$ 为对象强概念.

例 9.4.2　取例 9.4.1 中的对象强概念：

$$\big(\{0, 0\}, \varnothing, abcd\big), \qquad \big(\{0, 0\}, 1, abd\big), \qquad \big(\{0, 0\}, 3, cd\big),$$

$$\big(\{0, 0\}, 4, abc\big), \qquad \big(\{0, 0\}, 13, d\big), \qquad \big(\{0, 1.20\}, 14, ab\big),$$

$$\big(\{0, 0.80\}, 34, c\big), \qquad \big(\{0.10, 1.40\}, 124, b\big), \qquad \big(\{0.53, 1.33\}, 1234, \varnothing\big).$$

（1）取 $X_1 = \{1\}, X_2 = \{1, 4\}, X_1 \subseteq X_2$，则 $L(X_1) = \{a, b, d\}, L(X_2) = \{a, b\}$，所以 $L(X_2) \subseteq L(X_1)$.

（2）取 $X = \{4\}, L(X) = \{a, b, c\}, H(L(X)) = \{4\}$，所以 $X = H\big(L(X)\big)$.

（3）取 $X = \{4\}, L(X) = \{a, b, c\}, H(L(X)) = \{4\}, L\big(H(L(X))\big) = \{a, b, c\}$，所以 $L(X) = L\big(H(L(X))\big)$.

（4）取 $X_1=\{3,4\}$，$X_2=\{1,2,4\}$，则 $X_1\cup X_2=\{1,2,3,4\}$，$L(X_1\cup X_2)=\varnothing$，又 $L(X_1)=\{c\}$，$L(X_2)=\{b\}$，$L(X_1)\cap L(X_2)=\varnothing$，所以 $L(X_1\cup X_2)=L(X_1)\cap L(X_2)$．

（5）取 $X_1=\{3,4\}$，$X_2=\{1,2,4\}$，则 $X_1\cap X_2=\{4\}$，$L(X_1\cap X_2)=\{a,b,c\}$，又 $L(X_1)=\{c\}$，$L(X_2)=\{b\}$，$L(X_1)\cup L(X_2)=\{b,c\}$，因为 $\{a,b,c\}\supseteq\{b,c\}$，所以 $L(X_1\cap X_2)\supseteq L(X_1)\cup L(X_2)$．

（6）取 $X_1=\{3,4\}$，$X_2=\{1,2,4\}$，则 $X_1\cup X_2=\{1,2,3,4\}$，$L(X_1)\cup L(X_2)=\varnothing$，$(\{0.53,1.33\},1234,\varnothing)$ 为对象强概念，取 $X_1=\{1,4\}$，$X_2=\{3,4\}$，则 $X_1\cup X_2=\{1,3,4\}$，$L(X_1\cup X_2)=\varnothing$，$(\{0.50,1.00\},134,\varnothing)_{0.75}$ 为对象弱概念．

取 $X_1=\{3,4\}$，$X_2=\{1,2,4\}$，则 $X_1\cap X_2=\{4\}$，$L(X_1\cap X_2)=\{a,b,c\}$，$(\{0,0\},4,abc)$ 为对象强概念．

性质 9.4.2　(U,M,A,I) 为网络形式背景，任意 $\mathfrak{M}_1,\mathfrak{M}_2\subseteq\mathfrak{M}$，$X,X_1,X_2\subseteq U$，$L(X),L(X_1),L(X_2)\subseteq A$，若 $(\mathfrak{M},X,L(X))_\beta$，$(\mathfrak{M},X_1,L(X_1))_\beta$，$(\mathfrak{M},X_2,L(X_2))_\beta$ 为对象弱概念，则算子 $L(X)$ 满足如下性质：

（1）$X_1\subseteq X_2\Rightarrow L(X_2)\subseteq L(X_1)$；

（2）$X\subset H(L(X))$；

（3）$L(X)=L(H(L(X)))$；

（4）$L(X_1\cup X_2)=L(X_1)\cap L(X_2)$；

（5）$L(X_1\cap X_2)\supseteq L(X_1)\cup L(X_2)$；

（6）$(\mathfrak{M},(X_1\cup X_2),L(X_1\cup X_2))$ 和 $(\mathfrak{M},(X_1\cap X_2),L(X_1\cap X_2))$ 为对象强概念或 $(\mathfrak{M},(X_1\cup X_2),L(X_1\cup X_2))_\beta$ 和 $(\mathfrak{M},(X_1\cap X_2),L(X_1\cap X_2))_\beta$ 为对象弱概念．

性质（1）、性质（4）和性质（5）的证明详见文献[15]，下面只证性质（2）、性质（3）和性质（6）．

证明　（2）因为 $(\mathfrak{M},X,L(X))_\beta$ 是对象弱概念，根据定义可知 $X\subset H(L(X))$．

（3）根据对象弱概念可知 $L(X_{弱})=L(X_{强})$，又由性质 9.4.1（3）可得 $L(X_{强})=L(H(L(X)))$，所以 $L(X_{弱})=L(H(L(X)))$，即 $L(X)=L(H(L(X)))$．

（6）由性质（1）至性质（5）可知

$$H(L(X_1\cup X_2))=H(L(X_1)\cap L(X_2))\supseteq H(L(X_1))\cup H(L(X_2))\supseteq X_1\cup X_2 .$$

所以当 $H(L(X_1\cup X_2))=X_1\cup X_2$ 时，$(\mathfrak{M},(X_1\cup X_2),L(X_1\cup X_2))$ 为对象强概念，当 $H(L(X_1\cup X_2))\supset X_1\cup X_2$ 时，$L(X_1\cup X_2)$ 为对象弱概念，又

$$H\big(L\big(X_1 \cap X_2\big)\big) \subseteq H\big(L\big(X_1\big) \cup L\big(X_2\big)\big) = H\big(L\big(X_1\big)\big) \cap H\big(L\big(X_2\big)\big),$$

但是 $H\big(L\big(X_1\big)\big) \cap H\big(L\big(X_2\big)\big) \supseteq X_1 \cap X_2$，所以 $H\big(L\big(X_1 \cap X_2\big)\big)$ 和 $X_1 \cap X_2$ 无法比较，即 $\big(\mathfrak{M},(X_1 \cap X_2),L(X_1 \cap X_2)\big)$ 为对象强概念或 $\big(\mathfrak{M},(X_1 \cap X_2),L(X_1 \cap X_2)\big)_\beta$ 为对象弱概念.

例 9.4.3   取例 9.4.1 中的对象弱概念：

$$\big(\{0,0\},2,b\big)_{0.33}, \qquad \big(\{0,1.00\},12,b\big)_{0.67}, \qquad \big(\{0,0.50\},23,\varnothing\big)_{0.5},$$

$$\big(\{0,1.00\},24,b\big)_{0.67}, \qquad \big(\{0.30,0.60\},123,\varnothing\big)_{0.75}, \qquad \big(\{0.50,1.00\},134,\varnothing\big)_{0.75},$$

$$\big(\{0.20,1.00\},234,\varnothing\big)_{0.75}.$$

（1）取 $X_1 = \{1,2\}, X_2 = \{1,2,3\}, X_1 \subseteq X_2$，则 $L(X_1) = \{b\}, L(X_2) = \varnothing$，所以 $L(X_2) \subseteq L(X_1)$.

（2）取 $X = \{1,2\}, L(X) = \{b\}, H(L(X)) = \{1,2,4\}$，所以 $X \subset H(L(X))$.

（3）取 $X = \{1,2\}, L(X) = \{b\}, H(L(X)) = \{1,2,4\}, L\big(H(L(X))\big) = \{b\}$，所以 $L(X) = L\big(H(L(X))\big)$.

（4）取 $X_1 = \{1,2\}, X_2 = \{2,3\}$，则 $X_1 \cup X_2 = \{1,2,3\}, L(X_1 \cup X_2) = \varnothing$，又 $L(X_1) = \{b\}, L(X_2) = \varnothing, L(X_1) \cap L(X_2) = \varnothing$，所以 $L(X_1 \cup X_2) = L(X_1) \cap L(X_2)$.

（5）取 $X_1 = \{1,2\}, X_2 = \{2,3\}$，则 $X_1 \cap X_2 = \{2\}, L(X_1 \cap X_2) = \{b\}$，又 $L(X_1) = \{b\}, L(X_2) = \varnothing, L(X_1) \cup L(X_2) = \{b\}$，因为 $\{b\} \supseteq \{b\}$，所以 $L(X_1 \cap X_2) \supseteq L(X_1) \cup L(X_2)$.

（6）取 $X_1 = \{2,4\}, X_2 = \{1,3,4\}$，则 $X_1 \cup X_2 = \{1,2,3,4\}, L(X_1 \cup X_2) = \varnothing$，$\big(\{0.53,1.33\},1234,\varnothing\big)$ 为对象强概念，又 $X_1 \cap X_2 = \{4\}, L(X_1 \cap X_2) = \{a,b,c\}$，$\big(\{0,0\}, 4,abc\big)$ 为对象强概念.

取 $X_1 = \{1,2\}, X_2 = \{2,3\}$，则 $X_1 \cup X_2 = \{1,2,3\}, L(X_1 \cup X_2) = \varnothing, \big(\{0.375,0.750\}, 123,\varnothing\big)_{0.6}$ 为对象弱概念，又 $X_1 \cap X_2 = \{2\}, L(X_1 \cap X_2) = \{b\}, \big(\{0,0\},2,b\big)_{0.33}$ 为对象弱概念.

性质 9.4.3 (U,M,A,I) 为网络形式背景，任意 $\mathfrak{M}_1, \mathfrak{M}_2 \subseteq \mathfrak{M}, H(B), H(B_1), H(B_2) \subseteq U, B, B_1, B_2 \subseteq A$，若 $(\mathfrak{M},H(B),B), (\mathfrak{M},H(B_1),B_1), (\mathfrak{M},H(B_2),B_2)$ 为属性强概念，则算子 $H(B)$ 满足如下性质：

（1）$B_1 \subseteq B_2 \Rightarrow H(B_2) \subseteq H(B_1)$；

（2）$B = L\big(H(B)\big)$；

（3） $H(B)=H\big(L\big(H(B)\big)\big)$ ；

（4） $H(B_1\cup B_2)=H(B_1)\cap H(B_2)$ ；

（5） $H(B_1\cap B_2)\supseteq H(B_1)\cup H(B_2)$ ；

（6） $\big(\mathfrak{M},H(B_1\cup B_2),(B_1\cup B_2)\big)$ 为属性强概念或 $\big(\mathfrak{M},H(B_1\cup B_2),(B_1\cup B_2)\big)_\gamma$ 为属性弱概念， $\big(\mathfrak{M},H(B_1\cap B_2),(B_1\cap B_2)\big)$ 为属性强概念.

性质（1）至性质（5）的证明详见文献[15]，下面只证性质（6）.

证明　由性质（1）至性质（5）可知

$$L\big(H(B_1\cup B_2)\big)=L\big(H(B_1)\cap H(B_2)\big)\supseteq L\big(H(B_1)\big)\cup L\big(H(B_2)\big)=B_1\cup B_2,$$

所以当 $L\big(H(B_1\cup B_2)\big)=B_1\cup B_2$ 时， $\big(\mathfrak{M},H(B_1\cup B_2),(B_1\cup B_2)\big)$ 为属性强概念，当 $L\big(H(B_1\cup B_2)\big)\supset B_1\cup B_2$ 时， $\big(\mathfrak{M},H(B_1\cup B_2),(B_1\cup B_2)\big)_\gamma$ 为属性弱概念. 又 $L\big(H(B_1\cap B_2)\big)\subseteq L\big(H(B_1)\cup H(B_2)\big)=L\big(H(B_1)\big)\cap L\big(H(B_2)\big)=B_1\cap B_2$ ，但 $L\big(H(B_1\cap B_2)\big)\supseteq B_1\cap B_2$ ，所以 $L\big(H(B_1\cap B_2)\big)=B_1\cap B_2$ ，即 $\big(\mathfrak{M},H(B_1\cap B_2),(B_1\cap B_2)\big)$ 为属性强概念.

例 9.4.4　取例 9.4.1 中的属性强概念：

$(\{0.53,1.33\},1234,\varnothing)$ ，　　　　$(\{0.10,1.40\},124,b)$ ，　　　　$(\{0,0.80\},34,c)$ ，

$(\{0,0\},13,d)$ ，　　　　　　　　$(\{0,1.20\},14,ab)$ ，　　　　　　$(\{0,0\},3,cd)$ ，

$(\{0,0\},4,abc)$ ，　　　　　　　$(\{0,0\},1,abd)$ ，　　　　　　　　$(\{0,0\},\varnothing,abcd)$.

（1）取 $B_1=\{b\},B_2=\{a,b\},B_1\subseteq B_2$ ，则 $H(B_1)=\{1,2,4\},H(B_2)=\{1,4\}$ ，所以 $H(B_2)\subseteq H(B_1)$.

（2）取 $B=\{b\},H(B)=\{1,2,4\},L\big(H(B)\big)=\{b\}$ ，所以 $B=L\big(H(B)\big)$.

（3）取 $B=\{b\},H(B)=\{1,2,4\},L\big(H(B)\big)=\{b\},H\big(L\big(H(B)\big)\big)=\{1,2,4\}$ ，所以 $H(B)=H\big(L\big(H(B)\big)\big)$.

（4）取 $B_1=\{a,b\},B_2=\{c\}$ ，则 $B_1\cup B_2=\{a,b,c\},H(B_1\cup B_2)=\{4\}$ ，又 $H(B_1)=\{1,4\},H(B_2)=\{3,4\},H(B_1)\cap H(B_2)=\{4\}$ ，所以 $H(B_1\cup B_2)=H(B_1)\cap H(B_2)$.

（5）取 $B_1=\{a,b\},B_2=\{c\}$ ，则 $B_1\cap B_2=\varnothing,H(B_1\cap B_2)=\{1,2,3,4\}$ ， $H(B_1)=\{1,4\},H(B_2)=\{3,4\},H(B_1)\cup H(B_2)=\{1,3,4\}$ ，因为 $\{1,2,3,4\}\supseteq\{1,3,4\}$ ，所以 $H(B_1\cap B_2)\supseteq H(B_1)\cup H(B_2)$.

（6）取 $B_1=\{a,b\},B_2=\{c\}$ ，则 $B_1\cup B_2=\{a,b,c\},H(B_1\cup B_2)=\{4\},(\{0,0\},4,abc)$ 为属性强概念，取 $B_1=\{b\},B_2=\{c\}$ ，则 $B_1\cup B_2=\{b,c\},H(B_1\cup B_2)=\{4\}$ ，

$\left(\{0,0\},4,bc\right)_{0.67}$ 为属性弱概念.

取 $B_1=\{a,b\}$, $B_2=\{c\}$ ，则 $B_1\cap B_2=\varnothing$, $H(B_1\cap B_2)=\{1,2,3,4\}$, $(\{0.53,1.33\}$, $1234,\varnothing)$ 为属性强概念.

性质 9.4.4 (U,M,A,I) 为网络形式背景，任意 $\mathfrak{M}_1,\mathfrak{M}_2\subseteq\mathfrak{M}$, $H(B)$, $H(B_1)$, $H(B_2)\subseteq U$, $B,B_1,B_2\subseteq A$，若 $\left(\mathfrak{M},H(B),B\right)_\gamma$, $\left(\mathfrak{M},H(B_1),B_1\right)_\gamma$, $\left(\mathfrak{M},H(B_2),B_2\right)_\gamma$ 为属性弱概念，则算子 $H(B)$ 满足如下性质：

（1） $B_1\subseteq B_2\Rightarrow H(B_2)\subseteq H(B_1)$；

（2） $B\subset L(H(B))$；

（3） $H(B)=H(L(H(B)))$；

（4） $H(B_1\cup B_2)=H(B_1)\cap H(B_2)$；

（5） $H(B_1\cap B_2)\supseteq H(B_1)\cup H(B_2)$；

（6） $\left(\mathfrak{M},H(B_1\cup B_2),(B_1\cup B_2)\right)$ 和 $\left(\mathfrak{M},H(B_1\cap B_2),(B_1\cap B_2)\right)$ 为属性强概念或 $\left(\mathfrak{M},H(B_1\cup B_2),(B_1\cup B_2)\right)_\gamma$ 和 $\left(\mathfrak{M},H(B_1\cap B_2),(B_1\cap B_2)\right)_\gamma$ 为属性弱概念.

性质（1）、性质（4）和性质（5）的证明详见文献[15]，下面只证性质（2）、性质（3）和性质（6）.

证明 （2）因为 $\left(\mathfrak{M},H(B),B\right)_\gamma$ 是属性弱概念，根据定义可知 $B\subset L(H(B))$.

（3）根据属性弱概念可知 $H(B_弱)=H(B_强)$，又由性质 9.4.3（3）可得 $H(B_强)=H(L(H(B)))$，所以 $H(B_弱)=H(L(H(B)))$，即 $H(B)=H(L(H(B)))$.

（6）由性质（1）至性质（5）可知
$$L(H(B_1\cup B_2))=L(H(B_1)\cap H(B_2))\supseteq L(H(B_1))\cup L(H(B_2))\supseteq B_1\cup B_2,$$
所以当 $L(H(B_1\cup B_2))=B_1\cup B_2$ 时，$\left(\mathfrak{M},H(B_1\cup B_2),(B_1\cup B_2)\right)$ 为属性强概念，当 $L(H(B_1\cup B_2))\supset B_1\cup B_2$ 时，$\left(\mathfrak{M},H(B_1\cup B_2),(B_1\cup B_2)\right)_\gamma$ 为属性弱概念，又
$$L(H(B_1\cap B_2))\subseteq L(H(B_1)\cup H(B_2))=L(H(B_1))\cap L(H(B_2)),$$
但是 $L(H(B_1))\cap L(H(B_2))\supseteq B_1\cap B_2$，所以 $L(H(B_1\cap B_2))$ 和 $B_1\cap B_2$ 无法比较，即 $\left(\mathfrak{M},H(B_1\cap B_2),(B_1\cap B_2)\right)$ 为属性强概念或 $\left(\mathfrak{M},H(B_1\cap B_2),(B_1\cap B_2)\right)_\gamma$ 为属性弱概念.

例 9.4.5 取例 9.4.1 中的属性弱概念：

$\left(\{0,1.20\},14,a\right)_{0.5}$, $\qquad$ $\left(\{0,0\},4,ac\right)_{0.67}$, $\qquad$ $\left(\{0,0\},1,ad\right)_{0.67}$,

$\left(\{0,0\}, 4, bc\right)_{0.67}$, $\left(\{0,0\}, 1, bd\right)_{0.67}$, $\left(\{0,0\}, \varnothing, acd\right)_{0.75}$,

$\left(\{0,0\}, \varnothing, bcd\right)_{0.75}$.

（1）取 $B_1 = \{a, c\}, B_2 = \{a, c, d\}, B_1 \subseteq B_2$ ，则 $H(B_1) = \{4\}, H(B_2) = \varnothing$ ，所以 $H(B_2) \subseteq H(B_1)$.

（2）取 $B = \{a, c\}, H(B) = \{4\}, L(H(B)) = \{a, b, c\}$ ，所以 $B \subset L(H(B))$.

（3）取 $B = \{a, c\}, H(B) = \{4\}, L(H(B)) = \{a, b, c\}, H(L(H(B))) = \{4\}$ ，所以 $H(B) = H(L(H(B)))$.

（4）取 $B_1 = \{a, c\}, B_2 = \{b, c\}$ ，则 $B_1 \cup B_2 = \{a, b, c\}, H(B_1 \cup B_2) = \{4\}$ ，又 $H(B_1) = \{4\}, H(B_2) = \{4\}, H(B_1) \cap H(B_2) = \{4\}$ ，所以 $H(B_1 \cup B_2) = H(B_1) \cap H(B_2)$.

（5）取 $B_1 = \{a, c\}, B_2 = \{b, c\}$ ，则 $B_1 \cap B_2 = \{c\}, H(B_1 \cap B_2) = \{3, 4\}$ ，$H(B_1) = \{4\}, H(B_2) = \{4\}, H(B_1) \cup H(B_2) = \{4\}$ ，因为 $\{3, 4\} \supseteq \{4\}$ ，所以 $H(B_1 \cap B_2) \supseteq H(B_1) \cup H(B_2)$.

（6）取 $B_1 = \{a, c\}, B_2 = \{b, c\}$ ，则 $B_1 \cup B_2 = \{a, b, c\}, H(B_1 \cup B_2) = \{4\}(\{0,0\}, 4, abc)$ 为属性强概念，又 $B_1 \cap B_2 = \{c\}, H(B_1 \cap B_2) = \{3, 4\}, (\{0, 0.80\}, 34, c)$ 为属性强概念.

取 $B_1 = \{a, c\}, B_2 = \{a, d\}$ ，则 $B_1 \cup B_2 = \{a, c, d\}, H(B_1 \cup B_2) = \varnothing, (\{0,0\}, \varnothing, acd)_{0.75}$ 为属性弱概念，又 $B_1 \cap B_2 = \{a\}, H(B_1 \cap B_2) = \{1, 4\}, (\{0, 1.20\}, 14, a)_{0.5}$ 为属性弱概念.

9.5 本 章 小 结

本章提出了网络形式背景的框架，定义了节点的网络影响力和网络概念以及网络概念的网络特征值，由此可以将复杂网络分析和形式背景下的学习、认知方法相结合，从而能够更深刻地研究网络背景下的概念生成等问题.

进一步，还可以结合粗糙集、三支决策、粒计算等进行更多研究，比如：①在网络形式背景下，结合粗糙集进行网络概念约简、网络社群检测的研究；②结合三支决策、博弈论进行网络概念传播的研究；③结合多粒度理论进行网络概念最优粒度及粒计算的研究.

第 10 章　概念的渐进式认知

现有的概念认知研究[66-68]工作在实施概念认知时，均假定认知算子具有完全认知功能，即由对象到属性（或由属性到对象）的认知过程能够一次性直接完成，它仅与给定数据或信息本身有关，不考虑时间、空间、环境等诸多因素对认知过程产生的影响. 然而，现实世界中，由于个体偏好、先验知识、背景知识、时间、空间、环境等众多因素的影响，概念认知往往无法保证一次性就能够完成. 比如，以对象识别共性属性为例，当从一批给定对象中找出它们共同拥有的所有属性时，一次性就直接找出所有的共性属性往往比较困难. 实际上，从认知心理学角度来讲，找到事物所有共性属性（即认识清楚事物）是一个非常漫长的过程，因为个体通常受到自身认知的局限性而导致识别共性属性将是一个不断完善的反复过程[38]. 这与现实中完全识别清楚一个概念的外延与内涵需要经历一个漫长的阶段也是一致的. 为了描述方便，本章将这种不能一次性从给定对象中找出所有共性属性的问题称为不完全认知条件下的概念获取.

受上述讨论启发，本章中提出不完全认知条件下的概念渐进式认知理论与方法. 在具体建模过程中，引入共性属性认知优先关系以反映个体偏好、先验知识、背景知识、时间等因素对概念认知造成的具体影响. 在此基础上，针对线索为对象集、属性集以及对象集和属性集的三种不同情况，分别给出概念渐进式认知算法. 在此基础上，讨论了基于共性属性认知优先关系的认知算子与现有认知算子之间的差异，且数值实验表明概念渐进式认知算法是有效的.

10.1　渐进式认知概念

记对象集（即论域）U 的幂集为 2^U，属性集 A 的幂集为 2^A.

经典的概念认知算子是一对集值映射：

$$L:2^U \to 2^A,$$
$$H:2^A \to 2^U.$$

通常，称 L 是对象-属性算子，H 是属性-对象算子.

定义 10.1.1　对于属性-对象算子 H，对象集 $X \subseteq U$，属性 $a \in A$，若 $X \subseteq H(a)$，则称 a 是 X 的一个共性属性.

那么，对象-属性算子的像 $L(X)$ 可看作 X 的所有共性属性组成的集合，属性-对象算子的像 $H(B)$ 则表示满足条件 B 的所有对象组成的集合.

在此基础上，易证 L 和 H 具有下列性质：

（1）若 $X_1 \subseteq X_2 \subseteq U$，则 $L(X_2) \subseteq L(X_1)$；

（2）若 $B_1 \subseteq B_2 \subseteq A$，则 $H(B_2) \subseteq H(B_1)$；

（3）$X \subseteq H(L(X))$，$B \subseteq L(H(B))$.

从认知的角度，上述三个性质均有明确的语义解释：性质（1）表示，对象（样本）越多，其共性属性（特征）越少；性质（2）表示，共性属性越多，满足它们的对象越少；性质（3）表示，一个对象集经过复合认知算子 HL 作用后，对对象的认知比原来更充分. 类似地，一个属性集经过复合认知算子 LH 作用后，对属性的认知也比原来更充分.

进一步，如果这两个认知算子满足 $L(X) = B$ 且 $H(B) = X$，那么称序对 (X, B) 为概念，X 为概念的外延，B 为概念的内涵. 若一个概念 (X_1, B_1) 的外延包含于另一概念 (X_2, B_2) 的外延，则称 (X_1, B_1) 是 (X_2, B_2) 的子概念，或 (X_2, B_2) 是 (X_1, B_1) 的父概念.

此外，可以证明，序对 $(H(L(X)), L(X))$ 和 $(H(B), L(H(B)))$ 都是概念，即从一个对象集 X 或属性集 B 出发，经过两次迭代认知即可获得一个概念. 从数学上看，这是相当漂亮的结果，这里的复合认知算子 HL 和 LH 分别相当于 U 和 A 上的闭包算子. 但是，从认知心理学、机器学习、大数据等角度而言，这些复合算子的具体实施是很困难的，因为受时限性、多样性、复杂性等因素影响，对概念信息的理解和获取都是一个漫长的过程[8,9]. 下面从认知心理学角度给出一个解释. 在认知心理学中，对认知算子 L 的理解比较复杂（其复合算子就更加复杂），它与认识时刻及认知持续时间长短等因素均有关，即涉及认知过程的各个方面. 比如，假设 X 是由两幅图片组成的对象集，那么早上查找两幅图片的共同特征 5 分钟与下午查找两幅图片的共同特征 5 分钟，它们的效果（即 $L(X)$）是不一样的；另外，晚上查找两幅图片的共同特征 5 分钟与晚上查找两幅图片的共同特征 11 分钟，其效果也是不同的. 换言之，这类问题仅用 $L(X)$ 是无法清楚描述具体细节的.

鉴于此，有必要将时间等因素反映到认知算子 L 上，即需要对其作一些改进. 本章用 $L_t(X)$ 表示认知算子 L 在 t 时刻对对象集 X 认知一段时间后得到的结果，即通过引入变量 t 来反映概念信息获取是一个漫长的过程. 为了区分于 L，称 L_t 为渐进式认知算子.

需要指出的是，对于属性-对象算子 H，本章的理解与经典的情况保持一致，原因是给定具体条件 B（属性或特征）筛选出特定对象 $H(B)$ 的问题，通常认为这样的操作是可以快速实现的. 它与已知对象集 X 识别其"共性属性"是不一样的，因为"共性属性"通常不容易一次被认知完整[8].

定义 10.1.2　给定渐进式认知算子 L_t，对象集 $X \subseteq U$，若对于任意 $\Delta t > 0$，有 $L_{t+\Delta t}(X) = L_t(X)$，则称 $L_t(X)$ 在 t 时刻对对象集 X 实现了完全认知；否则，称 $L_t(X)$ 在时刻 t 对对象集 X 的认知是不完全的.

那么，从完全认知与否的角度而言，经典形式概念分析理论[70]，可以认为是基于完全认知建立的. 具体地，给定对象集 X，经过对象-属性算子 L，就能够得到 X 的全体对象共同拥有的所有属性；同理，给定属性集 B，经过属性-对象算子 H，也能够得到拥有 B 中全体属性的所有对象. 换言之，有了 X，B，L 和 H，就可以直接假定 $L(X)$ 与 $H(B)$ 均是已知的. 实际上，这种研究方式，是通过构造性方法实现的，当然得到的结果肯定也是完全认知概念.

注意，本章仅将变量 t 引入概念认知中，以表明概念认知算子受某些因素的影响而出现不完全认知现象. 这种处理方法仅仅只是为了区分于完全认知. 为了叙述方便，本章称 L 为完全认知算子，L_t 为渐进式认知算子.

实际上，渐进式认知算子 L_t 与完全认知算子 L 是对概念认知过程的不同解读所导致的. 具体地，L 强调完全认知，在这种情况下，获取概念只需经过两次完全认知：第一次完全认知为 $X \to L(X)$，第二次完全认知是在第一次完全认知的基础上进行的，即 $L(X) \to H(L(X))$，进而获得完全认知概念 $(H(L(X)), L(X))$. 然而，L_t 则与时间等因素有关，它强调不完全认知或渐进式认知，并且到底需要经过多少次渐进式认知才能获得精确的概念外延与内涵事先是不知道的，它在渐进式认知迭代过程中需要结合具体的问题背景来判断.

综上可知，所谓概念渐进式认知，是指通过增量的方式逐渐识别清楚一个概念. 它是一个非常复杂的过程，持续时间事先是未知的，且涉及认知过程的增删改操作，而不是简单的单调递增过程. 基于上述理解，下面讨论认知过程的增删改操作的设计问题.

首先，考虑增量操作，即后一次认知 $L_{t+1}(X)$ 是在前一次认知 $L_t(X)$ 的基础上通过新增认知部分 $L'_{t+1}(X)$ 来完成的. 具体地，

$$L_{t+1}(X) = L_t(X) \cup L'_{t+1}(X), \tag{10.1}$$

其中 $L'_{t+1}(X)$ 表示 $t+1$ 时刻对对象集 X 再次识别后新增的认知部分. 为了严谨起见，当 $t=0$ 时，令 $L_t(X) = \varnothing$，即初始状态为 $L_1(X) = L'_1(X)$. 从式（10.1）不难

发现，已被识别的部分 $L_t(X)$ 不需要重新再认知，新增的认知 $L'_{t+1}(X)$ 被认为来源于对剩余属性特征的进一步识别.

注意，执行式（10.1）中的增量操作，它是有前提条件的，否则概念渐进式认知就退化成一个简单的单调递增过程，这与实际情况不符. 比如，当式（10.1）中的 $L'_{t+1}(X)$ 为空时，即 $t+1$ 时刻对剩余属性特征的进一步识别没有发现新知识，这个渐进式认知过程就无法继续下去. 本章将这个特殊情形视作需要修正概念认知的时刻.

具体地，设计修正操作如下：当新增认知部分 $L'_{t+1}(X)$ 为空时，对上一次的累积认知结果 $L_t(X)$ 进行修正：

$$L_t(X) \leftarrow L_t(X) - L'_t(X). \tag{10.2}$$

同时，把 $t+1$ 时刻的认知结果 $L_{t+1}(X)$ 退回到修正之前的水平，即

$$L_{t+1}(X) \leftarrow L_{t-1}(X). \tag{10.3}$$

为了严谨起见，约定修正操作至少在已执行过一次增量操作之后才允许实施，即 $t \geq 1$.

综上，当新增认知部分 $L'_{t+1}(X)$ 不为空时，执行增量认知操作；否则，执行修正认知操作.

需要指出的是，修正操作实际上包含两个子操作：式（10.2）可看作删除操作，即删除上一次新增的认知部分；式（10.3）可看作修改操作，即将最新累积认知修改成 $t-1$ 时刻的认知结果. 再结合增量操作，那么渐进式认知过程就具备对概念信息进行增删改的功能.

此外，考虑到修正操作会将之前认知过的部分又删减掉，所以 $L'_{t+1}(X)$ 允许取重复值（一旦取重复值，意味着这两个状态之间的某个时刻已执行过修正操作，如 $L'_t(X) = L'_{t-2}(X)$，则表明 $t-1$ 时刻执行了修正操作）. 这与现实中概念渐进式认知存在反复现象是一致的，即删减掉的部分随着认识越来越深刻又会被重新添加回来.

由于增量操作与修正操作可以交替进行，那么如果没有其他约束，它们将一直持续下去（最坏的情况就是形成交替死循环），这显然不符合实际情况. 为此，本章引入额外条件 $L'_t(X) = L'_{t-2}(X)$ 作为概念认知的暂停条件，以获得阶段性的概念认知结果.

定义 10.1.3 设 L 是属性-对象算子，L' 是新增认知算子，L_t 是渐进式认知算子. 对于 $X \subseteq U$，$B \subseteq A$，若存在正整数 $t \geq 2$ 使得

$$L'_t(X) = L'_{t-2}(X), \tag{10.4}$$

$$L_t(X) = B，H(B) = X，\qquad (10.5)$$

则称序对 (X, B) 为渐进式认知概念.

上述定义中，式（10.5）比较容易理解，它与完全认知算子的概念定义是类似的；式（10.4）表示 $t-1$ 时刻实施过一次修正操作，但相对于未修正之前的状况，概念认知未取得任何进展，即此次修正无效. 本章将该时刻视作获得阶段性的概念认知结果.

尽管如此，渐进式认知概念，随着时间的推移，后续再度实施修正操作，它仍有可能获得更多的知识，即多次修正奏效.

此外，不管是增量操作，还是修正操作，渐进式认知算子的通项 $L_{t+1}(X)$ 都可以由新增认知算子的通项 $L'_{t+1}(X)$ 迭代之后完全确定. 因此，渐进式概念认知的核心是如何确定每个时刻的新增认知 $L'_{t+1}(X)$.

为了解决这个问题，下面先从 $L_t(X)$ 和 $L(X)$ 的角度，讨论渐进式认知概念与完全认知概念的联系与区别.

（1）当 t 足够大时，累积渐进式认知 $L_t(X)$ 与完全认知 $L(X)$ 可认为是等同的，即承认概念认知的有限性，最终趋同.

（2）现实世界中，人们一般等不到 t 足够大时才进行概念认知，很多时候概念认知具有时效性，即获得一部分信息便开始实施概念认知，所以概念的渐进式认知与时间等因素密切相关，而概念的完全认知则不考虑这类干扰因素.

（3）渐进式认知概念 (X, B) 与完全认知概念不一定相等. 实际上，根据定义 10.1.3，渐进式认知概念 (X, B) 仅仅只是满足实施一次修正操作之后，未能获得更多的知识，但据此并不能得出 $L_t(X)$ 和 $L(X)$ 就一定相等，因为实施一次修正操作未能奏效，不代表实施多次修正操作也无法奏效.

（4）渐进式认知概念 (X, B) 只是一个相对概念，从某种程度上而言它是不稳定的，即随着时间推移，它有可能再次被更新. 然而，完全认知概念是已有信息诱导出的稳定概念，除非信息出现更新，否则它被认为是最终的认知结果.

（5）渐进式认知概念 (X, B) 是根据当前信息作出的一个阶段性概念认知结果，它很可能只是一个满意解，主要是为了通过该满意解来及时指导下一步的行动.

例 10.1.1　表 10.1.1 给出了一个形式背景 $K = (U, A, I)$，其中对象集 $U = \{x_1, x_2, x_3, x_4, x_5\}$，属性集 $A = \{a, b, c, d, e, f\}$，表中数字"1"表示所在行的对象拥有所在列的属性，数字"0"表示所在行的对象不拥有所在列的属性. 取 $X_0 = \{x_1, x_2\}$，下面计算线索 X_0 的渐进式认知概念.

表 10.1.1　形式背景 $K = (U, A, I)$

U	a	b	c	d	e	f
x_1	1	1	1	1	1	0
x_2	1	1	1	1	1	0
x_3	0	1	1	0	0	0
x_4	0	0	1	1	1	0
x_5	0	0	0	0	1	1

　　假设 $L_t'(X_i)$ 为 t 时刻随机选择 X_i 的一些共性属性组成的集合,这里 X_i 是通过属性-对象算子 H 作用于累积共性属性集 $L_{t-1}(X_{i-1})$ 上产生的. 那么由式(10.1)、式(10.2)、式(10.3),概念渐进式认知的具体实施步骤如下:

　　①令 $L_1'(X_0) = \{c, d\}$,执行增量操作,即

$$L_1(X_0) = L_1'(X_0) = \{c, d\},$$
$$X_1 = H(\{c, d\}) = \{x_1, x_2, x_4\}.$$

　　②由于 $L_2'(X_1) = \{e\}$,执行增量操作,即 $L_2(X_1) = L_1(X_0) \cup L_2'(X_1) = \{c, d, e\}$ (此处不妨认为 $L_1(X_1) = L_1(X_0)$,因为 X_0 的共性属性 c 和 d 也是 X_1 的共性属性), $H(\{c, d, e\}) = \{x_1, x_2, x_4\} = X_1$.

　　③由于 $L_3'(X_1) = \varnothing$,执行修正操作,即

$$L_2(X_1) \leftarrow L_2(X_1) - L_2'(X_1) = \{c, d\},$$
$$L_3(X_1) \leftarrow L_1(X_1) = \{c, d\}.$$

　　④由于 $L_4'(X_1) = \{e\}$,执行增量操作,即

$$L_4(X_1) = L_3(X_1) \cup L_4'(X_1) = \{c, d, e\},$$
$$H(\{c, d, e\}) = \{x_1, x_2, x_4\} = X_1.$$

　　⑤注意到,此时已满足 $L_4'(X_1) = L_2'(X_1) = \{e\}$ 且 $L_4(X_1) = \{c, d, e\}$ 和 $H(\{c, d, e\}) = X_1$ 均成立,所以 $(X_1, \{c, d, e\})$ 是一个渐进式认知概念.

　　上述计算中,修正操作会受新增认知算子 L_t' 的影响. 比如,本例步骤①中,如果令 $L_1'(X_0) = \{c\}$,那么步骤②就要开始执行修正操作,因为添加共性属性 c 之后,其他属性就无法再添加进去,所以需要通过修正操作退回到初始状态,以便调整 $L_1'(X_0)$ 的赋值,获得更加理想的概念认知结果.

　　下面讨论如何设计新增认知算子 L_t',以揭示概念渐进式认知的主要研究内容.

　　这个问题大致可描述为:给定对象集 X,从第 1 次到第 n 次认知,假设依次新增的认知部分为 $L_1'(X), L_2'(X), \cdots, L_n'(X)$,那么它们之间有何关联?即具体取什

么值？显然，当 $L'_{t+1}(X) \neq \varnothing$ 时，说明它识别出 $L'_t(X)$ 未曾识别的共性属性（已被修正过的认知除外）. 这是问题的关键所在，为什么有些共性属性在上一次被识别出来，而有些共性属性却要延迟到下一次认知中才能被识别呢？从认知心理学角度而言[8]，这是由于属性被识别存在不均衡的现象，即有些属性容易被识别，而另外一些属性相对难识别. 这就说明共性属性被识别存在"认知优先关系". 换言之，当人们识别共性属性时，会出现一些共性属性优于其他共性属性被提前识别出来的现象. 造成共性属性"认知优先关系"的原因很多，比如，先验知识、个体偏好、背景知识等. 下面列举几个例子予以说明.

例 10.1.2　以表 10.1.1 为例. 假设恰好被目标对象集 X 所拥有的属性为 X 的理想共性属性，那么对于那些除了被 X 拥有之外还被其他对象所拥有的共性属性而言，"其他对象越多，意味着这个共性属性越不理想"就成为先验知识. 取 $X = \{x_1, x_2\}$，则共性属性的渐进式认知过程为 $a \to b, d \to c, e$，因为 a 是理想共性属性（刚好与 X 完全匹配，第一次就被识别出来），b, d 是次理想共性属性（除了与 X 匹配，还被另外一个对象匹配，第二次才能被识别出来），而 c, e 是最不理想的共性属性（除了与 X 匹配，还同时被另外两个对象匹配，最后才被识别出来）. 这里的共性属性"认知优先关系"是由先验知识获得的.

例 10.1.3　图 10.1.1 给出了两幅图片，每幅图片包含若干图形，每个图形内的英文字母表示该图形的填充颜色，其中 r：红色，b：蓝色，y：黄色，g：绿色，p：粉色. 现要求找出它们共同拥有的图形. 显然，不同的人去完成这个任务，最终结果很可能是一样的，但是识别出所有相同图形的先后顺序往往会存在差异. 比如，现在派甲、乙两位男同学去完成这个任务，他们对图形本身没有偏好，但是对颜色有偏好. 假设甲对颜色的偏好依次是：粉色→蓝色→绿色，而乙对颜色的偏好依次是：蓝色→绿色→粉色. 那么甲和乙识别出相同图形的先后顺序分别为：圆柱体→三角形→长方体，三角形→长方体→圆柱体. 尽管最终的结果相同，但是认知过程是有差异的. 这里的共性属性"认知优先关系"是由个体对颜色的偏好导致的.

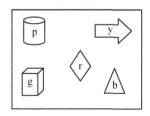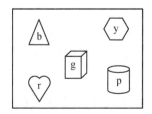

图 10.1.1　识别相同图形

例 10.1.4　图 10.1.2 给出了两篇论文的参考文献，要求找出它们共同引用的论文. 显然，这两篇论文的参考文献均是按"字母序"排列的. 当查找相同引文时，可以充分利用这一背景知识. 具体地，从上往下比对，第一篇找出来的相同引文是（Fehr and Gachter，2002），第二篇找出来的相同引文是（Liu，2016），第三篇找出来的相同引文是（Nowak，2006）. 这里的共性属性"认知优先关系"是由背景知识获得的.

论文1的参考文献：

[1] Apicella C L, Marlowe F W, Fowler J H, et al. Social networks and cooperation in hunter-gatherers. Nature, 2012, 481: 497-501

[2] Fehr E, Gachter S. Altruistic punishment in humans. Nature, 2002, 415: 137-140

[3] Liu W Q. Public data evolution games on complex networks and data quality control. Scientia Sinica Informationis, 2016, 46: 1569-1590

[4] Nowak M A. Five rules for the evolution of cooperation. Science, 2006, 314: 1560-1563

论文2的参考文献：

[1] Fehr E, Gachter S. Altruistic punishment in humans. Nature, 2002, 415: 137-140

[2] Liu W Q. Public data evolution games on complex networks and data quality control. Scientia Sinica Informationis, 2016, 46: 1569-1590

[3] Nowak M A. Five rules for the evolution of cooperation. Science, 2006, 314: 1560-1563

[4] Smith J M, Price G R. The logic of animal conflict. Nature, 1973, 246: 15-18

图 10.1.2　两篇学术论文引用的参考文献

根据上述实例及其讨论，下面给出共性属性"认知优先关系"的定义.

定义 10.1.4　给定属性-对象算子 H、对象集 $X \subseteq U$ 及其共性属性 $a_1, a_2, a_3 \in A$. 如果对于 X 的渐进式认知，a_1 与 a_2 存在优先关系，不妨记 $a_1 \succ a_2$（或 $a_2 \prec a_1$），那么称 a_1 比 a_2 更容易被识别；如果 $a_1 \succ a_2$ 且 $a_2 \prec a_1$，那么称 a_1 与 a_2 被识别的难易程度相同. 进一步，若 a 比剩余所有共性属性都更容易被识别，则称它是 X 最容易被识别的共性属性.

根据前面的讨论，这里的共性属性认知优先关系 $\succ$（或 $\prec$）一般由概念渐进式认知问题中的先验知识、个体偏好、背景知识等诸多因素决定. 实际上，共性属性认知优先关系并不是一成不变的. 比如，执行修正操作后，通常会将修正部分无条件降为最不容易被识别的共性属性.

为了方便讨论，记 $Ber_t(X)$ 为 t 时刻对象集 X 的所有最容易被识别的共性属性组成的集合.

例 10.1.5　以表 10.1.1 为例，假定目标对象集为 $X = \{x_1, x_2\}$. 那么根据例 10.1.2 对渐进式认知的讨论结果可知，$Ber_1(X) = \{a\}$，$Ber_2(X) = \{b, d\}$，$Ber_3(X) = \{c, e\}$.

定义 10.1.5　给定对象集 $X \subseteq U$，定义新增认知算子 L'_t 为

$$L'_t(X) = \left\{ a \in Ber_t(X) \mid a \notin L_{t-1}(X) \right\}, \tag{10.6}$$

其中 $L_{t-1}(X)$ 与 $L_1'(X), L_2'(X), \cdots, L_{t-1}'(X)$ 的关系由式（10.1）—（10.3）确定.

由定义 10.1.5 可知，$L_t'(X)$ 表示 t 时刻对象集 X 最容易被识别的所有共性属性组成的集合，这些共性属性在 t 时刻之前未被识别或已被识别但又被修正删除. 至此，关于如何选取新增认知部分 $L_1'(X), L_2'(X), \cdots, L_n'(X)$，已讨论完毕.

利用新增认知 $L_t'(X)$，再结合式（10.1）—（10.3）可知，在渐进式认知结束之前，渐进式累积认知算子 $L_t(X)$ 满足以下条件：
$$L_t(X) = \cup_{i \in T} L_i'(X), \tag{10.7}$$
其中 $T = \{1, 2, \cdots, t\} - \{s_1, s_1 + 1, s_2, s_2 + 1, \cdots, s_k, s_k + 1\}$.

$s_1 + 1, s_2 + 1, \cdots, s_k + 1$ 表示渐进式认知算子在 t 时刻之前执行过修改操作（即式（10.3））的所有时刻，而 $s_1, s_2, \cdots, s_k$ 表示执行修改操作时同时又实施删除操作（即式（10.2））的所有时刻. 换言之，$L_t(X)$ 表示从初始时刻到 t 时刻，对象集 X 的累积认知（部分认知由于被执行修正操作，可能出现反复，即添加后又被删除，甚至再添加，但该认知过程的总体趋势是渐进累积的）.

例 10.1.6　以表 10.1.1 为例，假定目标对象集为 $X = \{x_1, x_2\}$，并满足例 10.1.2 中的先验知识.

（1）当 $t = 1$ 时，$Ber_1(X) = \{a\}$，$L_1'(X) = \{a\}$，$L_1(X) = L_1'(X) = \{a\}$.

（2）当 $t = 2$ 时，$Ber_2(X) = \{b, d\}$，$L_2'(X) = \{b, d\}$，$L_2(X) = L_1'(X) \cup L_2'(X) = \{a, b, d\}$.

（3）当 $t = 3$ 时，$Ber_3(X) = \{c, e\}$，$L_3'(X) = \{c, e\}$，$L_3(X) = L_1'(X) \cup L_2'(X) \cup L_3'(X) = \{a, b, c, d, e\}$.

（4）当 $t = 4$ 时，$Ber_4(X) = \varnothing$，$L_4'(X) = \varnothing$，故 $L_3(X)$ 执行删除操作，$L_4(X)$ 执行修改操作 $L_4(X) = L_1'(X) \cup L_2'(X) = \{a, b, d\}$.

（5）当 $t = 5$ 时，$Ber_5(X) = \{c, e\}$，$L_5'(X) = \{c, e\}$，$L_5(X) = L_1'(X) \cup L_2'(X) \cup L_5'(X) = \{a, b, c, d, e\}$. 此时，$L_5'(X) = L_3(X)$ 已满足，所以结束概念渐进式认知.

从例 10.1.6 的（3）—（5）可知，$L_t(X)$ 在渐进式认知过程中，确实会发生反复现象.

性质 10.1.1　给定对象集 $X \subseteq U$，则对任意 t，$L_t(X) \subseteq L(X)$.

证明　根据上述讨论，显然成立.

性质 10.1.2　给定对象集 $X \subseteq U$，则对任意 t，$X \subseteq H(L_t(X))$.

证明　由式（7）可知
$$L_t(X) = \cup_{i \in T} L_i'(X).$$

再根据属性-对象算子 H 以及性质 10.1.1 的结论，有 $H(L(X)) \subseteq H(L_t(X))$. 注意到 $X \subseteq H(L(X))$ ，即可证得 $X \subseteq H(L_t(X))$.

需要指出的是，如果将性质 10.1.2 中的对象集替换为属性集，则结论不成立，即给定属性集 $B \subseteq A$ ，对任意 t ，$B \subseteq L_t(H(B))$ 不成立，具体见以下反例.

例 10.1.7   以表 10.1.1 为例，并假定目标属性集为 $B = \{a, b, d\}$. 那么根据例 10.1.2 和例 10.1.6 中渐进式认知的讨论结果可知

$$H(B) = X = \{x_1, x_2\},$$
$$L_1(H(B)) = L_1(X) = L_1'(X) = \{a\} \subset B .$$

性质 10.1.3   给定属性集 $B \subseteq A$ ，则存在 t 使得 $B \subseteq L_t(H(B))$.

证明   根据约定，本章承认概念认知的有限性，即当 t 足够大时，$L_t(X)$ 与 $L(X)$ 趋同. 因此，存在足够大的 t ，使得 $L_t(H(B)) = L(H(B))$. 由于 $B \subseteq L(H(B))$ ，所以也有 $B \subseteq L_t(H(B))$.

下列例子进一步解释性质 10.1.3 的结论.

例 10.1.8   以表 10.1.1 为例，并假定目标属性集为 $B = \{a, b, d\}$. 那么由例 10.1.2 和例 10.1.6 中渐进式认知的讨论结果可得

$$H(B) = X = \{x_1, x_2\},$$
$$L_2(H(B)) = L_2(X) = L_1'(X) \cup L_2'(X) = \{a, b, d\},$$
$$B \subseteq L_2(H(B)) .$$

10.2   概念的渐进式认知方法

本节在概念渐进式认知原理的基础上，继续讨论如何从一个已知线索（即对象集、属性集，或对象集和属性集）通过渐进式认知获取相应的概念.

10.2.1   线索为对象集的概念渐进式认知

假定以对象集 X_0 为线索，通过 L_1 作用可得 X_0 的第一次共性属性认知 $L_1(X_0)$ ，不妨令 $B_0 = L_1(X_0)$ 表示这些共性属性；利用属性-对象算子 H 对当前获得的共性属性集 B_0 进行对象认知，获得更新后的对象集 $H(B_0)$ ，不妨令 $X_1 = H(B_0)$ 表示更新后的对象集；进一步，通过 L_1 又可以获得 X_1 的第一次共性属性认知，根据迭代累积认知思想，如果未实施修正操作，当前认知结果应等于旧认知加上新增认知，即 $B_1 = L_1(X_1) \cup B_0$ （如果发生修正操作，意味着 X_1 重新被赋值，那么以最新一次赋值为准）；再利用属性-对象算子 H 对共性属性集 B_1 进行对象认

知，又可获得更新后的对象集 $X_2 = H(B_1)$．上述过程进行反复迭代，可得到一系列的认知对象集 $X_3, X_4, \cdots, X_n$，一系列的共性属性集 $B_2, B_3, \cdots, B_n$．为了下文叙述方便，本章将上述过程称为迭代累积认知．

注意到，上述迭代累积认知过程，与 10.1 节介绍的概念渐进式认知原理似乎不太一致．原因是 10.1 节强调的是针对同一对象集 X 进行共性属性的渐进式认知，而这里的迭代累积认知得到的是一系列对象集 $X_1, X_2, \cdots, X_n$．换言之，对相同对象集反复识别是 10.1 节概念渐进式认知原理的核心思想，一系列对象集的迭代累积认知除非它们相等，否则 10.1 节提出的概念渐进式认知原理应用于此处效果会不佳，即式（10.7）

$$L_t(X) = \cup_{i \in T} L_i'(X)$$

不能较好地发挥作用（它是渐进式认知思想的具体表现）．令人欣慰的是，上述迭代累积认知产生的一系列有效对象集 $X_1, X_2, \cdots, X_n$（发生修正操作时，无效的对象集不予记录），确实是相互相等的，下面把这个结论通过以下性质给出．

性质 10.2.1　给定对象集 $X_0 \subseteq U$，如果通过算子 L_1 和 H 对 X_0 进行迭代累积认知得到一系列的对象集 $X_1, X_2, \cdots, X_n$，那么 $X_0 \subseteq X_1 = X_2 = \cdots = X_n$．

证明　根据迭代累积认知过程的设计，可得 $X_1 = H(B_0) = H(L_1(X_0))$，再结合性质 10.1.2 的结论：$X_0 \subseteq H(L_1(X_0))$，可知 $X_0 \subseteq X_1$．

进一步，当 $t \geq 2$ 时，因为 $X_{t-1} = H(B_{t-2})$，$B_{t-1} = L_1(X_{t-1}) \cup B_{t-2}$，$X_t = H(B_{t-1})$，所以 $B_{t-2} \subseteq B_{t-1}$，故有 $H(B_{t-2}) \supseteq H(B_{t-1})$，即 $X_t \subseteq X_{t-1}$．

另一方面，注意到 $X_{t-1} \subseteq H(L_1(X_{t-1}))$，因此

$$X_t = H(B_{t-1}) = H(L_1(X_{t-1})) \cup B_{t-2}$$
$$= H(L_1(X_{t-1})) \cap H(B_{t-2}) \supseteq X_{t-1} \cap X_{t-1} = X_{t-1}.$$

综上两方面可得 $X_{t-1} = X_t$（$t \geq 2$），即 $X_1 = X_2 = \cdots = X_n$ 成立．

性质 10.2.1 表明，式（10.7）中的渐进式认知 $L_t(X)$ 是完全适合迭代累积认知的，能够发挥作用，因为迭代累积认知过程产生的一系列对象集都是相等的（初始对象集 X_0 除外）．

下面讨论给定线索为对象集 X_0，通过渐进式认知最终将获得一个什么样的概念 (X, B_t)？这个问题与第一次有效的共性属性认知 $B_0 = L_1(X_0)$ 密切相关，因为这直接决定了最终概念的外延 $X = H(B_0)$．当然，第一次有效的共性属性认知很可能是经过反复修正后得到的．实际上，这与现实中的概念认知是吻合的，因为日常中人们一开始的认知方向一旦确定下来（可能是多次修正之后的结果），就基本

固化了最终概念认知结果的总体趋势，后续进一步的迭代累积认知只是去逐步完善这个假想概念而已．换言之，线索为对象集的认知，外延会被提前确定下来，而内涵则需经历一个漫长的过程才能完全认识清楚．

算法 10.2.1 给出了以对象集 X_0 为线索的概念渐进式认知，易证最终输出的序对 (X, B_t) 是渐进式认知概念．一方面，由步骤 3、步骤 5 和步骤 6 可知，$L'_t(X) = L'_{t-2}(X)$，$B_t = L_t(X)$．另一方面，由性质 10.2.1 可得，$H(B_t) = H(L_t(X)) = X$．再根据定义 10.1.3，即可证得 (X, B_t) 是渐进式认知概念．

算法 10.2.1　　对象集 X_0 的概念渐进式认知

输入：对象集 X_0，算子 H 和 L'_t．

输出：渐进式认知概念 (X, B_t)．

1. 令 $i = 1$；

2. $B_0 = L'_i(X_0)$，$X = H(B_0)$；

3. 如果 $L'_2(X) \neq \varnothing$，那么令 $L'_1(X) = B_0$，并转步骤 4；否则，当 $i \geq 3$ 且 $L'_i(X_0) = L'_{i-2}(X_0)$，或概念认知已遍历所有的特征属性时，令 $B_t = B_0$，并转步骤 8，其他情况则执行 $i \leftarrow i+1$ 并返回步骤 2；

4. 令 $t = 1$，$B_t = L'_1(X)$；

5. 如果 $t \geq 3$ 且 $L'_t(X) = L'_{t-2}(X)$，则转步骤 8；

6. 如果 $L'_t(X) = \varnothing$，那么 $B_t = L_t(X) = B_{t-1} - L'_{t-1}(X)$，否则，$B_t = L_t(X) = B_{t-1} \cup L'_t(X)$；

7. $t \leftarrow t+1$，返回步骤 5；

8. 输出 (X, B_t)，算法结束．

另外，通过分析不难发现，算法 10.2.1 的时间复杂度为 $O(|A|(|U|+|A|))$，空间复杂度为 $O(t)$．

例 10.2.1　以表 10.1.1 为例，并假定对象集为 $X_0 = \{x_1\}$．根据例 10.1.2 中概念渐进式认知的讨论结果可知，第一次共性属性识别结果为 $B_0 = L_1(X_0) = \{a\}$，且认知概念的外延为 $X = H(B_0) = \{x_1, x_2\}$．由于 $L'_2(X) = \{b, d\} \neq \varnothing$，之后进入共性属性迭代累积认知过程：

$$B_1 = L_1(X) = L'_1(X) = \{a\},$$
$$L'_2(X) = \{b, d\},$$
$$B_2 = L_2(X) = L'_1(X) \cup L'_2(X) = \{a, b, d\},$$

$$L_3'(X) = \{c, e\},$$

$$B_3 = L_3(X) = L_1'(X) \cup L_2'(X) \cup L_3'(X) = \{a, b, c, d, e\},$$

$$L_4'(X) = \varnothing,$$

$$B_4 = L_4(X) = L_1'(X) \cup L_2'(X) = \{a, b, d\},$$

$$L_5'(X) = \{c, e\},$$

$$B_5 = L_5(X) = L_1'(X) \cup L_2'(X) \cup L_5'(X) = \{a, b, c, d, e\}.$$

由于 $L_3'(X) = L_5'(X)$，所以结束概念渐进式认知算法，并输出最终结果

$$(X, B_5) = (\{x_1, x_2\}, \{a, b, c, d, e\}).$$

注意，上述计算中，如果 X_0 的第一次共性属性认知结果为 $B_0 = L_1(X_0) = \{c\}$ 或 $\{e\}$，那么 $X = H(B_0) = \{x_1, x_2, x_3, x_4\}$ 或 $\{x_1, x_2, x_4, x_5\}$，就出现 $L_1'(X) = \varnothing$，此时第一次共性属性认知就需要执行修正操作之后才能确定.

10.2.2　线索为属性集的概念渐进式认知

众所周知，给定属性集 B_0，通过属性-对象算子 H，能够得到相应的对象集 $X_0 = H(B_0)$. 换言之，当线索为一个属性集时，可以通过 H 将概念渐进式认知问题归结为线索是一个对象集的情形，即此处针对线索为属性集的情况，不用再单独提出一种新的概念渐进式认知方法.

另外，线索为属性集 B_0 时，情况会更加特殊，因为此时的概念渐进式认知，它不像线索为对象集的情形：需要通过第一次共性属性认知之后才能确定概念外延的大致情况. 这里的概念外延直接就由 $X_0 = H(B_0)$ 确定了. 因此，B_0 所对应的对象集 X_0 在整个概念渐进式认知过程中，均不发生改变.

根据上述讨论，线索为给定属性集 B_0 的概念渐进式认知，首先通过属性-对象算子 H，将其转化为线索为对象集 $X_0 = H(B_0)$ 的概念渐进式认知问题. 然后，采用 10.2.1 节提出的算法 10.2.1，就可以获得渐进式认知概念 (X_0, B_t).

例 10.2.2　以表 10.1.1 为例，并假定线索为属性集 $B_0 = \{b\}$. 首先，将其转化为线索是对象集 $X_0 = H(B_0) = \{x_1, x_2, x_3\}$ 的概念渐进式认知问题. 然后，类似于例 10.2.1，通过算法 10.2.1 即可获得渐进式认知概念 $(X_0, B_3) = (\{x_1, x_2, x_3\}, \{b, c\})$.

需要指出的是，线索为属性集的概念渐进式认知，与线索为对象集的概念渐进式认知有所区别的主要原因是：本章事先假定对象-属性算子 L 遵循不完全认知，而属性-对象算子 H 则遵循完全认知. 这导致经典形式概念分析中事先假定对象与属性的地位平等将不再成立. 实际上这也是概念渐进式认知区别于传统概念认知的关键所在，这种差异不但体现在认知机理上，还反映在不同类型的线索的

处理上. 传统概念认知将对象集和属性集等同对待[1-7]，而概念渐进式认知则重点关注线索为对象集的情况，造成两者差异的原因是从认知心理学角度识别对象的共性属性需要经历一个漫长的过程[8].

10.2.3　线索包含对象集与属性集的概念渐进式认知

假设给定线索为对象集 X_0 与属性集 B_0，那么相对于线索只有一个对象集或属性集的情况，概念渐进式认知的难度将大大增加. 具体原因分析如下.

首先，注意到，这里给定的两部分信息 X_0 与 B_0 在概念渐进式认知过程中是相互影响的，彼此不能独立于对方（即只关注其中之一）而进行概念渐进式认知. 换言之，既不是简单地重复 10.2.1 节线索为对象集的概念渐进式认知，更不是纯粹地重复 10.2.2 节线索为属性集的概念渐进式认知. 此处需要提出新的概念渐进式认知方法.

其次，在概念渐进式认知过程中，充分考虑两方面（即对象集与属性集）的信息是非常必要的，即需要通过信息融合去解决这个问题. 但是，信息融合不能盲目进行，要分析双方提供的信息是否满足融合限制条件（这一点与经典概念认知类似，不同之处在于本章将利用可匹配性作为信息融合的限制条件，而经典概念认知则是通过下、上近似约束范围作为信息融合的限制条件[4,5]）. 因此，在概念渐进式认知之前，有必要先判断双方提供的信息是否具有一定的匹配度（下节将详细讨论这个问题）. 当然，对象集与属性集提供的信息出现不匹配（即信息融合无法进行）也是允许的，此时也能够进行概念渐进式认知，只不过最终的认知结果相对于可匹配的情形会有所欠佳而已（本小节末将单独讨论这个问题）.

然后，如果对象集 X_0 与属性集 B_0 可以进行信息融合，那么还应注意到概念认知学习的方式是多样化的，获得什么样的认知结果与拟采取的信息融合策略密切相关. 这与认知心理学相关原理是一致的，认知结果与认知过程及认知手段均有关.

最后，如果给定对象集 X_0 与属性集 B_0，它们无法做到精确认知，那么还得给出概念认知的精度. 实际应用中，这种情况发生的可能性极大，因为概念能够做到精确认知的情形毕竟只是少数，大量的概念认知都是在不确定性环境下完成的.

基于上述分析，下面给出相应的处理方法. 为了便于讨论信息融合，本章把属性集 B_0 提供的信息也转化成对象集 $Y_0 = H(B_0)$ 的形式，那么给定对象集和属性集的概念渐进式认知就变成如何对两个对象集 X_0 与 Y_0 进行信息融合以及概念认知的问题. 在此之前，先对对象集 X_0 与属性集 B_0 之间的匹配性做一些约束，以增强概念渐进式认知的有效性.

定义 10.2.1　给定对象集 X_0 与属性集 B_0，令 $Y_0 = H(B_0)$. 若 $X_0 \cap Y_0 = \varnothing$，则称对象集 X_0 与属性集 B_0 之间是不匹配的.

本章重点讨论给定对象集 X_0 与属性集 B_0 之间存在匹配的情形，且匹配程度约定为

$$\mu(X_0, B_0) = \frac{|X_0 \cap Y_0|}{|X_0 \cup Y_0|}. \tag{10.8}$$

对于对象集 X_0 与属性集 B_0 不匹配的情形，本节末将单独讨论其概念渐进式认知问题.

当对象集 X_0 与属性集 B_0 存在匹配关系时，那么 X_0 与 $Y_0 = H(B_0)$ 在信息融合过程中应保持对等地位（即权重相同），这在信息融合公式的设计上表现为对称性成立. 本章采取"一主一辅"的两种信息融合方式：

（1）对象集 X_0 与 Y_0 悲观取交 $X_0 \cap Y_0$，它是主要信息融合机制；

（2）对象集 X_0 与 Y_0 乐观取并 $X_0 \cup Y_0$，它是辅助信息融合机制.

实际上，主要信息融合机制（悲观取交）与 X_0 和 B_0 是否存在匹配关系是密切相关的. 如果 X_0 和 B_0 不匹配，那么 $X_0 \cap Y_0 = \varnothing$，即悲观取交无实际意义. 此外，对于悲观取交 $X_0 \cap Y_0$ 与乐观取并 $X_0 \cup Y_0$，若直接按 10.2.1 节中提出的算法 10.2.1 进行概念渐进式认知，则获得两个概念，但这两个概念不一定存在关联性. 为此，下面讨论悲观取交与乐观取并得到的两个概念，可以作为概念认知的近似结果. 具体地，证明悲观取交 $X_0 \cap Y_0$ 得到的认知概念可以看作近似概念认知的下界，乐观取并 $X_0 \cup Y_0$ 得到的认知概念可以看作近似概念认知的上界. 从这个角度而言，辅助信息融合机制（乐观取并）只是为了获得一个上界概念，以协助主要信息融合机制（悲观取交）产生的下界概念，对目标概念进行逼近.

（1）悲观取交 $X_0 \cap Y_0$ 的概念渐进式认知.

此时可以参考 10.2.1 节的讨论结果，考虑概念渐进式认知问题，但仍有一些细微的差别需要强调. 具体地，由于 $Y_0 = H(B_0)$，所以 $X_0 \cap Y_0$ 必拥有 B_0 中的所有属性. 因此，很自然就会把已确认的共性属性集 B_0 作为初始对象集 $X_0 \cap Y_0$ 第一次共性属性认知的结果.

算法 10.2.2 给出了相应的概念渐进式认知算法，最终输出的认知概念为 (Y_0, B_s). 此外，通过分析不难发现，算法 10.2.2 的时间复杂度为 $O(|A|^2)$，空间复杂度为 $O(s)$.

算法 10.2.2　对象集 $X_0 \cap Y_0$ 的概念渐进式认知

输入：对象集 $X_0 \cap Y_0$，算子 H 和 L'_s.

输出：渐进式认知概念 (Y_0, B_s).

1. 初始化 $B_0 = L'_1(X_0 \cap Y_0)$，$Y_0 = H(B_0)$；
2. 令 $s = 1$，$B_s = L'_1(Y_0)$；
3. 如果 $s \geq 3$ 且 $L'_s(Y_0) = L'_{s-2}(Y_0)$，则转步骤 6；
4. 如果 $L'_s(Y_0) = \varnothing$，那么 $B_s = L_s(Y_0) = B_{s-1} - L'_{s-1}(Y_0)$，否则，$B_s = L_s(Y_0) = B_{s-1} \cup L'_s(Y_0)$；
5. $s \leftarrow s + 1$，返回步骤 3；
6. 输出 (Y_0, B_s)，算法结束.

（2）乐观取并 $X_0 \cup Y_0$ 的概念渐进式认知.

给定对象集 $X_0 \cup Y_0$，直接采用 10.2.1 节中提出的算法 10.2.1 进行概念的渐进式认知，不妨设最终得到的认知概念为 (X, B_t).

下面，讨论悲观取交 $X_0 \cap Y_0$ 得到的认知概念 (Y_0, B_s) 与乐观取并 $X_0 \cup Y_0$ 得到的认知概念 (X, B_t) 之间的关系.

根据性质 10.2.1，有 $Y_0 \subseteq X_0 \cup Y_0 \subseteq X$ 成立. 因此，(Y_0, B_s) 是 (X, B_t) 的子概念，故可将前者看作概念认知的下界，而把后者看作概念认知的上界. 换言之，线索为给定的对象集 X_0 与属性集 B_0，通过概念的渐进式认知，最终获得一个下界概念 (Y_0, B_s) 和一个上界概念 (X, B_t)，它们共同组成概念渐进式认知的结果. 除非它们相等，否则这只是一个近似认知范围，即目标概念被认为介于下界概念与上界概念之间. 当下界概念和上界概念不相等时，更加精确的认知结果暂时无法提供，它有待于信息的进一步完善化.

定义 10.2.2　给定对象集 X_0 与属性集 B_0，令 $Y_0 = H(B_0)$. 假设悲观取交 $X_0 \cap Y_0$ 得到的认知概念为 (Y_0, B_s)，乐观取并 $X_0 \cup Y_0$ 得到的认知概念为 (X, B_t). 若 $Y_0 \neq X$，则称概念认知是不精确的，并定义其精度为

$$\eta(X_0, B_0) = \frac{|Y_0 \cap X|}{|Y_0 \cup X|}. \tag{10.9}$$

现实中，给定对象集 X_0 与属性集 B_0，大部分情况下概念的渐进式认知结果都是不精确的；换言之，出现精确认知的可能性较小，获得近似认知的可能性较大.

另外，还需要指出的是，$\eta(X_0, B_0)$ 一方面刻画了对象集 X_0 与属性集 B_0 提供的信息的匹配程度；另一方面，也反映了概念渐进式认知结果的不确定性程度. 精

度只是提供某种程度上的一个度量参考，不宜作为一个绝对的衡量指标.

例 10.2.3 以表 10.1.1 为例，并假定线索为对象集 $X_0 = \{x_1, x_2, x_3\}$ 与属性集 $B_0 = \{a\}$，那么 $Y_0 = H(B_0) = \{x_1, x_2\}$，$X_0 \cap Y_0 = \{x_1, x_2\} \neq \varnothing$，$X_0 \cup Y_0 = \{x_1, x_2, x_3\}$. 因此，对象集 X_0 与属性集 B_0 提供的信息是匹配的，可以通过悲观取交与乐观取并进行概念的渐进式认知，以获得相应的认知概念信息.

考虑悲观取交 $X_0 \cap Y_0 = \{x_1, x_2\}$ 的概念认知. 根据算法 10.2.2，可以获得认知概念 $(Y_0, B_5) = (\{x_1, x_2\}, \{a, b, c, d, e\})$. 进一步，考虑乐观取并 $X_0 \cup Y_0 = \{x_1, x_2, x_3\}$ 的概念认知. 另外，由算法 10.2.1，乐观取并 $X_0 \cup Y_0 = \{x_1, x_2, x_3\}$ 得到另一认知概念 $(X, B_4) = (\{x_1, x_2, x_3\}, \{b, c\})$. 综上，线索为对象集 X_0 与属性集 B_0，通过概念的渐进式认知，得到下界概念 $(Y_0, B_5) = (\{x_1, x_2\}, \{a, b, c, d, e\})$ 和上界概念 $(X, B_4) = (\{x_1, x_2, x_3\}, \{b, c\})$，且它们的精度为

$$\eta(X_0, B_0) = \frac{|Y_0 \cap X|}{|Y_0 \cup X|} = \frac{\{x_1, x_2\} \cap \{x_1, x_2, x_3\}}{\{x_1, x_2\} \cup \{x_1, x_2, x_3\}} = \frac{2}{3}.$$

最后，讨论对象集 X_0 与属性集 B_0 之间不存在匹配关系时（即 $X_0 \cap Y_0 = \varnothing$，其中 $Y_0 = H(B_0)$），如何进行概念的渐进式认知.

这种情况下，主要信息融合机制（悲观取交）已无实际意义. 原因是悲观取交 $X_0 \cap Y_0$ 为空集，如果对其进行概念渐进式认知，那么认知结果将是一个空概念. 既然主要信息融合机制（悲观取交）已不起作用，那么辅助信息融合机制也就没有了存在的必要，因为构造它的初衷只是为了辅助主要信息融合机制产生的下界概念以逼近目标概念.

尽管如此，取并思想 $X_0 \cup Y_0$ 依然可以借鉴. 不妨设对象集 $X_0 \cup Y_0$ 经过算法 10.2.1 进行渐进式认知之后，得到的概念为 (X, B_t). 换言之，当对象集 X_0 与属性集 B_0 之间不存在匹配关系时，虽然信息融合不再适用，但仍然可以获得一个认知概念 (X, B_t). 实际上，这个概念是给定线索为对象集 X_0 与属性集 B_0 获得的最大泛化概念，它是最大泛化意义上的"上界概念". 此时，概念认知的精度无法给出，因为它只有单侧概念.

10.3 数值实验与分析

本节通过数值实验评估概念渐进式认知算法的有效性. 主要包括两个方面：一是本章概念渐进式认知算法自身的评估（即，各种参数对概念认知效果的影响）；

二是本章概念渐进式认知算法与现有各种概念认知方法的对比.

10.3.1　实验环境

实验采用的配置如下：CPU 为 Intel(R) Core(TM) i5-2400 CPU @3.11GHz，4.00GB 内存，500GB 硬盘；JDK 为 JDK 1.8.0_20，Eclipse 使用 32 位的 eclipse-4.2. 数据集均来源于机器学习数据库中的真实数据[①]，具体如表 10.3.1 所示.

表 10.3.1　数据集及其参数

数据集	对象数	对象数
Balance Scale	625	离散（4）
Car Evaluation	1728	离散（6）
Nursery	12960	离散（8）
Bank Marketing Data Set	45211	离散（17）
Kddcup.data_11_percent	494021	离散（11），连续（32）
SUSY	5000000	离散（18）

将表 10.3.1 中的原始数据集通过尺度化变换（Scaling）[70]转化为标准数据集（即形式背景），并分别记为 Data set 1，Data set 2，Data set 3，Data set 4，Data set 5 和 Data set 6. 如表 10.3.2 所示.

表 10.3.2　预处理后的数据集

数据集	对象数	属性数
Data set 1	625	20
Data set 2	1728	21
Data set 3	12960	27
Data set 4	45211	74
Data set 5	494021	163
Data set 6	5000000	38

10.3.2　实验结果

下面，就线索为对象集、属性集，以及对象集和属性集的概念渐进式认知问题，分别进行仿真实验分析.

---

① UCI Machine Learning Repository. http://archive.ics.uci.edu/ml/，2018.03.15.

（1）线索为对象集的概念渐进式认知.

依据 10.2.1 节，以对象集为线索时，从对象集与步长两个角度评估概念渐进式认知效果. 图 10.3.1（a）至图 10.3.1（f）分别显示的是给定对象数为 3、对象集（即，数据集）为 10% 及 20% 时，学习步长变化（步长变化为属性集的 10%，20%，30%，40%）的概念认知效果. 图 10.3.1（a）至图 10.3.1（f）共同表示出认知效果受对象集与认知步长的双重影响. 具体地，①认知步长一定时，对象集越大，则认知时间越长；②认知对象集一定时，认知步长越长，则需要的认知时间越少. 这与现实中人类认知事物十分吻合，即认知能力一定，对象集越复杂，则认知时间越长；而对象集一定时，认知能力越强，则所需时间越少.

图 10.3.2（a）至图 10.3.2（b）展示的是步长一定时（在此，步长为属性集的10%），对象集变化（对象集的 1%，5%，10%，15%）的概念认知效果. 图 10.3.2（a）至图 10.3.2（b）显示出随着对象增多，则认知时间呈增加趋势.

（2）线索为属性集的概念渐进式认知.

由 10.2.2 节，取截断图（图 10.3.3）的参数为：认知步长为 2，属性分别为 3，6，9，12. 由图 10.3.3 可知，在认知步长一定时，概念渐进式认知分别受对象集与属性集两方面的影响. 具体而言，①当属性集一定时，需要认知的对象越多，则所需时间越长，这与人类对越复杂的事物认知所需时间越长是类似的；②当对象集一定时，认知时间随着属性的增大而减少，这与现实中人们对属性越为详细的事物识别的速度越快是一致的. 另外，图 10.3.3 还表明当对象集（如，Data set 1，Data set 2，Data set 3）较小时，它们之间进行概念渐进式认知所需时间相差不大；而当对象集（如，Data sets 4，Data set 5，Data set 6）较大时，它们之间进行概念认知所需时间的差距较大. 这说明对象集对概念渐进式认知的影响比属性集大，与 10.2.2 节中将线索为属性集的认知问题归结为对象集的情形是一致的.

（3）线索为对象集和属性集的概念渐进式认知.

根据 10.2.3 节给出的结论，图 10.3.4 是取步长为 2，对象集为 10%，属性个数的变化为 3，6，9，12 时悲观取交（图 11.3.4 中，以 Data set 1_I，Data set 2_I，Data set 3_I，Data set 4_I，Data set 5_I，Data set 6_I 表示）与乐观取并（以 Data set 1_U，Data set 2_U，Data set 3_U，Data set 4_U，Data set 5_U，Data set 6_U 表示）的概念认知效果. 由图 10.3.4 可知：①随着数据集不断增大，乐观取并的认知时间比悲观取交要大，且趋于稳定状态；②属性数对对象集与属性集同为线索的概念渐进式认知影响较大，即属性越小，则认知时间越长，这类似于人们对属性信息较少的事物难以快速认知清楚的情况.

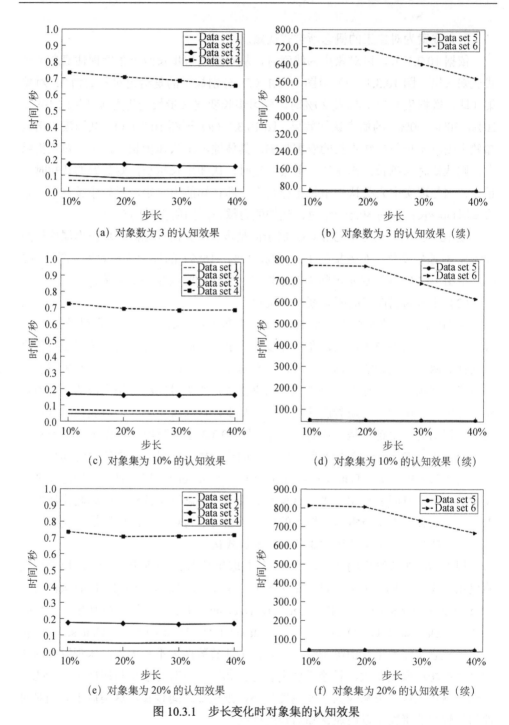

图 10.3.1　步长变化时对象集的认知效果

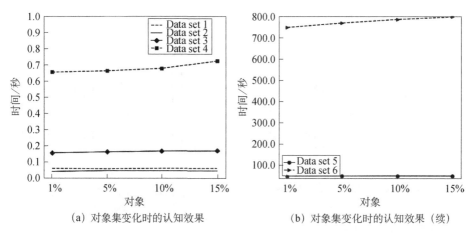

（a）对象集变化时的认知效果　　　　　（b）对象集变化时的认知效果（续）

图 10.3.2　步长不变时对象集的认知效果

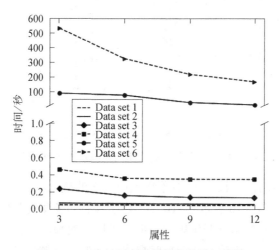

图 10.3.3　步长不变时属性集的认知效果

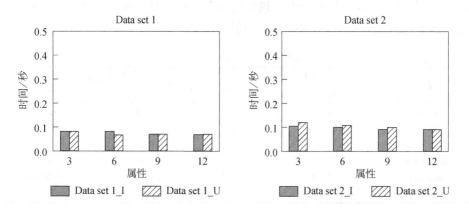

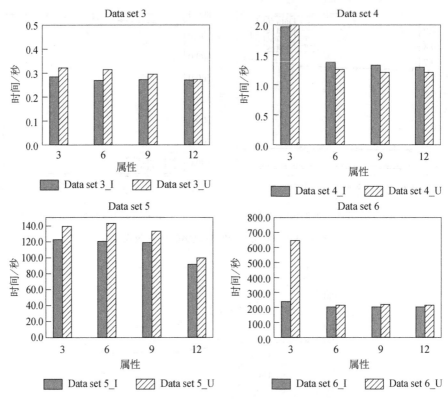

图 10.3.4　对象集与属性集同为线索的认知效果

　　表 10.3.3 给出的是步长为 2, 对象集大小为 3 的概念匹配程度与认知精度, 其中 E-4 表示 "×10⁻⁴", E-6 表示 "×10⁻⁶". 由于每种对象集的具体属性不同, 因此难以发现对象集之间的精度变化规律. 但对于同一对象集, 认知精度随着属性的增加而增加. 这与现实中信息量增加时概念认知的效果越好是一致的. 同时, 表 10.3.3 还表明同一对象集匹配程度越高则对应的认知精度越高; 这同人类对出现的信息越一致的概念认知效果越好是类似的.

表 10.3.3　概念认知精度

数据集	属性集基数为 3		属性集基数为 5	
	匹配度	精度	匹配度	精度
Data set 1	0.1429	0.0098	0.3333	0.0112
Data set 2	0.0131	0.0982	0.1176	0.5926
Data set 3	0.0139	0.3333	0.0417	1
Data set 4	3.2737E-4	0.1874	0.0017	0.9629
Data set 5	8.7357E-6	0.0056	8.9784E-6	0.0057
Data set 6	1.1997E-6	1	1.1997E-6	1

10.3.3 对比分析

该小节中，将本章的概念渐进式认知方法与文献[32,67]中的概念认知方法进行比较，以进一步说明其有效性. 由于本章与文献[32,67]均能够对线索为对象集和属性集的情形进行概念认知，因此下文将从线索为对象集（同时结合属性集信息）的角度比较这三种方法. 为了方便，不妨设实验环境中的对象集大小均为 3，文献[32]需要结合属性集大小为 3 的信息进行概念学习，而本章与文献[67]的属性集大小信息不被指定，但以步长为属性集的 40%进行概念渐进式学习.

截断图（图 10.3.5）给出了本章与文献[32,67]的概念认知方法随数据集大小变化呈现出的耗时趋势. 由图 10.3.5 可以看出：①三种方法的运行时间均随数据集的增大而增加；②本章方法耗时的增大趋势较现有方法有所放缓. 另外，表 10.3.4 给出了三种方法的概念认知精度的对比情况，其中"—"表示文献[32]的学习结果只有单侧概念，无精度信息. 从表 10.3.4 可以看出，文献[32]需要从给定的对象集（同时结合属性集信息）经过充分必要认知，获得一个充分必要概念. 因此，尽管最初给定的对象集与本章和文献[67]均相同，但是进一步结合属性集的信息，从对象与属性两方面的不断相互转化，最终所获得的概念与本章和文献[67]均不同. 实验结果还表明，给定对象集，本章比文献[67]的概念认知精度要高. 具体地，当文献[67]要求的对象属性信息匹配时，本章与文献[67]的精度相同；否则，本章方法的精度高.

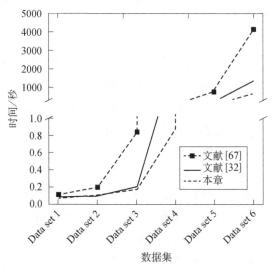

图 10.3.5 算法运行时间对比分析

表 10.3.4　概念认知精度对比分析

数据集	步长为40%的概念认知精度		属性集基数为3的概念认知精度	概念认知结果
	本章	文献[67]	文献[67]	
Data set 1	1	1	—	本章与文献[67]结果相同与文献[32]结果不同
Data set 2	1	1	—	同上
Data set 3	1	1	—	同上
Data set 4	1	1	—	同上
Data set 5	0.0057	对象属性无法匹配	—	本章与文献[32, 67]的结果均不同
Data set 6	1	对象属性无法匹配	—	同上

10.4　概念认知方法的对比分析

本节将本章中线索为对象集、属性集,以及对象集和属性集的概念渐进式认知方法,与现有的概念认知方法作对比分析,以说明它们之间的异同.

(1)研究背景.

本章讨论概念渐进式认知,其问题背景来源于认识事物需要经历一个漫长的过程,具体表现为对象到属性的认知是一个渐进过程;现有的概念认知主要针对完全认知环境,即对象到属性的认知算子不受时间、空间、环境等诸多因素的影响,它是一种理想的状态.

(2)研究目的.

本章提出的概念渐进式认知方法,其研究目的是希望针对特定的不完全认知环境,建立渐进累积认知函数,获得有效的概念渐进式认知模式,以实现满意的阶段性认知,并逐渐逼近完全认知概念;现有概念认知方法针对完全认知环境模拟概念认知,其研究目的是找到最终的认知概念,不考虑概念认知算子受认知环境的影响,更无法提供阶段性认知.

(3)研究方法.

本章提出的概念渐进式认知方法,是通过"对象到属性"与"属性到对象"的双向迭代累积认知完成的. 特别地,在线索为对象集和属性集时,采取"悲观取交"与"乐观取并"一主一辅两种策略融合对象集和属性集两方面的信息;现有概念认知方法通过粒概念的粗糙下、上近似算子[4,5,7]或充分必要信息粒合成[2,6]完成概念获取.

（4）研究结果.

本章提出的概念渐进式认知方法，其认知结果与拟采取的新增认知函数（即渐进式方式）以及信息融合策略（线索为对象集和属性集）均密切相关；现有概念认知方法与粒概念的近似逼近能力或粒合成方式有关. 值得一提的是，这些方法的概念认知结果有可能两两不相同.

（5）适用范围.

本章提出的概念渐进式认知方法，适用于给定线索为任意对象集、属性集或对象集和属性集的情形，而文献[32, 60]无法对单个对象集或属性集进行概念认知学习，文献[61, 67]无法对不匹配的对象集和属性集进行概念认知学习. 因此，本章提出的概念渐进式认知方法，其适用范围较广.

10.5　本 章 小 结

本章在不完全认知条件下，通过引入渐进式累积认知函数，对概念渐进式认知问题作了详细研究. 具体地，提出概念渐进式认知的基本原理，给出线索为对象集、属性集，以及对象集和属性集的概念渐进式认知方法，并与现有概念认知方法进行对比分析，且仿真实验表明本章方法是有效性的.

相对于已有概念认知研究工作，本章进一步得到以下结论：

（1）概念的渐进式认知，体现了人们认识事物是一个从不完全到完全的逐步完善过程，它在某种程度上承认概念认知与时间、空间、环境等有关.

（2）概念的渐进式认知，充分考虑了个体偏好、先验知识、背景知识等复杂因素，符合现实中概念认知的多样性.

（3）概念的渐进式认知，能够实现阶段性认知，并根据阶段性认知来及时指导下一步的行动，逐渐实现完全认知.

（4）概念的渐进式认知，可以认为是模拟人脑进行概念认知的方法，对概念学习有一定的借鉴作用. 实际上，一旦人们找到了不完全认知问题的渐进式认知模式，就可以借助该认知模式，进一步指导或训练大脑进行有针对性的概念学习.

（5）概念的渐进式认知，采用了从粗粒度到细粒度的认知方法，属于多粒度认知范畴，故有利于将概念认知逐步优化到最优粒度上.

需要指出的是，尽管本章在不完全认知条件下对概念渐进式认知问题做了初步探讨，然而现实中人们认识概念的模式千差万别，且受到各种不确定因素的影响，并不能通过一般的抽象化或理想化的认知模型进行完全刻画. 比如，对于多认知主体进行渐进式概念认知问题，认知主体之间会相互影响，因为每个认知主体都希望借鉴其他认知主体所发现的概念信息，以弥补自己认知概念时存在的不足. 这是不同空间的概念演化趋同问题. 此外，大脑的认知过程，除了受渐进式认知影响，还受大脑自身内部机理环境的制约，情况非常复杂. 因此，本章提出的几种概念渐进式认知方法，离实际应用仍有不小差距，有待进一步完善.

本章的研究目的，主要阐述概念渐进式认知问题的研究价值，表明它是一个非常复杂的科学问题，且存在诸多挑战. 比如，大数据环境下的概念渐进式认知、信息融合或并行计算意义下的概念渐进式认知[7,11,12]、必然属性分析角度下的概念渐进式认知[13]、概念渐进式认知的衡量指标，以及如何将粗糙逻辑推理[14]等方法应用于概念渐进式认知，以提高概念认知的有效性.

第 11 章　MapReduce 框架下的概念认知学习

概念学习是从已知信息中运用特定学习方法获取未知概念. 例如, 通过问询方式, 云模型、认知系统、近似逼近、概念迭代等都是概念学习的具体表现. 在概念学习的基础上, 通过模拟人脑的认知过程 (包括知觉、注意等), 将概念形成原理反映到人类的认知过程中, 则称为认知概念学习 (或概念认知学习). 目前, 认知概念学习是概念学习领域中的一个热点, 且被认为是一种有效的概念学习方法. 通常, 认知概念学习由揭示概念的认知机理、建立认知计算系统和模拟认知学习过程三部分组成.

目前, 已有学者从粒计算角度研究认知概念学习, 并取得一定的成效. 但是, 主要是针对小规模的数据集进行测试或只给出应对海量数据的一些设想. 针对经典的概念学习算法难以处理大规模数据集的问题, 本章提出一种基于 MapReduce 框架的粒概念认知学习并行算法. 该算法借鉴认知心理学的知觉和注意认知思想, 并融合粒计算的粒转移原理. 首先构建适应大数据环境的粒概念并行求解算法, 并与经典粒概念构造算法做了对比, 在此基础上分别从外延和内涵角度建立了粒概念认知计算系统, 然后对给定对象集或属性集进行认知概念学习.

11.1　粒概念的并行算法

对任意对象集 U 和属性集 A, 其幂集分别记为 2^U 和 2^A, 设 $L:2^U \to 2^A$ 和 $H:2^A \to 2^U$ 是 U 和 A 之间的集值映射, 并在书中简记为 L 和 H.

11.1.1　概念的认知机理

定义 11.1.1　设 L 和 H 为集值映射. 若对任意 $X_1, X_2 \subseteq U$, $B \subseteq A$ 满足
$$X_1 \subseteq X_2 \Rightarrow L(X_2) \subseteq L(X_1),$$
$$L(X_1 \cup X_2) = L(X_1) \cap L(X_2),$$
$$H(B) = \{x \subseteq U \mid B \subseteq L(\{x\})\},$$
则称 L 和 H 为认知算子.

在无歧义下, 书中均将 $L(\{x\})$ 记为 $L(x)$.

定义 11.1.2　设 L 和 H 为认知算子. 若 $X \subseteq U$, $B \subseteq A$, $L(X) = B$ 且 $H(B)$

$= X$，则称序对 (X,B) 为认知概念，X 和 B 分别为 (X,B) 的外延与内涵.

定义 11.1.3 设 L 和 H 为认知算子，$x \in U$ 且 $a \in A$，则称 $(HL(x), L(x))$ 和 $(H(a), LH(a))$ 为认知算子 L 和 H 的粒概念.

性质 11.1.1 设 L 和 H 为认知算子，则任意认知概念 (X,B) 均可由粒概念合成：

$$(X, B) = \vee_{x \in X} \big(HL(x), L(x) \big) = \wedge_{a \in B} \big(H(a), LH(a) \big),$$

其中，

$$\vee_{x \in X} \big(HL(x), L(x) \big) = \big(HL(\cup_{x \in X} HL(x)), \cap_{x \in X} L(x) \big),$$

$$\wedge_{a \in B} \big(H(a), LH(a) \big) = \big(\cap_{a \in B} H(a), LH(\cup_{a \in B} LH(a)) \big).$$

为了方便，将认知算子 L 和 H 的所有粒概念记为：$G_{LH} = \big\{ (HL(x), L(x)) \mid x \in U \big\} \cup \big\{ (H(a), LH(a)) \mid a \in A \big\}$.

11.1.2 构建粒概念的并行算法

定义 11.1.4 设 L 和 H 为认知算子. 若 $x \in U$，$a \in A$ 满足 $HL(x) = \{x\}$，$LH(a) = \{a\}$，则称 $(HL(x), L(x))$ 和 $(H(a), LH(a))$ 为原子粒概念.

定义 11.1.5 设 L 和 H 为认知算子. 若 $x \in U$，$a \in A$ 满足 $HL(x) \supset \{x\}$ 且 $LH(a) \supset \{a\}$，则称 $(HL(x), L(x))$ 和 $(H(a), LH(a))$ 为合成粒概念.

原子粒概念表示被选择的信息能唯一被属性集 $L(x)$ 分辨出来，而合成粒概念则表示优于属性集 $L(x)$ 信息被选择.

性质 11.1.2 设 $x, y \in U$，$a, b \in A$. 若 $(HL(x), L(x))$ 和 $(H(a), LH(a))$ 均为原子粒概念，则 $L(x) \subset L(y)$ 与 $H(a) \subset H(b)$ 都不成立.

证明 由定义 11.1.1 和定义 11.1.4 易证.

定理 11.1.1 （1）对任意 $x \in U$，若存在 $y_1, y_2, \cdots, y_m \in U$ 使得 $L(x) \subset L(y_i)$ $(i = 1, 2, 3, \cdots, m)$，则 $HL(x) = \{x, y_1, y_2, \cdots, y_m\}$.

（2）对任意 $a \in A$，若存在 $b_1, b_2, \cdots, b_m \in A$ 使得 $H(a) \subset H(b_j)(j = 1, 2, 3, \cdots, m)$，则 $LH(a) = \{a, b_1, b_2, \cdots, b_m\}$.

证明 由定义 11.1.1、定义 11.1.5、定理 11.1.1 易证.

性质 11.1.2 与定理 11.1.1 表明，计算认知算子 L 和 H 的粒概念可通过一次扫描整个对象集（或属性集）完成. 以下算法 11.1.1 和算法 11.1.2 分别从对象和属性两方面计算粒概念.

算法11.1.1　对象粒概念并行算法$(H_0L_0(x), L_0(x))$

输入：（key：首字母的首地址的偏移量；value：原数据集 DS_0 中一条记录）.

输出：（outKey：对象集 $H_0L_0(x)$；outValue：相对应属性集 $L_0(x)$）.

1. 对于任意对象，以值为 "1" 的属性来构造属性集，并将具有相同属性集的对象进行归并. 以属性集 attributeSet 为键，对象集 objectSet 为值进行输出.

2. 以步骤 1 的输出作其输入，根据定理 11.1.1，对每一行的属性与数据集的属性进行比较，得到包含该属性集的对象集（即构造相同属性的对象集）. 并以对象集 $H_0L_0(x)$ 为键，属性集 $L_0(x)$ 为值进行输出.

算法11.1.2　属性粒概念并行算法$(H_0(a), L_0H_0(a))$

输入：（key：首字母的首地址的偏移量；value：原数据集 DS_0 中一条记录）.

输出：（outKey：对象集 $H_0(a)$；outValue：相对应属性集 $L_0H_0(a)$）.

1. 对于任意对象，先将属性值为 "1" 的属性与对应的对象输出，再以相同属性来构造对象集. 并以对象集 objectSet 为键，属性集 attributeSet 为值进行输出.

2. 以步骤 1 的输出作其输入，把相同对象集的属性进行收集，进而构造属性集. 并以对象集 objectSet 为键，属性集 attributeSet 为值进行输出.

3. 根据定理 11.1.1，原数据集任意对象与步骤 2 输出的数据集 DS_2 中对象集进行比较，得到包含了该对象集的属性集（即根据相同对象集来构造属性集）. 并以对象集 $H_0(a)$ 为键，属性集 $L_0H_0(a)$ 为值进行输出.

与算法 11.1.1 相比，算法 11.1.2 不仅多执行一个步骤，而且还是对象与对象之间的比较. 因此，当数据量一定时，属性多的数据集执行时间更大. 此处，可以认为数据集的属性敏感度比对象的敏感度要大.

11.2　认知计算系统及其并行算法

11.2.1　认知计算系统

称满足 $U_1 \subseteq U_2 \subseteq \cdots \subseteq U_n$ 的 n 个对象集为非降对象集序列，记为 $\{U_i\}^{\uparrow}$；类似地，称满足 $A_1 \subseteq A_2 \subseteq \cdots \subseteq A_n$ 的 n 个属性集为非降属性集序列，记为 $\{A_i\}^{\uparrow}$.

定义 11.2.1　设 U_{i-1}, U_i 为 $\{U_i\}^{\uparrow}$ 的两个对象集，A_{i-1}, A_i 为 $\{A_i\}^{\uparrow}$ 的两个属性

集. 记 $\Delta U_{i-1} = U_i - U_{i-1}$ 且 $\Delta A_{i-1} = A_i - A_{i-1}$. 令:

(1) $L_{i-1} : 2^{U_{i-1}} \to 2^{A_{i-1}}$, $H_{i-1} : 2^{A_{i-1}} \to 2^{U_{i-1}}$;

(2) $L_{\Delta U_{i-1}} : 2^{\Delta U_{i-1}} \to 2^{A_{i-1}}$, $H_{\Delta U_{i-1}} : 2^{A_{i-1}} \to 2^{\Delta U_{i-1}}$;

(3) $L_{\Delta A_{i-1}} : 2^{U_{i-1}} \to 2^{\Delta A_{i-1}}$, $H_{\Delta A_{i-1}} : 2^{\Delta A_{i-1}} \to 2^{U_{i-1}}$;

(4) $L_i : 2^{U_i} \to 2^{A_i}$, $H_i : 2^{A_i} \to 2^{U_i}$.

为四对认知算子. 若它们满足

$$L_i(x) = \begin{cases} L_{i-1}(x) \cup L_{\Delta A_{i-1}}(x), & 如果 x \in U_{i-1}, \\ L_{\Delta U_{i-1}}(x) \cup L_{\Delta A_{i-1}}(x), & 其他; \end{cases}$$

$$H_i(a) = \begin{cases} H_{i-1}(a) \cup H_{\Delta U_{i-1}}(a), & 如果 a \in A_{i-1}, \\ H_{\Delta A_{i-1}}(a), & 其他. \end{cases}$$

并约定: 当 $\Delta U_{i-1} = \varnothing$ 时, $L_{\Delta U_{i-1}}(x)$ 和 $H_{\Delta U_{i-1}}(a)$ 置为空; 当 $\Delta A_{i-1} = \varnothing$ 时, $L_{\Delta A_{i-1}}(x)$ 和 $H_{\Delta A_{i-1}}(a)$ 置为空, 则称 L_i, H_i 分别为 L_{i-1}, H_{i-1} 通过更新对象和属性信息后得到的扩展认知算子.

定义 11.2.2 设 L_i, H_i 为 L_{i-1}, H_{i-1} 通过更新对象和属性信息后得到的扩展认知算子, 则称 $S_{L_i H_i} = \left(G_{L_{i-1} H_{i-1}}, L_{\Delta U_{i-1}}, H_{\Delta U_{i-1}}, L_{\Delta A_{i-1}}, H_{\Delta A_{i-1}} \right)$ 为一个认知计算状态. 其中, $G_{L_{i-1} H_{i-1}}$ 表示认知算子 L_{i-1}, H_{i-1} 的所有粒概念. 进一步地, 称若干认知计算状态组成的集合为认知计算系统.

注意, 认知计算系统最终的粒概念 $G_{L_n H_n}$, 可以通过一系列新输入的对象与属性信息对初始粒概念 $G_{L_1 H_1}$ 反复迭代得到.

11.2.2 认知计算系统的并行算法

图 11.2.1—图 11.2.4 给出了认知计算系统的并行算法的基本框架, 其中图 11.2.1 与图 11.2.2 分别从外延与内涵角度描述因对象增加而引起的粒概念变化, 图 11.2.3 和图 11.2.4 分别描述的是因属性增加而引起的粒概念的外延与内涵的变化.

图 11.2.1 描述了面向对象的认知计算状态 (从外延角度分析). 该算法由 5 个 MapReduce Jobs (图中以 MR 标记) 组成. 其中, MR1 和 MR2 是从对象角度描述了因对象的增加而如何产生新的粒概念; MR3 和 MR4 是从对象角度根据定理 11.1.1 更新粒概念 (其中, MR3 是指当对象 x 属于原对象集时, 进行粒概念更新, MR4 指当对象 x 属于新增对象集时, 更新粒概念); MR5 将 MR3 与 MR4 得到的粒概念按相同对象进行归并获得整个粒概念集合.

图 11.2.2 描述的是面向对象的认知计算状态 (从内涵角度分析). 该算法由 4 个 MapReduce Jobs (图中以 MR 标记) 组成. MR1 和 MR2 是从属性角度描述了

因对象增加而如何产生新的粒概念；MR3 和 MR4 是从属性角度根据定理 11.1.1 进行粒概念的更新，从而得到整个粒概念集合.

图 11.2.3 描述了面向属性的认知计算状态（从外延角度分析）. 该算法由 4 个 MapReduce Jobs（图中以 MR 标记）组成. MR1 和 MR2 是从对象角度描述因属性增加而如何产生新的粒概念；MR3 和 MR4 是从对象角度根据定理 11.1.1 进行粒概念更新，从而得到整个粒概念集合.

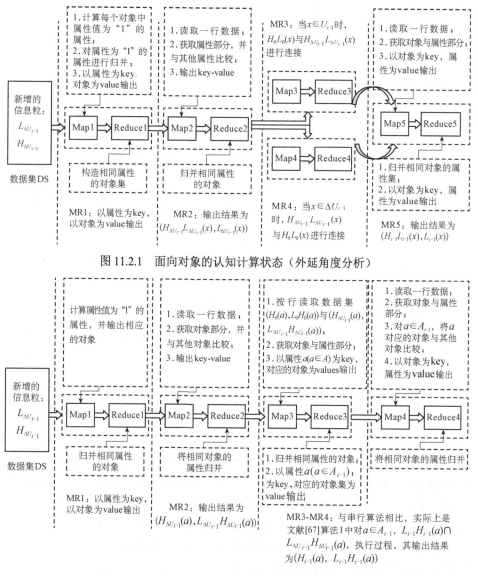

图 11.2.1　面向对象的认知计算状态（外延角度分析）

图 11.2.2　面向对象的认知计算状态（内涵角度分析）

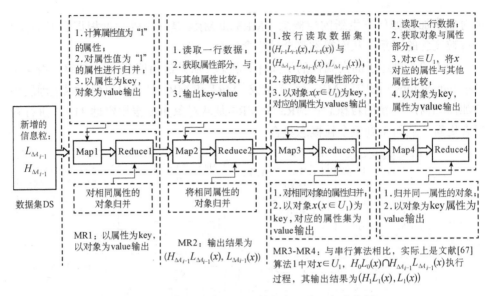

图 11.2.3　面向属性的认知计算状态（外延角度分析）

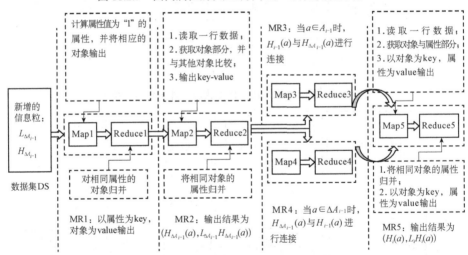

图 11.2.4　面向属性的认知计算状态（内涵角度分析）

　　图 11.2.4 描述的是面向属性的认知计算状态（从内涵角度分析）. 该算法由 5 个 MapReduce Jobs（图中以 MR 标记）组成. MR1 和 MR2 是从属性角度描述因属性增加而如何产生新的粒概念；MR3 和 MR4 是从属性角度根据定理 11.1.1 进行粒概念更新（其中, MR3 是指当属性 a 属于原属性集时, 进行粒概念更新, MR4 指当属性 a 属于新增属性集时, 更新粒概念）；MR5 将 MR3 与 MR4 得到的粒概念按相同对象进行归并获得整个粒概念集合.

11.3　认知学习过程及其并行算法

11.3.1　认知学习过程

定义 11.3.1　设 X_0 为给定对象集，称 $\left(\underline{Apr}(X_0), L_n\left(\underline{Apr}(X_0)\right)\right)$ 和 $\left(\overline{Apr}(X_0),\right.$ $\left.L_n\left(\overline{Apr}(X_0)\right)\right)$ 为学习 X_0 后得到的认知概念. 其中，

$$\underline{Apr}(X_0) = H_n L_n\left(\bigcup_{(X,B)\in G^\#_{H_nL_n}, X\subseteq X_0} X\right),$$

$$\overline{Apr}(X_0) = \bigcap_{(X,B)\in G^*_{H_nL_n}, X_0\subseteq X} X,$$

$$G^*_{H_nL_n} = \begin{cases} G^*_{H_nL_n} \cup \{(U_n, \varnothing)\}, & \text{如果}(U_n, \varnothing)\text{是概念,} \\ G_{H_nL_n}, & \text{其他,} \end{cases}$$

$$G^\#_{H_nL_n} = \begin{cases} G^*_{H_nL_n} \cup \{(\varnothing, A_n)\}, & \text{如果}(\varnothing, A_n)\text{是概念,} \\ G_{H_nL_n}, & \text{其他.} \end{cases}$$

定义 11.3.2　设 B_0 为给定属性集，称 $\left(H_n\left(\underline{Apr}(B_0)\right), \underline{Apr}(B_0)\right)$ 和 $\left(H_n\left(\overline{Apr}(B_0)\right),\right.$ $\left.\overline{Apr}(B_0)\right)$ 为学习 B_0 得到的认知概念. 其中，

$$\underline{Apr}(B_0) = \bigcap_{(X,B)\in G^\#_{H_nL_n}, B_0\subseteq B} B,$$

$$\overline{Apr}(B_0) = H_n L_n\left(\bigcup_{(X,B)\in G^*_{H_nL_n}, B\subseteq B_0} B\right).$$

这里的认知学习过程的核心思想是通过上、下近似逼近认知概念.

11.3.2　认知学习过程的并行算法

在认知计算系统的基础上，本小节从线索为对象集和属性集两个方面来模拟认知学习过程.

依据定义 11.3.1，图 11.3.1—图 11.3.3 分别展示了利用认知概念 $(H_iL_i(x),$ $L_i(x))$ 和 $(H_i(a), L_iH_i(a))$ 获取线索为给定对象集 X_0 的上、下近似. 图 11.3.1 描述的是通过 $(H_iL_i(x), L_i(x))$ 与 X_0 学习上、下近似（分别记为 Ω_x 与 Π_x）. 图 11.3.2 描述的是通过 $(H_i(a), L_iH_i(a))$ 与 X_0 学习上、下近似（分别记为 Ω_a 与 Π_a）. 图 11.3.3 描述了合并从 $(H_iL_i(x), L_i(x))$ 与 $(H_i(a), L_iH_i(a))$ 学习所得的上、下近似 Ω_x，Π_x，Ω_a，Π_a，合并结果分别记为 $\underline{Apr}(X_0)$ 与 $\overline{Apr}(X_0)$.

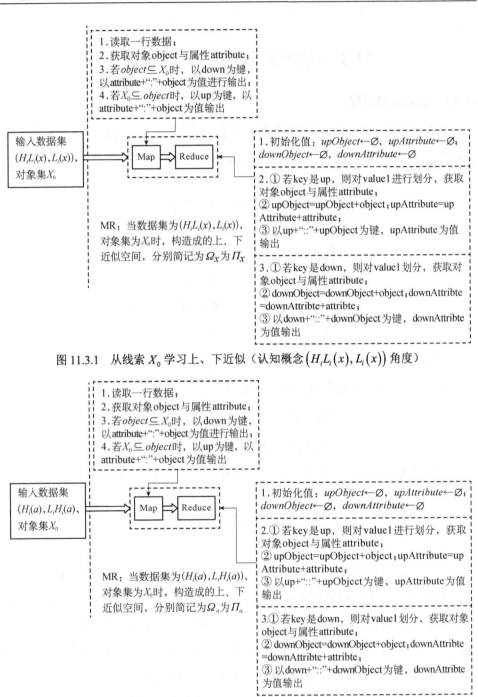

图 11.3.1　从线索 X_0 学习上、下近似（认知概念 $\left(H_iL_i\left(x\right), L_i\left(x\right)\right)$ 角度）

图 11.3.2　从线索 X_0 学习上、下近似（认知概念 $\left(H_i\left(a\right), L_iH_i\left(a\right)\right)$ 角度）

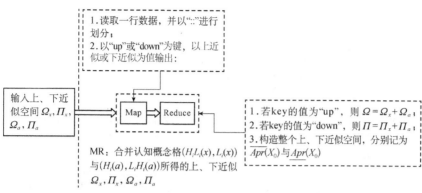

图 11.3.3　从线索 X_0 学习上、下近似 $\underline{Apr}(X_0)$ 与 $\overline{Apr}(X_0)$

　　依据定义 11.3.2，图 11.3.4—图 11.3.6 分别展示了利用认知概念 $(H_iL_i(x),$ $L_i(x))$ 和 $(H_i(a),L_iH_i(a))$ 获取线索为给定属性集 B_0 的上、下近似. 图 11.3.4 描述的是通过 $(H_iL_i(x),L_i(x))$ 与 B_0 学习上、下近似（分别记为 Ω_x 与 Π_x）. 图 11.3.5 描述的是通过 $(H_i(a),L_iH_i(a))$ 与 B_0 学习上、下近似（分别记为 Ω_a 与 Π_a）. 图 11.3.6 描述了合并从 $(H_iL_i(x),L_i(x))$ 与 $(H_i(a),L_iH_i(a))$ 学习所得的上、下近似 Ω_x，Π_x，Ω_a，Π_a，记为 $\underline{Apr}(B_0)$ 与 $\overline{Apr}(B_0)$．

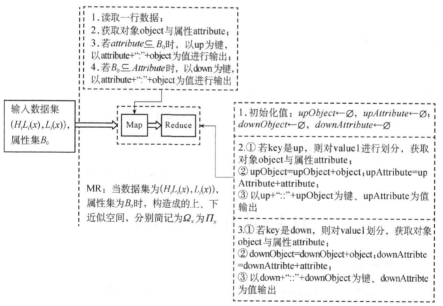

图 11.3.4　从线索 B_0 学习上、下近似（认知概念 $(H_iL_i(x),L_i(x))$ 角度）

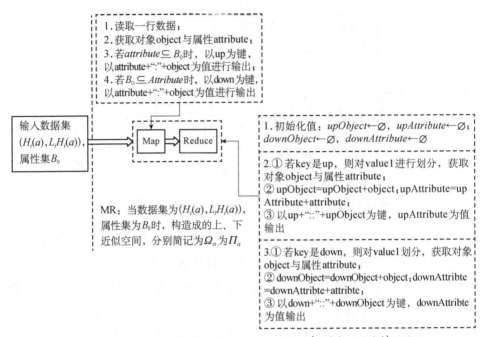

图 11.3.5　从线索 B_0 学习上、下近似（认知概念 $(H_i(a), L_iH_i(a))$ 角度）

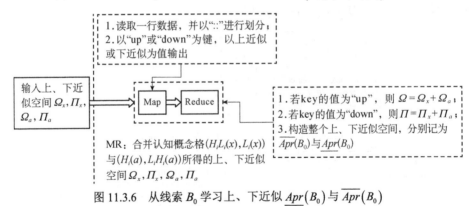

图 11.3.6　从线索 B_0 学习上、下近似 $\underline{Apr}(B_0)$ 与 $\overline{Apr}(B_0)$

11.4　数值实验与分析

11.4.1　实验环境

实验中采用的 MapReduce 集群由 1 个主节点和 8 个从节点构成. 其中, 每个节点配置如下: CPU 为 Intel Core i3-2120@3.30 GHz, 4.00GB 内存, 500GB 硬盘; 操作系统为 32 位的 Linux CentOS 6.6, JDK 为 Java 1.7.0_17, Eclipse 使用 32 位

Linux 版本的 eclipse-4.2，Hadoop 采用 Hadoop-1.2.1. 其他参数为系统默认配置. 数据集均来源于机器学习数据库中的真实数据，具体如表 11.4.1 所示.

表 11.4.1 数据集的相关参数

数据集	对象数	属性类型（数量）	大小（单位：M）
Bank Marketing Data Set	45211	离散（17）	4.83
Kddcup.data_10_percent	494021	离散（10），连续（32）	71.40
Buzz Prediction on Twitter	583250	离散（77）	270.00
KDD Cup 1999 Data	4898431	离散（10），连续（32）	708.00
SUSY	5000000	离散（18）	2273.28
HIGGS	11000000	离散（28）	7659.52

11.4.2 粒概念求解算法对比

将表 11.4.1 中的原始数据集通过标尺变换转化为标准数据集（形式背景），并分别记为 Data set 1，Data set 2，Data set 3，Data set 4，Data set 5 与 Data set 6. 表 11.4.2 给出了粒概念串行求解算法与并行求解算法的耗时对比. 其中，对象与属性采取 $\left(\dfrac{1}{2}U + \dfrac{1}{2}A\right)$ 的更新模式，串行算法运行在 1 台机器上，而并行算法运行在相同配置的 8 台机器上.

从表 11.4.2 可以看出，随着数据集的不断增大，本节并行算法与现有算法相比，有较大的优势，特别是数据集很大时，计算效率提高明显. 同时，可以看到，当数据集较小时，计算粒概念在很大程度上受属性规模影响（即 11.1 节指出的数据属性敏感度要大于对象敏感度）. 例如，虽然 Data set 2 比 Data set 1 规模大，但由于属性复杂性不同，因此本节并行算法的运行时间大小顺序倒置.

表 11.4.2 粒概念串、并行求解算法耗时对比

数据集	对象数	属性数	文献[67]串行算法/秒	文献[74]并行算法/秒	本章并行算法/秒
Data set 1	45212	74	14，902.00	5，285.59	733.12
Data set 2	494021	163	8，282，570.82	2，964，126.00	528.70
Data set 3	583250	142	10，720，690.47	8，165，500.12	6476.00
Data set 4	4898431	163	非常长	非常长	39536.76
Data set 5	5000000	38	非常长	非常长	64932.12
Data set 6	12000000	58	非常长	非常长	325017.18

11.4.3　数据集规模对并行算法耗时的影响

将粒概念并行求解算法、面向对象和面向属性的认知计算系统并行算法分别记为 BGCPA，CSPA1 与 CSPA2，而从给定对象集和属性集的认知学习过程并行算法分别记为 CLPA1 与 CLPA2.

图 11.4.1 展示了粒概念并行算法与认知计算系统并行算法在不同数据集规模下的运行情况. 不难看出，计算粒概念的时间不仅随数据集规模增加而增加，而且与数据集本身的复杂性有一定的关系. 例如，Data set 4 的运行时间比 Data set 5 要高，原因是前者的属性多于后者.

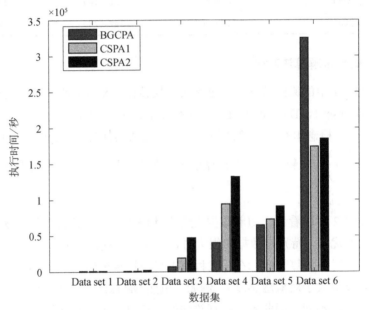

图 11.4.1　计算粒概念与认知计算系统的并行算法耗时情况

图 11.4.2 描述了在认知计算系统基础上模拟认知学习过程的耗时情况. 其中，曲线 CLPA1 与 CLPA2 分别描述的是不同数据集上从给定对象集和属性集进行认知概念学习的并行算法的耗时. 由于这些数据集的粒概念的规模都不大，所以在此基础上进行认知概念学习的耗时均较小.

加速比描述的是同一数据集在不同节点上的运行时间，公式如下：

$$Speedup(m) = \frac{T_1}{T_m},$$

其中，T_1 是固定规模数据集在 1 个节点上的耗时，T_m 是在 m 个节点上的耗时. 通常，线性加速比是十分理想的，但是由于节点数增加，集群之间的通信时间也会不断增加. 因此，一般难以达到理想状态. 本节采用的数据集同样如此.

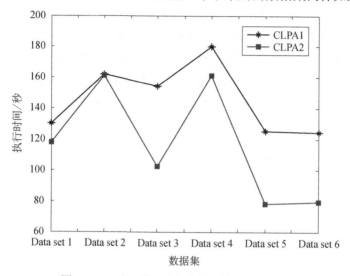

图 11.4.2　认知学习过程的并行算法耗时情况

例如，图 11.4.3 展示了数据集 Data set 2 与 Data set 3 的加速比. 不难看出，数据集 Data set 3 的加速比较好，而数据集 Data set 2 的加速比较差. 原因可能是数据量较大时，集群各节点更能被充分运用.

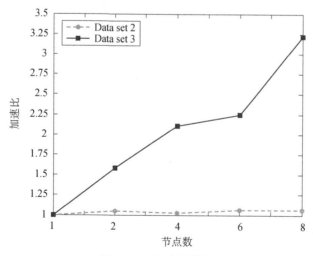

图 11.4.3　加速比性能

11.5 本 章 小 结

本章基于粒计算理论和认知心理学基本原理，提出一种粒概念认知学习并行算法. 实验表明，本章提出的并行算法在处理海量数据时是有效的.

今后需要进一步开展的研究包括：如何充分运用集群的每一个节点，并考虑架 Spark 集群来处理循环部分，从而提高并行算法的执行效率；此外，考虑通过多次学习来降低算法耗时，特别是找到合理的学习次数及其次序.

参 考 文 献

[1] Qi J J，Wei L，Yao Y Y. Three-way formal concept analysis. Lecture Notes in Computer Science，2014，8818：732-741.

[2] Qi J J，Qian T，Wei L. The connections between three-way and classical concept lattices. Knowledge-Based Systems，2016，91：143-151.

[3] Ren R S，Wei L. The attribute reductions of three-way concept lattices. Knowledge-Based Systems，2016，99：92-102.

[4] Qian T，Wei L，Qi J J. Constructing three-way concept lattices based on apposition and subposition of formal contexts. Knowledge-Based Systems，2017，116：39-48.

[5] 陈雪，魏玲，钱婷. 基于 AE-概念格的决策形式背景属性约简. 山东大学学报（理学版），2017，52（12）：95-103.

[6] Huang C C，Li J H，Mei C L，et al. Three-way concept learning based on cognitive operators：An information fusion viewpoint. International Journal of Approximate Reasoning，2017，83：218-242.

[7] 钱婷. 经典概念格与三支概念格的构造及知识获取理论. 西安：西北大学，2016.

[8] 祁建军，汪文威. 多线程并行构建三支概念. 西安交通大学学报，2017，51（3）：116-121.

[9] 章星，祁建军，朱晓敏. k-均匀背景的三支概念性质研究. 小型微型计算机系统，2017，38（7）：1580-1584.

[10] 刘琳，钱婷，魏玲. 基于属性导出三支概念格的决策背景规则提取. 西北大学学报（自然科学版），2016，46（4）：481-487.

[11] 刘琳，魏玲，钱婷. 决策形式背景中具有置信度的三支规则提取. 山东大学学报（理学版），2017，52（2）：101-110.

[12] 刘琳. 基于三支概念格的决策形式背景规则提取. 西安：西北大学，2017.

[13] Singh P K. Three-way fuzzy concept lattice representation using neutrosophic set. International Journal of Machine Learning and Cybernetics，2017，8（1）：69-79.

［14］张文修，徐伟华. 基于粒计算的认知模型. 工程数学学报，2007，24（6）：957-971.

［15］Ganter B，Wille R. Formal Concept Analysis：Mathematical Foundations. Berlin：Springer-Verlag，1999.

［16］Pawlak Z. Rough sets. International Journal of Computer & Information Sciences，1982，11（5）：341-356.

［17］王国俊. 数理逻辑引论与归结原理. 2 版. 北京：科学出版社，2006.

［18］Järvinen J，Kondo M，Kortelainen J. Logics from Galois connections. International Journal of Approximate Reasoning，2008，49（3）：595-606.

［19］von Karger B. Temporal algebra. Mathematical Structures in Computer Science，1995，8：277-320.

［20］Chellas B F. Modal Logic：An Introduction. Cambridge：Cambridge University Press，1980.

［21］Birkhoff G. Lattice Theory. New York：American Mathematical Soc.，1940.

［22］Blackburn P，de Rijke M，Venema Y. Modal Logic. Cambridge：Cambridge University Press，2001.

［23］Banerjee M，Dubois D. A simple logic for reasoning about incomplete knowledge. International Journal of Approximate Reasoning，2014，55（2）：639-653.

［24］Fagin R，Halpern J Y，Moses Y，et al. Reasoning About Knowledge. Cambridge：MIT Press，2004.

［25］Dzik W，Järvinen J，Kondo M. Intuitionistic propositional logic with Galois connections. Logic Journal of the IGPL，2010，18（6）：837-858.

［26］Ma M，Li G. Intuitionistic propositional logic with Galois negation. Studia Logica，2023，111（1）：21-56.

［27］Rasiowa H，Sikorski R. The Mathematics of Metamathematics. 2nd ed. Warsaw：PWN-Polish Scientific Publishers，1968.

［28］Lewin J W. A simple proof of Zorn's lemma. The American Mathematical Monthly，1991，98（4）：353.

［29］Orlowska E，Rewitzky I. Discrete dualities for Heyting algebras with operators. Fundamenta Informaticae，2007，81：275-295.

［30］Ewald W B. Intuitionistic tense and modal logic. The Journal of Symbolic Logic，1986，51：166-179.

[31] Williamson T. On intuitionistic modal epistemic logic. Journal of Philosophical Logic，1992，21：63-89.

[32] Xu W H，Pang J Z，Luo S Q. A novel cognitive system model and approach to transformation of information granules. International Journal of Approximate Reasoning，2014，55（3）：853-866.

[33] Qiu G F，Ma J M，Yang H Z，et al. A mathematical model for concept granular computing systems. Science China Information Sciences，2010，53（7）：1397-1408.

[34] Ma J M，Zhang W X. Axiomatic characterizations of dual concept lattices. International Journal of Approximate Reasoning，2013，54（5）：690-697.

[35] Ma J M，Zhang W X，Leung Y，et al. Granular computing and dual Galois connection. Information Sciences，2007，177（23）：5365-5377.

[36] Modha D S，Ananthanarayanan R，Esser S K，et al. Cognitive computing. Communications of the ACM，2011，54（8）：62-71.

[37] Wu W Z，Leung Y，Mi J S. Granular computing and knowledge reduction in formal contexts. IEEE Transactions on Knowledge and Data Engineering，2009，21（10）：1461-1474.

[38] King D B，Wertheimer M. Max Wertheimer and Gestalt Theory. Piscataway：Transaction Publishers，2004.

[39] Koffka K. Principles of Gestalt Psychology. San Diego：Harcourt，1967.

[40] Pawlak Z. Rough Sets：Theoretical Aspects of Reasoning about Data. Boston：Kluwer Academic Publishers，1991.

[41] Saquer J，Deogun J S. Concept approximations based on rough sets and similarity measures. International Journal of Applied Mathematics & Computer Science，2001，11（3）：655-674.

[42] Yao Y Y，Chen Y H. Rough set approximations in formal concept analysis. Lecture Notes in Computer Science，2006，4100：285-305.

[43] Zhang W X，Qiu G F. Uncertain Decision Making Based on Rough Sets. Beijing：Tsinghua University Press，2005.

[44] Shao M W，Liu M，Zhang W X. Set approximations in fuzzy formal concept analysis. Fuzzy Sets and Systems，2007，158（23）：2627-2640.

[45] Rosch E，Mervis C B. Family resemblances：Studies in the internal structure

of categories. Cognitive Psychology，1975，8（4）：573-605.

[46] Ungerer F，Schmid H. An Introduction to Cognitive Linguistics. 2nd ed. London：Routledge，2013.

[47] Mi Y L，Shi Y，Li J H，et al. Fuzzy-based concept learning method：Exploiting data with fuzzy conceptual clustering. IEEE Transactions on Cybernetics，2022，52（1）：582-593.

[48] Shi Y，Mi Y L，Li J H，et al. Concept-cognitive learning model for incremental concept learning. IEEE Transactions on Systems，Man，and Cybernetics：Systems，2021，51（2）：809-821.

[49] Mi Y L，Liu W Q，Shi Y，et al. Semi-supervised concept learning by concept-cognitive learning and concept space. IEEE Transactions on Knowledge and Data Engineering，2022，34（5）：2429-2442.

[50] Morone F，Makse H. Influence maximization in complex networks through optimal percolation. Nature，2015，524（7563）：65-68.

[51] Weng L，Menczer F，Ahn Y Y. Virality prediction and community structure in social networks. Scientific Reports，2013，3：2522.

[52] Girvan M，Newman M E J. Community structure in social and biological networks. Proceedings of the National Academy of Sciences of the United States of America，2002，99（12）：7821-7826.

[53] Guimerà R，Sales-Pardo M. Missing and spurious interactions and the reconstruction of complex networks. Proceedings of the National Academy of Sciences of the United States of America，2009，106（52）：22073-22078.

[54] Cover T，Hart P. Nearest neighbor pattern classification. IEEE Transactions on Information Theory，1967，13（1）：21-27.

[55] Keller J，Gray M，Givens J. A fuzzy k-nearest neighbor algorithm. IEEE Transactions on Systems，Man，and Cybernetics，1985，15（4）：580-585.

[56] Kuncheva L. An intuitionistic fuzzy k-nearest neighbors rule. Notes Intuitionistic Fuzzy Sets，1995，1：56-60.

[57] Yang M，Cheng C. On the edited fuzzy k-nearest neighbor rule. IEEE Transactions on Systems，Man，and Cybernetics，Part B（Cybernetics），1998，28（3）：461-466.

[58] Elhadad A，Ghareeb A，Abbas S. A blind and high-capacity data hiding of

DICOM medical images based on fuzzification concepts. Alexandria Engineering Journal，2021，60（2）：2471-2482.

[59] Kumar C A，Ishwarya M S，Loo C K. Formal concept analysis approach to cognitive functionalities of bidirectional associative memory. Biologically Inspired Cognitive Architectures，2015，12：20-33.

[60] Xu W H，Li W T. Granular computing approach to two-way learning based on formal concept analysis in fuzzy datasets. IEEE Transactions on Cybernetics，2016，46（2）：366-379.

[61] Li J H，Huang C C，Qi J J，et al. Three-way cognitive concept learning via multi-granularity. Information Sciences，2017，378：244-263.

[62] 徐伟华，李金海，魏玲，等. 形式概念分析理论与应用. 北京：科学出版社，2016.

[63] Newman M E J. Networks：An Introduction. Oxford：Oxford University Press，2010.

[64] 林聚任. 社会网络分析：理论、方法与应用. 北京：北京师范大学出版社，2009.

[65] 廖丽平，胡仁杰，张光宇. 模糊社会网络的中心度分析方法. 模糊系统与数学，2013，27（2）：169-176.

[66] 仇国芳，马建敏，杨宏志，等. 概念粒计算系统的数学模型. 中国科学：信息科学，2009，39（12）：1239-1247.

[67] Li J H，Mei C L，Xu W H，et al. Concept learning via granular computing：A cognitive viewpoint. Information Sciences，2015，298：447-467.

[68] Zhong N，Yau S S，Ma J H，et al. Brain informatics-based big data and the wisdom web of things. IEEE Intelligent Systems，2015，30（5）：2-7.

[69] Wille R. Restructuring lattice theory：An approach based on hierarchies of concepts//Rival I ed. Ordered Sets. Dordrecht：Springer，1982：445-470.

[70] 张涛，白冬辉，李慧. 属性拓扑的并行概念计算算法. 软件学报，2017，28（12）：3129-3145.

[71] 米允龙，李金海，刘文奇，等. MapReduce 框架下的粒概念认知学习系统研究. 电子学报，2018，46（2）：289-297.

[72] 智慧来，李金海. 基于必然属性分析的粒描述. 计算机学报，2018，41（12）：2702-2719.

[73] 折延宏，贺晓丽. 粗糙逻辑中公式的 Borel 型概率粗糙真度. 软件学报，2014，25（5）：970-983.

[74] Li J H，Huang C C，Xu W H，et al. Cognitive concept learning via granular computing for big data. International Conference on Machine Learning and Cybernetics，2015：289-294.